制造业高端技术系列

液力透平内部非定常流动与能量回收特性

朱祖超　林　通　李晓俊　著

机械工业出版社

液力透平是液体压力能回收利用的核心装备。本书以液力透平在石油化工、船用脱硫、海水淡化等高耗能行业中的能量回收应用为具体工程背景，从基础理论、数值模拟和应用实例等方面，构建了适宜的液力透平内部流动数值计算方法，研究了单级液力透平典型工况下的非定常流动机理和能量回收特性，揭示了几何结构和透平形式对液力透平能量回收特性的影响规律，并以多种结构型式的工业液力透平为例进行了能量回收特性分析。本书的研究成果可为高性能液力透平设计开发和工程应用提供技术支撑。

本书可作为流体机械领域教学和科研人员的参考书，并对从事液力透平设计开发和工程应用的技术人员具有借鉴价值。

图书在版编目（CIP）数据

液力透平内部非定常流动与能量回收特性/朱祖超，林通，李晓俊著. —北京：机械工业出版社，2024.7

（制造业高端技术系列）

ISBN 978-7-111-75892-1

Ⅰ. ①液… Ⅱ. ①朱… ②林… ③李… Ⅲ. ①液力透平–非定常流动–研究 ②液力透平–节能–回收技术–研究 Ⅳ. ①TK73

中国国家版本馆 CIP 数据核字（2024）第 105506 号

机械工业出版社（北京市白力庄大街22号 邮政编码100037）

策划编辑：贺 怡 责任编辑：贺 怡
责任校对：孙明慧 张慧敏 景 飞 封面设计：马精明
责任印制：刘 媛

北京中科印刷有限公司印刷

2024年9月第1版第1次印刷

169mm×239mm • 17.25印张 • 1插页 • 297千字

标准书号：ISBN 978-7-111-75892-1

定价：138.00 元

电话服务 网络服务

客服电话：010-88361066 机 工 官 网：www.cmpbook.com
　　　　　010-88379833 机 工 官 博：weibo.com/cmp1952
　　　　　010-68326294 金 书 网：www.golden-book.com
封底无防伪标均为盗版 机工教育服务网：www.cmpedu.com

前言
Preface

　　离心泵反转作液力透平作为一种能量回收装置，已经广泛应用于石油化工、海水淡化、采矿等行业中，但离心泵在设计中未考虑其在液力透平工况下运行，导致液力透平在实际应用中存在流动特性复杂、选型难等问题。然而，液力透平作为一种流程装备，如果选型不当会使其长时间处于非高效区间运行，此时液力透平内部极易产生回流、二次流、流动分离和旋涡等非稳定的流动结构，进而加剧了流动的不稳定性，导致能量回收效率降低。此外，由于不稳定流动引起的压力脉动及冲击现象，不仅会导致液力透平、联轴器、管路及连接设备的破坏，甚至会影响整个工艺系统的运行稳定性。可见，揭示典型工况下液力透平内部非定常流动的特性，对于提高其在实际运行工况下的能量回收能力和工作可靠性至关重要。

　　本书以对我国经济建设和社会发展有重要现实意义的液力透平在石油化工、船用脱硫、海水淡化等高耗能行业中的应用为具体工程背景，从基础理论、数值模拟和应用实例等方面，确立了适宜的液力透平内部流动数值计算方法，研究了单级液力透平典型工况下的非定常流动机理和能量回收特性，揭示了几何结构和透平形式对液力透平能量回收特性的影响规律，还以多种结构型式的工业液力透平为例进行了能量回收特性分析。本书的研究成果可为高性能液力透平设计开发和工程应用提供技术支撑。

　　本书在成书过程中，得到了浙江理工大学、江西应用技术职业学院等高校师生及水利部产品质量标准研究所马光飞博士的大力支持，同时也得到了杭州大路实业有限公司、嘉利特荏原泵业有限公司等单位在模型加工和试验测试等方面提供的帮助，在此作者一并表示衷心的感谢！

　　本书得到国家自然科学基金项目（No.U2006221）、江西省自然科学基金青年基金项目（20224BAB214056）、浙江省自然科学基金杰出青年项目（LR20E090001）和浙江省重点研发择优委托项目（2021C05006）的资助。

　　限于作者的能力和水平，错误之处在所难免，敬请读者批评指正。

作　者

目录 ◑

Contents

第 1 章　概述

1.1　液力透平简介

能源作为社会发展及人类生活的保证，近年来，我国电力行业承受着巨大的能源需求压力，党的二十大报告也明确指出："我们要加快发展方式绿色转型，实施全面节约战略，发展绿色低碳产业，倡导绿色消费，推动形成绿色低碳的生产方式和生活方式"。根据国家能源局发布的统计结果，2021 年全社会用电量为83128 亿 kW·h，同比增长 10.3%[1]，而在石油化工、海水淡化、采矿等高耗能行业中，存在大量高压流体通过自由排放或通过减压阀进行排放，造成大量的资源浪费。

大型轮船通常采用重质燃料油作为燃料，其尾气排放物中硫含量为 3.5%~4.5%（质量分数）。为保护海洋及大气环境，国际海事组织在 2020 年强制推行限硫新规，要求船用燃料的硫含量不高于0.5%[2]。对于该政策，目前主要有三种应对措施，一是采用低硫原油经过蒸馏工艺产生的渣油作为燃料，二是低硫轻质燃油同高硫重质燃油进行混兑、调和，三是安装废气脱硫装置。总体看来，目前性价比较高的是第三种办法，废气脱硫装置的成本回收周期约为 2 年。洗涤塔作为船用脱硫系统中的核心装置，其安装高度约高于海平面 20m，如果将洗涤塔内的海水直接排放则有较大的余压能会被浪费掉。某一船用脱硫装置示意图如图 1.1 所示，其

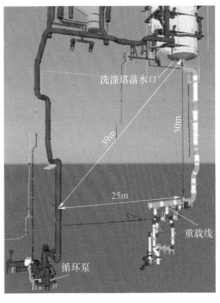

图 1.1　某一船用脱硫装置示意图

中，洗涤塔落水口离重载管线的高度约为 30m，流量为 2400m³/h。为保证海水排出时仍具有一定的压力，液力透平在实际运行时可用流量和扬程分别为 2400m³/h 和 20m，功率约为 130kW，如果按照回收效率 80%计算，也有 104kW 能量可回收，能源利用价值可观。

随着我国国民经济和社会的快速发展，沿海地区的工业生产对淡水资源的需求显著上升，海水淡化技术是解决这一需求的有效手段，反渗透法淡化海水是当前沿海地区工业用水的主要来源。目前，仅山东省在建的海水淡化工程就有 40 多项，覆盖 20 个海岛、13 个沿海工业园区和 10 个沿海城市，其中绝大部分采用反渗透法[3-4]。反渗透法淡化海水的工艺流程如图 1.2 所示，海水经过絮凝澄清、过滤和加氯预处理并合格后，由高压泵加压至 55 ~ 60bar（1bar = 10⁵Pa）送入反渗透膜组件，经反渗透作用后原水进口和浓水出口压差约为输入压力的 10%；未能透过反渗透膜组件的富余压力约 50bar 的浓水进入能量回收装置，经过能量回收的浓水排回大海或者盐场；透过反渗透膜组件的淡水处理

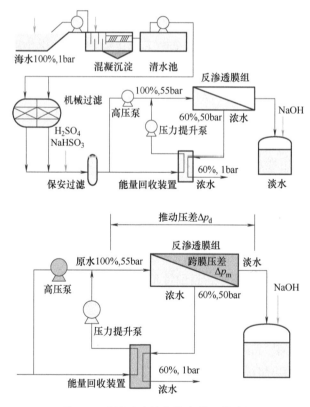

图 1.2　反渗透法淡化海水的工艺流程

后送入管网系统。反渗透海水淡化核心装置的能耗约占总运行能耗的 70%，如果采用液力透平对浓水所蕴含的压力能进行回收利用，那么能大幅度降低海水淡化成本。

以某炼油厂硫化氢（H_2S）脱除系统为例（见图 1.3），吸收器通常在高压下工作，而再生器则在低压下工作。因此，需要用增压泵将再生器底部的贫液加压至高压后进入吸收塔，故泵的扬程高，需采用高压电动机驱动。此外，在吸收器底部完成脱硫的富液通常需采用液位调节阀节流降压后进入气液分离器，浪费了大量高压富液压力能[5]。若采用液力透平对富含 H_2S 的聚乙二醇二甲醚溶液进行能量回收以驱动负载泵，以可用扬程和流量分别为 445.4m、335.3m³/h 为例，若液力透平一年运行时长为 8208h，则每年可为企业节约电费约 266.9 万元。

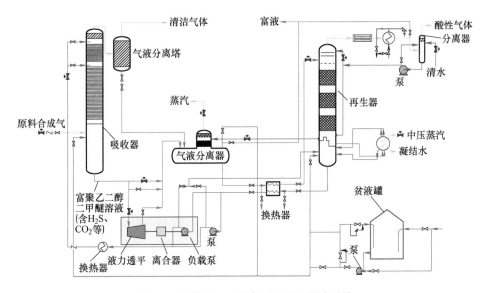

图 1.3 某炼油厂硫化氢（H_2S）脱除系统

通过上述分析可以发现，采用适宜的能量回收装置对高能流体进行能量回收，不仅能产生非常可观的经济效益，而且对于我国早日实现"碳达峰""碳中和"目标也具有十分积极的意义。离心泵作为一种可逆设备，其叶轮正向运转时是耗能部件，而当叶轮反向运转时则可以作为能量回收设备。此外，由于离心泵具有结构简单、可靠性高、价格低廉、交货期短、维护和安装方便等特点，其反转作液力透平已经成功应用在石油化工、海水淡化、采矿等高耗能行业的液体能量回收场合中。从安装形式上讲，目前工业用的离心泵反转作液力透平装置主要分为三类[6]。第一类是液力透平直连变转速发电机，第二类是液力透平直连负载，第三类是液力透平先连电动机再连负载。前两类为直驱式，轴端能量传递效率很高，但运行工况容易出现波动，影响系统整体的能量回收效率[7]；第三类为辅助驱动式，轴端能量传递效率较前两类低，但是辅助电动机的存在可以保证液力透平和负载运行在稳定的转速和流量点时有可观的系统能量回收效率，同时其系统的复杂性较高，日常维护成本也较高。图 1.4 所示为电动机辅助驱动的液力透平能量回收装置连接图，PAT 连接离合器、辅助电动机和负载，相比单纯电动机驱动模式，可以显著节省电能。

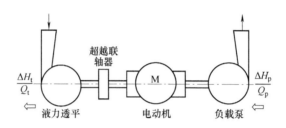

图 1.4　电动机辅助驱动的液力透平能量回收装置连接图

注：图中 $\frac{\Delta H_t}{Q_t}$ 表示液力透平可用水头 ΔH_t 和流量 Q_t，$\frac{\Delta H_p}{Q_p}$ 表示负载泵的水头 ΔH_p 和流量 Q_p

　　由于离心泵在设计中未考虑其在液力透平工况下运行，导致液力透平在实际应用中存在流动特性复杂、选型难等问题。然而，液力透平作为一种流程装备，如果选型不当会使其长时间处于非高效区间运行，此时液力透平内部极易产生回流、二次流、流动分离和旋涡等非稳定的流动结构，进而加剧了流动的不稳定性，导致能量回收效率降低。此外，由于不稳定流动引起的压力脉动及冲击现象，不仅会导致液力透平、联轴器、管路及连接设备的破坏，甚至会影响整个工艺系统的运行稳定性。可见，通过揭示典型工况下液力透平内部的非定常流动特性，可为提高其在实际运行条件下的能量回收能力和工作可靠性提供指导。

1.2　液力透平非定常流动及其激励特性的研究现状

1.2.1　非定常流动特性分析

　　叶轮作为液力透平能量回收的核心部件，其内部流动状态的优劣决定了液力透平能量回收的能力。Barrio 等[8]采用 RNG $k\text{-}\varepsilon$ 湍流模型研究了液力透平在不同工况下叶轮内的流动形态，结果表明：在偏离设计工况下，叶轮进口存在回流；在小流量工况下，叶片吸力面靠近后盖板附近存在大范围回流，而大流量工况下，压力面存在小范围回流且只存在于靠近隔舌的流道内。Lu 等[9]基于边界涡量流（boundary vorticity flux，BVF）理论，采用稳态数值模拟求解结果对不同工况下叶轮叶片附近内的流动分离特性进行了研究，结果表明：当 BVF 的轴向分量 σ_z 处于峰值时，会导致涡量的轴向分量 ω_z 急剧减小，从而导致流动分离。设计工况下，流动分离发生在压力面及吸力面的尾缘附近，随着流量降低，无流动分离区域的 BVF 值基本不变。Yang 等[10-14]系统研究了叶轮的主要参数（如：叶型、直径、进口宽度、叶片进口角、叶片数、厚度、分流叶片、包角）对液力透平回收功率及流动特性的影响，得出了许多具有工程指导价值的结论。Su 等[15]基于剪切应力传输模型（shear stress transfer，SST）k-ω 湍流模型从拉格朗日-欧拉视角研究了液力透平的非定常流动，研究结果表明：同一时刻下叶轮的不同流道内流量是不相同的且存在周期性变化，最大偏差周期约为 0.8 倍的叶轮转动周期。

蜗壳作为叶轮的上游部件，其功能是将高压来流的压力能转换为机械能从而驱动叶轮旋转，由于普通离心泵不包含可调导叶，因此蜗壳的出流状态对于叶轮内的流动特性影响也很大。Arani 等[16]研究了隔舌形态对液力透平水力特性的影响，结果表明：隔舌为 3.58 倍原始长度且倾角为−5°时液力透平的效率最高，液力透平工况选用长隔舌更适合。Su 等[15]指出蜗壳从第 1 断面到第 8 断面流速逐渐减小且存在周期性变化，最大偏差周期约为 0.3 倍的叶轮转动周期，通过监测叶轮与蜗壳间的环形区域流量变化，发现其圆周方向上的固定位置存在明显回流。Páscoa 等[17]采用 S-A 湍流模型对液力透平流动特性进行了研究，结果表明：在设计工况下，蜗壳喉部区域存在回流现象。此外，Fernández 等[18]指出前、后腔进口回流会影响叶轮的入流条件，Ashish 等[19]聚焦于液力透平的非流动区域（后腔），建立了后腔容积变化对外特性影响的理论模型，并通过试验验证了数值结果的准确性，结果表明：对低比转速离心泵后腔进行填充能够降低水力损失，还可以降低透平运行时的噪声和振动。

出口管作为叶轮的下游过流部件，相比于传统的水轮机锥形尾水管，离心泵反转作液力透平的出口管通常为圆柱形，因此不具备能量回收能力，但通过研究液力透平出口管内的流动特性可以间接反映液力透平的流动稳定程度。

Ghorani 等[20]对比了不同工况下出口管内的水力损失及流动特性，结果表明：偏离设计工况下出口管内损失比设计工况大，且损失随着流量增大而增加。

由于叶轮出口回流及旋涡导致的流动损失主要发生在出口管前部，小流量工况下具有与叶轮旋转方向相同的速度分量，大流量工况下则具有与叶轮旋向相反的速度分量。

Štefan 等[21]针对不同工况下的叶轮进、出口速度矢量进行了理论分析，对于出口管内的速度旋转分量随流量变化情况得出了与 Ghorani 等[20]人类似的结论。Delgado 等[22]通过可视化手段研究了出口管内旋涡的演变规律，在相同空化数及相同转速的情况下，设计工况下无明显涡绳，小流量工况下涡绳明显，且随着流量降低呈现周期性。

1.2.2　液力透平压力脉动特性研究

叶轮上、下游过流部件与叶轮的匹配关系不仅会影响液力透平的流动特性，而且对液力透平运行稳定性的影响也很大。蜗壳作为叶轮的上游部件，其主要功能是将高压液体的压力能转换为动能，由于其圆周方向结构不对称性，叶轮旋转时叶片前缘与蜗壳隔舌相互作用产生的动静干涉是液力透平压力脉动的主要来源之一。杨孙圣[23]采用数值模拟与试验相结合的方式系统地研究了叶轮直径、叶片数及分流叶片对液力透平蜗壳、叶轮和出口管内压力脉动特性的影响。结果表明：采用适当增加叶片数、分流叶片及切割叶轮等方式可以有效降低液力透平的压力脉动幅值。

赵万勇等[24]研究了不同蜗壳形状对液力透平压力脉动特性的影响，结果表明：环形蜗壳液力透平内的压力脉动特性要优于螺旋形蜗壳，两种蜗壳的压力脉动主频均为叶频。柴立平等[25]研究了进口导叶时序对于液力透平压力脉动特性的影响，结果表明：当相邻两导叶的外缘中心与蜗壳进口中心重合时，压力脉动幅值最小，当导叶尾缘与蜗壳进口中心重合时，压力脉动幅值最大。

Dong 等[26]通过数值模拟对比了比转速为 75 的单级离心泵在泵和液力透平工况下的压力脉动特性，结果表明：在泵高效点下，叶轮内压力脉动幅值相比于蜗壳及出口管要低得多，而在液力透平高效点时，叶轮内压力脉动幅值高于蜗壳及出口管。

Shi 等[27]通过数值模拟研究了气液两相介质对于液力透平压力脉动特性的影响，结果表明：液力透平内的压力脉动主频幅值随含气量的增加而减小，但不同含气率条件下的压力脉动主频均为叶片转动频率。

为揭示叶片尾缘与下游部件的配合关系对液力透平压力脉动特性的影响，Binama 等[28]采用数值模拟方法研究了小流量工况下叶片尾缘位置对液力透平主要流域压力脉动特性的影响，研究表明：液力透平压力脉动主要是由动静干涉效应引起的，而不同叶片尾缘位置对压力脉动的主频幅值有影响但未发现其影响规律。

为探究水轮机尾水管内能量分布特性与压力脉动特性之间的关系，吴晓晶[29]通过对能量方程进行矢量分解，研究了压力推进功、拟涡能和 Lamb 矢量值对尾水管内压力脉动幅值的影响。结果表明：拟涡能和 Lamb 矢量值形成的涡量场对低频脉动的主频和次频起决定性作用，而压力推进功对压力脉动幅值影响较大。

代翠等[30]通过数值模拟与试验研究了液力透平出口管压力脉动特性，结果表明：出口管压力脉动是由上游蜗壳与叶轮动静干涉引起的，压力脉动主频幅值会随流量的增加而增加。

1.3　液力透平能量回收特性的研究现状

1.3.1　内部流动损失研究

流动介质在液力透平内部运动过程中由于黏性及不稳定流动会产生不可逆的能量损失，通过对这部分损失进行研究不仅有助于掌握液力透平的能量回收规律，还可以针对能量损失的主要发生位置进行针对性的优化以提高液力透平的回收效率。史凤霞等[31]通过能量守恒与转换定律研究了进口固定导叶对叶轮内的能量损失规律的影响，结果表明：当导叶出口角与叶片进口角相匹配时，能够降低叶轮内的流动损失。苗春森等[32]将叶轮沿径向划分为不同区域，通过对比不同区域内的水力损失占比揭示了叶轮回收能量的关键区域。此外，他通过研究蜗壳流向过流截面的水力损失发现隔舌喉部下游是蜗壳内能量损失的主要位置。

Du 等[33]采用数值模拟与试验的方法研究了 4 种不同叶片包角对液力透平外性能的影响，结果表明：改变包角会使液力透平的高效点向大流量工况点转变，但适当地减小叶片包角可以降低叶轮内的水力损失。

Liu 等[34]对比了一台低比转速离心泵在泵和液力透平工况下的水力损失，结果表明：液力透平工况下的效率要低于泵工况，液力透平工况下流动损失主要是由吸力面旋涡及压力面回流引起，改善叶轮的入流条件可以提高液力透平工况下的效率。

Li[35-36]采用数值模拟方法对低比转速液力透平在不同黏度介质下的水力特性及流动情况进行了研究。结果表明：在高效点工况下，液力透平的流量、总扬程和水力效率随黏度的增加而增加。液体黏度对液力透平水力性能的影响比对泵工况下的影响更大，叶轮内的流动分离和入流损失是液力透平水力效率低于泵的主要原因。

为进一步研究流动损失产生的位置，Ghorani 等[20]基于熵产理论对液力透平的流动损失进行了研究，研究结果表明：不同工况下液力透平的损失主要发生在叶轮，小流量工况下叶轮内损失主要发生在压力面及叶片压力面的前缘处，大流量工况下损失发生位置由压力面转为吸力面附近。Chorani 等同时指出，叶片进口的流动冲击、流动分离、叶道涡、叶片尾缘的流动滑移是造成叶轮内流动损失的主要原因。

Qi 等[37]基于熵产理论对比了前倾叶片和后倾叶片对液力透平流动损失的影响，结果表明：前倾叶片相比于后倾叶片具有更宽的高效运行范围，流动损失主要由脉动熵产率产生，叶轮内损失主要集中在叶片前缘、尾缘及尾迹区。

Guan 等[38]采用试验与数值模拟相结合的方法研究了进口导叶时序效应对液力透平流动损失的影响，结果表明：导叶时序改变会降低静止流域内的流动损失，但对于叶轮内的损失影响不大，导叶尾迹处的水力损失会随叶轮旋转呈现周期性变化。

尽管国内外研究者对于液力透平的不稳定流动特性进行了大量研究，但在流动损失方面的研究还不够深入，特别是通过建立流动特征与流动损失间的关联性分析较少；此外，叶轮作为液力透平的主要获能部件之一，在不同工况下其内部的流动特性还未得到很好的揭示，特别是对于流动分离、旋涡演化等不稳定流动特性之间的关联性分析也较为少见。

1.3.2　液力透平性能预测研究

由于液力透平试验所需场地大、试验成本高，普通离心泵在出厂前通常不会进行反转试验，因此对泵在液力透平工况下的性能预测是液力透平在实际应用中需攻克的关键技术及难点，主要包含两部分：一是预测液力透平高效点性能，其准确性为液力透平的初步选型提供了参考；二是预测液力透平全工况特性，其可靠性为项目成本回收及运行调控提供了参考。因此，国内外研究者采用了多种手段来研究了这两类问题。

1. 液力透平高效点性能的预测

如果对于液力透平高效点的预测不够准确，那么其将会长时间处于非高效区间运行，严重时会影响整个系统的稳定运行。国内外研究者针对这一关键难题，采用经验预测、理论预测、智能算法预测等方法对离心泵在液力透平工况下的高效点性能进行预测。由于市场上泵的类型繁多、产品参数分布广，因此大多数研究者提出的方法不具备通用性，但可作为同一类型离心泵反转作液力透平初步选型的参考。

（1）经验预测　比转速及效率与离心泵的结构和运行参数密切相关，目前文献中的经验预测方法大多是基于这两个参数对离心泵在液力透平工况下的高效点性能进行预测。近年来，研究者们分别采用试验或数值模拟方法对经验预测公式的准确性进行验证：Williams[39] 将 35 台比转速为 12.7～183.3 的离心泵反转试验结果与现有文献中的经验公式预测结果进行对比，结果表明：没有通用的经验预测公式可以预测所有离心泵反转作液力透平时的性能，相比之下，文献［40］中 Sharma 等提出的预测公式精度较高，但其预测方法仍有 20% 的试验泵的误差处于不可接受范围。Naeimi 等[41]对一台比转速为 29.4 的液力透平进行试验后指出：文献［40］中 Stepanoff 等提出的方法预测精度较高，扬程、流量、效率的预测误差分别为−3.9%、−0.3%、5.4%；Emma 等[42]采用数值模拟方法也证明了 Stepanoff 等提出的方法准确性较高。

此外，Stefanizzi 等[43]、Novara 等[44]、Derakhshan 等[45]等通过整理公开发表文献中离心泵在液力透平工况时的试验数据，采用数据拟合的方法建立液力透平高效点性能的预测方法也取得了较好的效果，但仍有部分预测结果超出了可接受的误差范围，因此他们指出增加数据库中的样本数量有助于提高液力透平高效点性能预测公式的准确性。

（2）理论预测　由于液力透平的几何、运行参数与其性能密切相关，因此，从理论分析的角度探究其运行的基本规律，有助于提高预测精度及改进性能。目前，研究者基于叶轮进、出口速度三角形理论并结合相关假设条件，对液力透平高效点性能的预测提出了不同的理论方法。Yang 等[46]对泵及液力透平的欧拉方程进行分析并考虑泵的叶片滑移，由此推导出了关于泵效率的液力透平性能转换关系式。Huang 等[47]推导了考虑叶片出口滑移的液力透平转轮特性方程及蜗壳特性方程，提出了液力透平高效点性能预测方法，并采用三台不同比转速的液力透平进行了试验验证。Mdee 等[48]结合系统性能曲线及欧拉扬程理论，采用差分法得到了液力透平高效点性能预测公式，结果表明：新方法对于比转速范围为9.08~94.4的34台液力透平的平均绝对预测误差为11.7%。

液力透平在运行中存在着各种流动及机械损失，对这些损失进行估算可以间接地预测液力透平的高效点。Amelio 等[49]通过离心泵高效点的扬程、流量和比转速及叶轮尺寸推导出了泵的主要尺寸，并根据液力透平内的流动损失经验公式预测了液力透平的高效点。Liu 等[50]推导了包含滑移系数的离心泵与液力透平的欧拉扬程计算公式，通过详细分析泵及液力透平工况下存在的各种损失，建立了离心泵与液力透平的特性预测模型，并采用3台比转速分别为103、131和187的离心泵完成数值模拟与试验，结果表明：新提出的方法有很高的准确性，预测平均误差为1.28%。

低比转速离心泵在设计时采用不同放大系数会影响其液力透平工况下的性能，为此，Shi 等[51]根据泵和液力透平的进、出口速度三角形关系及欧拉扬程方程建立了包含放大系数的液力透平高效点预测方法，结果表明：流量及比转速的转换系数随放大系数增大而减小，但放大系数对于扬程的换算关系影响较小。

叶轮内的速度滑移现象也会影响其性能预测准确性，Torresi[52]研究了叶轮产生滑移的原因，并考虑滑移系数的影响，改进了Barbarelli 等[53]提出的一维液力透平预测模型，通过对一台双吸泵的数值模拟结果拟合出不同流量下滑移系数的预测公式。Wang 等[54]通过分析叶轮的进、出口速度三角形，推导出含液力透平进口滑移系数的液力透平高效点性能预测公式，并对六台比转速不同的液力透平进行试验与数值模拟，结果表明：新方法的准确性更高，泵工况下高效点的滑移系数大于液力透平工况下的。

除结构参数外，液力透平的介质属性对于其性能的预测也具有较大的影响，杨军虎等[55]推导了液力透平在气液两相介质下的基本方程，并指出液力透平在纯水和气液两相工况下的流量和扬程换算因子均大于1，且液力透平比转速越大则流量和扬程换算因子越小。Li[35]拟合出比转速为93的离心泵在液力透平工况下流量、扬程关于雷诺数的换算公式，通过与其他预测方法对比表明：基于雷诺数的流量转换关系式对于黏度变化工况下高效点的性能预测准确性更高，但扬程的预测准确性仍需进一步提高。

（3）智能算法预测　预测液力透平的高效点是一个最优化问题，而智能算法对于求解此类问题具有很强的针对性，Balacco[56]基于人工神经网络和进化多项式回归的灵敏度分析对液力透平高效点进行预测。Rossi 等[57]指出：遗传算法对于预测液力透平高效点具有较高的准确性，液力透平工况下的高效点流量大于泵工况下的，但比转速略有降低。杨军虎等[58]建立 BP 和 GA-BP 神经网络预测液力透平的压头和效率，相比之下，GA-BP 神经网络具有更高的预测精度，而且预测所用时间较 BP 神经网络要少 1/3，更适合对液力透平进行性能预测。

2. 液力透平全工况特性的预测

在液力透平的实际运行中，由于上、下游设备调控导致液力透平会处于非高效运行区间运行，而离心泵反转作液力透平的缺点之一就是在偏离高效点时性能下降明显。因此，预测液力透平的全工况性能也成为研究热点之一。近年来，研究者们采用试验研究、理论分析、数值计算等方法对该问题进行了研究。

（1）试验研究　早在 2008 年，Derakhshan 等[45]对液力透平全工况特性进行了试验研究，并根据试验结果拟合出基于高效点流量的全特性预测公式。随后，Pugliese 等[59-60]通过对一台卧式离心泵及一台多级立式离心泵在液力透平工况下的性能进行了试验研究，拟合出功率和效率关于流量的预测公式。Barbarelli 等[53]通过 12 台比转速范围为 15~65 的液力透平试验结果拟合出液力透平性能随流量变化的关系式。

Novara 等[44]对 113 组液力透平性能曲线进行分析，并结合不同比转速拟合出基于高效点的抛物线型液力透平性能曲线预测公式，与其他预测方法对比，结果表明：考虑比转速的性能预测曲线具有更高的准确性。Fontanella 等[61]对 34 台 4 种不同类型的液力透平试验结果建立数据库，拟合出液力透平全工况下扬程及功率与流量的对应关系。Delgado 等[62]基于 Hermite（埃尔米特）混沌多项式展开法提出了一种液力透平的运行特性预测及其变速运行模型的新方法。Perez-Sanchez 等[63]对 181 台液力透平试验数据进行拟合，得出了关于流量的全工况性能预测方程，此外，他还预测了飞逸转速工况和 0 转速下液力透平的性能，对液力透平的运行范围调控具有借鉴意义。

Venturini 等[64]将现有的液力透平全工况性能预测方法分为"白色模型预测法""灰色模型预测法"和"黑色模型预测法"3 种，其中灰色又分为两种。白色模型预测法即液力透平模型的所有信息均为已知，推测出其外特性情况；灰色模型预测法是模型已知部分数据参数，其他参数可以根据已知数据预测得到；黑色模型预测法即模型中参数均为未知，需要从原有的参考模型中进行选择。Venturini 等对比了 3 种方法的预测精确性，结果表明：黑色模型预测法的准确性最高，但不同方法各有利弊。Venturini 等改进了一种基于模型参数的灰色模型[65]，结果表明：改进模型对功率的预测准确性最好，但对效率的预测误差较大。

（2）理论分析　Huang 等[66]基于欧拉方程和叶轮的速度三角形，推导了描述混流式水泵水轮机完整特性的数学模型，通过多组实测的全特性曲线，拟合出液力透平性能与比转速和导叶相对开度的函数关系。

Fecarotta 等[67]通过运用相似准则及 Suter 模型对五台半轴式潜水单级液力透平进行验证，并分析了 Suter 模型的误差，结果表明：对于转速范围为原转速的−40%~50%的 Suter 模型的计算误差较大，Fecarotta 等通过 87 组试验数据拟合出液力透平非设计工况特性与高效点性能间的转换关系。

Carravetta 等[68]推导了液力透平的相似准则，发现传统的相似准则方法对于评价变转速下液力透平的性能误差较大，随后，Carravetta 等将流量、扬程、功率和效率相似准则修正为关于转速比的函数，并通过试验确定了函数中的相关常数，试验表明：修正后的相似准则具有很高的准确性，但该方法只适用于单级潜水泵，对于其他模型的准确性仍待证明。

（3）数值计算　近年来，随着计算机运算能力的提高及湍流模型的完善，数值模拟已经成为研究科学及工程问题的重要工具。由于数值模拟方法在液力透平性能预测方面具有准确性相对较高、研究成本较低的优势，在科学研究及工程应用中具有不可替代的作用。Derakhshan 等[69]通过数值模拟与试验验证了其预测理论转换关系的准确性，并指出数值模拟方法的计算误差与计算模型的完整程度密切相关。Pascoa 等[70]对一台单级离心泵正、反转工况进行数值计算，并通过试验验证了数值模拟的准确性，结果表明：数值模拟方法对液力透平全工况性能预测具有很好的准确性及经济性。Emma 等[47]采用数值模拟方法对比转速为 20.5、37.6 和 64 的 3 台泵在 PumpLinx 平台进行正、反转数值模拟，通过泵性能试验验证了数值模拟方法的准确性。Yang 等[46]采用 k-ε 湍流模型对一台液力透平进行了数值研究，作者指出：采用数值模拟方法对液力透平性能预测相比于其他理论方法准确性更高。此外，Štefan 等[21]、Maleki 等[71]、Gao 等[72]、Li 等[73]、Kan 等[74]、Santolaria 等[75]、Xu 等[76]等采用不同湍流模型对液力透平的性能进行预测，也得到了较好的预测结果。

1.4　液力透平性能提升的研究现状

为提高液力透平的水力特性及运行稳定性，国内外研究者也做了许多新颖且有实际意义的工作。Derakhshan 等[77-78]基于梯度优化理论及 FINE/Turbo V7

软件对叶轮进行了重新设计，并对叶片前缘及前、后盖板倒圆角，试验结果表明：优化后液力透平高效点的效率提升了 5.5%，而且全工况下的效率均有提升。Singh 等[79]基于自由旋涡理论与试验手段研究了叶片前、后缘及前、后盖板圆角对于液力透平的影响，研究结果表明：叶片进口修圆角后有助于改善吸力面的进口尾迹现象，但对回收功率及叶轮的欧拉扬程影响不大。叶片前、后缘修圆角使液力透平全工况效率提高了 2% 左右。

叶型对于液力透平性能的影响很大，在离心泵设计中，叶片为满足泵运行工况的需要通常采用后倾式，Wang 等[80-81]通过研究发现传统的后倾式叶片不太适用于液力透平工况，从而导致液力透平的运行范围狭窄，Wang 等结合叶轮速度三角形及叶轮-蜗壳配合关系设计了一款前倾式叶片，通过数值模拟与试验的方法验证了优化设计的可行性。此外，Wang 等还采用该方法对比转速为 18.1、36.4 和 52.8 的三台液力透平重新设计了叶轮，结果表明：优化前后液力透平蜗壳内的水力损失基本不变，但出口管及叶轮内的损失明显降低，效率提升 5% 以上。Wang 等[82]在考虑叶轮进口滑移的基础上设计了一款 S 形叶片，并分析了 S 形叶片参数对于流动特性的影响。结果表明：S 形叶片相比于原始叶片效率提高约 3%。Himawanto 等[83]试验研究了半开式叶轮对液力透平性能的影响，结果表明：后倾半开式叶轮效率最高，前倾半开式叶轮效率最低。

叶片型线由众多结构参数确定，在优化过程中，为减少试验次数及成本，需要确定哪些参数是影响液力透平性能的主要参数，进而对其进行有针对性的优化工作。Tian 等[84]采用正交设计试验方法对叶轮的出口直径、出口宽度、叶片数和出口角对液力透平水力性能的影响程度进行了评估，结果表明：出口直径对于液力透平扬程影响最大，叶片数对液力透平效率影响最大。Miao 等[85]采用遗传算法对叶片型线的主要控制参数进行优化设计，优化后叶轮内的流动更为稳定，效率提升 2.91%。Dai 等[86]从理论的角度研究了叶片参数对液力透平不同工况下性能的影响，并采用数值模拟与试验的方式验证了理论分析结果，结果表明：小流量工况下包角对液力透平效率影响最大，大流量工况下出口宽度对液力透平效率影响最大。Wang 等[87]对液力透平内的流动损失进行一维理论分析，推导出了关于液力透平效率与优化变量之间的数学表达式，并采用正交试验方法评估优化变量对优化目标的影响程度，通过多目标遗传算法对设计工况下离心泵及液力透平工况的效率进行优化。结果表明：优化后离心泵及液力透平效率分别增加 0.27% 和 16.3%。

为减少叶轮进口冲击损失、提高运行效率，Sengpanich 等[88]提出在叶轮进口增加射流装置，将离心泵改装成射流式液力透平，通过对一维理论分析，计算出不同射流角对应的理论效率并采用数值模拟研究了转速及射流角对液力透平性能的影响，结果表明：射流式液力透平具有很广的运行范围，并且具有更好的抗汽蚀性能。Giosio 等[89]设计了一种可调式进口导叶，导叶由沿叶轮进口圆周方向的 13 片翼型组成。导叶通过伺服电动机驱动，通过调节导叶改变叶轮进口的入流方向。试验结果表明：通过增加可调导叶拓宽了液力透平的高效运行区间，最高效率为 79%，并且经济性比小型水轮机更好。

为寻求全局最优解，近年来研究者们基于代理模型对液力透平性能优化也做了大量工作。通过代理模型建立优化目标与优化变量之间的数学模型，并采用寻优算法完成全局寻优，这种方法能够极大地降低试验次数和成本。Ghorani 等[90]以液力透平在设计工况及大流量工况下的熵产损失为优化目标，采用 Kriging 代理模型及非支配排序遗传算法对叶片进、出口角，叶片包角，叶轮进口宽度及叶片数进行优化设计，结果表明：采用代理模型对液力透平叶轮优化具有可行性，优化后液力透平的设计工况及大流量工况效率分别提高 3.82% 和 5.72%。代理模型的精度对于优化结果具有决定性影响，Asomani 等[91]评估了不同代理模型的精度对于液力透平多目标优化的影响，结果表明：人工神经网络代理模型和广义回归神经网络在保证精度的情况下操作简单、计算资源要求少，而尽管自适应神经模糊推理系统代理模型的精度高，但其实现起来非常复杂和烦琐，特别是多目标优化的计算成本很高。

相比于传统的水轮机，离心泵反转作液力透平无导流装置，当来流流量或压力处于非恒定状态时，液力透平会处于非高效区间运行，导致效率急剧下降。相比于结构优化，研究者们针对液力透平在小流量下性能陡降现象也提出了运行调控优化方案，由叶轮的进、出口速度三角形分析可知，转速可以作为一种调节进口流量变化时入流条件的手段。Delgado 等[22]采用试验手段研究了转速对液力透平性能的影响，研究结果表明，转速调节可以作为一种实用手段改善液力透平在非设计工况下的性能，使得液力透平的最高效率不随转速发生改变，但高效运行区间会随着转速降低而变窄。Jain 等[92]也通过试验得到了类似的结论。

综上所述，国内外众多研究者围绕液力透平内部非定常流动及其激励特性、流动损失分析与评估、水力性能预测等方面进行了较为深入的研究，研究成果为液力透平的科学研究与工程应用提供了积极的借鉴作用，但整体看来，目前对于液力透平内部非定常流动机理及能量回收特性等方面的研究还不够深入，特别是对于工业液力透平的实例分析与数值计算方面的研究还较为少见。本书以对我国经济建设和社会发展有重要现实意义的液力透平在石油化工、船用脱硫、海水淡化等高耗能行业中的应用为具体工程背景，从基础理论、数值模拟和应用实例等方面，确立了适宜的液力透平内部流动数值计算方法，研究了单级液力透平典型工况下的非定常流动机理和能量回收特性揭示了几何结构和透平形式对液力透平能量回收特性的影响规律，还以多种结构型式的工业液力透平为例进行了能量回收分析。本书的研究成果可为高性能液力透平设计开发和工程应用提供技术支撑。

第2章 液力透平内部流动数值计算方法

数值计算是研究液力透平内部流动及能量回收特性的一种重要手段。合理的数值计算策略不但能够准确地预测不同工况下液力透平的性能，而且还有助于深入揭示液力透平的不稳定流动特性。然而，影响液力透平数值计算精度的因素有很多，例如：湍流模型的类型、计算域的完整程度、网格的质量、求解器的设置等。本章首先从湍流模型的选取、计算模型的建立、计算网格的划分、求解器前处理等方面对通过数值计算预测液力透平性能的求解策略进行介绍，随后通过试验验证了数值计算结果的准确性，最后对数值计算结果进行了初步分析。

2.1 控制方程及计算模型

2.1.1 控制方程

泵及液力透平的数值计算通常采用有限体积法，其特点在于将流体区域分成许多小的控制体，通过求解控制体内的守恒方程得到整个控制体的数值求解结果。控制方程包含三大守恒方程，即质量、动量及能量守恒方程。本书假定液力透平在运行过程中，流动介质的温度不发生变化且不发生相变，因此在求解过程中未对能量守恒方程进行求解。简化的质量守恒方程、动量守恒方程的表达式为[93]

$$\frac{\partial u_i}{\partial x_i} = 0 \tag{2.1}$$

$$\frac{\partial(\rho u_i)}{\partial t} + \frac{\partial(\rho u_i u_j)}{\partial x_j} = \frac{\partial \tau_{ij}}{\partial x_j} - \frac{\partial p}{\partial x_i} + \rho g_i + F_i \tag{2.2}$$

式中，u_i 和 u_j 是流体三维速度分量；x_i 和 x_j 是流体三维坐标分量；p 是静压；ρ 是流体密度；t 是时间；F_i 是 i 方向的外部源项；ρg_i 是重力项；τ_{ij} 是定义的黏性应力张量，其表达式为

$$\tau_{ij} = \left[\mu \left(\frac{\partial u_i}{\partial x_j} + \frac{\partial u_j}{\partial x_i} \right) \right] - \frac{2}{3} \mu \delta_{ij} \frac{\partial u_i}{\partial x_i} \tag{2.3}$$

式中，μ 是动力黏度；δ_{ij} 是 Kronecker（克罗内克）函数（当 $i=j$ 时，$\delta_{ij}=1$；当 $i \neq j$ 时，$\delta_{ij}=0$）。

将式（2.3）代入式（2.2），得到瞬态 N-S 方程的通用形式。若忽略重力的影响，当 $i \neq j$ 时，动量方程可以简化为

$$\frac{\partial(\rho u_i)}{\partial t} + \frac{\partial(\rho u_i u_j)}{\partial x_j} = \frac{\partial}{\partial x_j} \left[\mu \left(\frac{\partial u_i}{\partial x_j} + \frac{\partial u_j}{\partial x_i} \right) \right] - \frac{\partial p}{\partial x_i} + F_i \tag{2.4}$$

由式（2.1）~式（2.4）组成的方程组中共有 4 个未知变量和 4 个方程，若给定边界条件和初始条件，理论上可以求解，但实际上难以实现。特别是对于湍流问题，速度场、压力场随时间变化做无规则的脉动，直接求解十分困难。因此，如何求解三维空间中的 N-S 方程光滑解的存在性问题被美国克雷数学研究所设定为七个千禧年大奖难题之一[94]。在工程应用中，流体的运动情况更加复杂，边界场及外部因素的扰动会很大程度上影响流体的运动，如何将 N-S 方程组应用到实际的工程中也是困扰工程界的难题。在 1883 年，英国科学家雷诺通过观察试验总结出流体在运动中存在两种完全不同的形态，即层流和湍流。对于离心泵等叶轮机械来说，由于叶轮转速较高，其内部的流动通常为复杂的湍流。雷诺将流动参数分成时均量 $\overline{u}$ 和脉动量 u' 两部分并代入 N-S 方程中进行时间平均后，得到了雷诺平均（RANS）方程：

$$\frac{\partial \overline{u}_i}{\partial x_i} = 0 \tag{2.5}$$

$$\frac{\partial}{\partial t}(\rho \overline{u}_i) + \frac{\partial}{\partial x_j}(\rho \overline{u}_i \overline{u}_j) = -\frac{\partial p}{\partial x_i} + \frac{\partial}{\partial x_j} \left(\mu \frac{\partial \overline{u}_i}{\partial x_j} - \rho \overline{u'_i u'_j} \right) + S_i \tag{2.6}$$

式中，$\rho \overline{u'_i u'_j}$、$u'_i$、$\overline{u}_i$ 分别是雷诺应力项、i 方向的脉动速度分量和雷诺平均速度分量；S_i 是雷诺平均后的 i 方向的外部源项。

其中，由涡黏性假设可知，雷诺应力与平均速度梯度存在如下关系

$$-\rho \; \overline{u'_i u'_j} = \mu_t \left(\frac{\partial \overline{u}_i}{\partial x_j} + \frac{\partial \overline{u}_j}{\partial x_i} \right) - \frac{2}{3} \left(\rho k + \mu_t \frac{\partial \overline{u}_i}{\partial x_i} \right) \delta_{ij} \tag{2.7}$$

式中，μ_t 是湍流黏性系数；k 是湍动能。

式 (2.6) 中由于脉动平均产生的雷诺应力项使方程组无法求解，为封闭 RANS 方程，需要引入额外的方程，这就提出了湍流模型的概念。所谓的湍流模型，就是依据湍流的理论知识、试验数据以及经验，对雷诺平均方程中的雷诺应力项建立表达式或方程，并进一步对未封闭项进行合理的模化，从而使湍流的雷诺平均方程组封闭的理论。目前在工业应用和机理研究方面大体有几大模拟方法：雷诺平均方程法、大涡模拟（large eddy simulation，LES）和前两者的混合模型等，其中雷诺平均方程法在离心泵模拟方面使用较多的有标准 $k\text{-}\varepsilon$ 模型、$k\text{-}\omega$ 模型及其改进型 SST $k\text{-}\omega$ 模型。

2.1.2 湍流 RANS 数值模型

1. 一方程模型

湍流平均的连续性方程和动量方程如下：

$$\frac{\partial \rho}{\partial t} + \frac{\partial}{\partial x_i}(\rho u_i) = 0 \tag{2.8}$$

$$\frac{\partial}{\partial t}(\rho u_i) + \frac{\partial}{\partial x_j}(\rho u_i u_j) = -\frac{\partial p}{\partial x_i} + \frac{\partial}{\partial x_j}\left(\mu \frac{\partial u_i}{\partial x_j} - \rho \; \overline{u'_i u'_j} \right) + S_i \tag{2.9}$$

为使方程封闭，建立了一个湍动能 k 的输运方程为

$$\frac{\partial(\rho k)}{\partial t} + \frac{\partial(\rho k u_i)}{\partial x_i} = \frac{\partial}{\partial x_j}\left[\left(\mu + \frac{\mu_t}{\sigma_k} \right) \frac{\partial k}{\partial x_j} \right] + \mu_t \left(\frac{\partial u_i}{\partial x_j} + \frac{\partial u_j}{\partial x_i} \right) \frac{\partial u_i}{\partial x_j} - \rho C_D \frac{k^{3/2}}{l} \tag{2.10}$$

式中，l 是长度比尺；C_D 是经验常数，$C_D = 0.08 \sim 0.38$；σ_k 是湍动能对应的普朗特系数，一般取 $\sigma_k = 1.0$。由普朗特表达式有

$$\mu_t = \rho C_\mu \sqrt{k} \, l \tag{2.11}$$

式中，C_μ 是经验常数，$C_\mu = 0.09$。

一方程模型由于长度比尺 l 难以确定，推广应用比较困难。

2. 标准 $k\text{-}\varepsilon$ 模型

标准 $k\text{-}\varepsilon$ 模型中的 ε 定义为

$$\varepsilon = \frac{u}{\rho} \overline{\left(\frac{\partial u'_i}{\partial x_k} \right) \left(\frac{\partial u'_j}{\partial x_k} \right)} \tag{2.12}$$

式中，x_k 是流体三维坐标分量。

得到标准 k-ε 模型的输运方程为

$$\frac{\partial(\rho k)}{\partial t}+\frac{\partial(\rho k u_i)}{\partial x_i}=\frac{\partial}{\partial x_j}\left[\left(\mu+\frac{\mu_t}{\sigma_k}\right)\frac{\partial k}{\partial x_j}\right]+G_k+G_b-\rho\varepsilon-Y_M+S_k \qquad (2.13)$$

$$\frac{\partial(\rho\varepsilon)}{\partial t}+\frac{\partial(\rho\varepsilon u_i)}{\partial x_i}=\frac{\partial}{\partial x_j}\left[\left(\mu+\frac{\mu_t}{\sigma_\varepsilon}\right)\frac{\partial\varepsilon}{\partial x_j}\right]+C_{1\varepsilon}\frac{\varepsilon}{k}(G_k+C_{3\varepsilon}G_b)-C_{2\varepsilon}\rho\frac{\varepsilon^2}{k}+S_\varepsilon$$

$$(2.14)$$

式中，G_k 是平均速度梯度产生的湍动能；G_b 是浮力产生的湍动能；Y_M 是可压缩湍流脉动膨胀对总的耗散率的影响；S_k 和 S_ε 是源项；σ_ε 是湍动耗散率对应的普朗特数，一般取 $\sigma_\varepsilon=1.3$；$C_{1\varepsilon}$、$C_{2\varepsilon}$、$C_{3\varepsilon}$ 是经验常数，通常取 $C_{1\varepsilon}=1.44$、$C_{2\varepsilon}=1.92$、$C_{3\varepsilon}=0.09$。

3. 标准 k-ω 模型

标准 k-ω 模型的 k 方程为

$$\frac{\partial(\rho k u_i)}{\partial x_i}=\frac{\partial}{\partial x_j}\left[\left(\mu+\frac{\mu_t}{\sigma_k}\right)\frac{\partial k}{\partial x_j}\right]+G_k-Y_k+S_k \qquad (2.15)$$

ω 方程为

$$\frac{\partial(\rho k u_i)}{\partial x_i}=\frac{\partial}{\partial x_j}\left[\left(\mu+\frac{\mu_t}{\sigma_k}\right)\frac{\partial k}{\partial x_j}\right]+\alpha\frac{\omega}{k}P_k-\beta\rho\omega^2 \qquad (2.16)$$

式中，Y_k 是湍动能在湍流作用下的耗散；S_k 是源项；ω 是湍动能耗散率；模型中各常数取值分别为 $\alpha=5/9$，$\beta=0.075$，$\sigma_k=2$，$\sigma_\omega=2$。

湍动黏度 μ_t 表示为

$$\mu_t=\rho\frac{k}{\omega} \qquad (2.17)$$

P_k 为速度梯度引起的压力生成项

$$P_k=\mu_t\left(\frac{\partial u_i}{\partial x_j}+\frac{\partial u_j}{\partial x_i}\right)\frac{\partial u_i}{\partial x_j} \qquad (2.18)$$

4. 湍流 SST k-ω 模型

湍流 SST k-ω 模型是由 Menter[95] 于 1994 年将 k-ε 模型和 k-ω 模型的模化思路融合而成的，该模型在近壁面使用 k-ω 模型，而在边界层外和自由流区使用 k-ε 模型，在混合区域内则通过一个加权函数混合使用这两种模型，使得 SST k-ω 模型对逆压梯度流动的预测（如分离流）得到了重要的改进，由于 SST k-ω 模型在二方程湍流模型中具有较好的模拟效果，是近年来最受欢迎的湍流模型之一。对于不可压流动，SST k-ω 模型方程为

$$\frac{\partial}{\partial t}(\rho k)+\frac{\partial}{\partial x_i}(\rho k u_i)=\frac{\partial}{\partial x_j}\left(\Gamma_k\frac{\partial k}{\partial x_j}\right)+G_k-Y_k+S_k \qquad (2.19)$$

和

$$\frac{\partial}{\partial t}(\rho\omega)+\frac{\partial}{\partial x_i}(\rho\omega u_i)=\frac{\partial}{\partial x_j}\left(\Gamma_\omega\frac{\partial\omega}{\partial x_j}\right)+G_\omega-Y_\omega+D_\omega+S_\omega \qquad (2.20)$$

式中，G_ω、Y_ω、D_ω 和 S_ω 均为产生项。

$$\Gamma_k=\mu+\frac{\mu_t}{\sigma_k}$$

$$\Gamma_\omega=\mu+\frac{\mu_t}{\sigma_\omega}$$

$$\mu_t=\rho\frac{k}{\omega}\frac{1}{\max\left[\dfrac{1}{\alpha^*},\dfrac{SF_2}{a_1\omega}\right]}$$

$$\sigma_k=\frac{1}{F_1/\sigma_{k,1}+(1-F_1)/\sigma_{k,2}}$$

$$F_1=\tanh(\Phi_1^4)$$

$$\sigma_\omega=\frac{1}{F_1/\sigma_{\omega,1}+(1-F_1)/\sigma_{\omega,2}}$$

$$F_2=\tanh(\Phi_2^2)$$

$$\Phi_1=\min\left[\max\left(\frac{\sqrt{k}}{0.09\omega y},\frac{500\mu}{\rho y^2\omega}\right),\frac{4\rho k}{\sigma_{\omega,2}D_\omega^+y^2}\right]$$

$$\Phi_2=\max\left(2\frac{\sqrt{k}}{0.09\omega y},\frac{500\mu}{\rho y^2\omega}\right)$$

$$D_\omega^+=\max\left[2\rho\frac{1}{\sigma_{\omega,2}}\frac{1}{\omega}\frac{\partial k}{\partial x_j}\frac{\partial\omega}{\partial x_j},10^{-10}\right]$$

式中，y 是第一层网格高度。

2.1.3 湍流 LES 数值模型

液力透平内部流动是高速旋转、高曲率各向异性湍流。在偏设计工况下运行时，叶轮中的内部流动更为复杂，大冲角会诱发严重的流动分离，进而发展成为失速团，逆压梯度还会造成进出口回流，这几种流动结构之间存在强非线性相互作用。这种特殊性和极端复杂性对湍流模型提出了非常高的要求，数值模拟容易出现湍流模型预测不准确的问题。

　　一般认为，液力透平中的流动是高雷诺数的湍流，由不同尺度的涡组成。由于液力透平中的流动雷诺数较高，各种涡结构的尺度非常复杂，就目前的计算机能力而言，对所有的涡结构求解是不可能的。而小尺度涡对整体的流动影响较小，可以采用模化的方法处理。基于这种思想，Smagorinsky 提出了大涡模拟方法。具体的方法是首先通过空间滤波函数过滤掉湍流中的小尺度涡，对大尺度涡的运动直接求解，而小尺度涡对大尺度涡运动的影响可以通过亚格子（subgrid-scale，SGS）应力模型表示。大涡模拟与直接数值模拟相比大大节省了计算资源，而与雷诺平均方法相比可以获得较高的计算精度，因此在计算液力透平内部湍流流动中具有优越性，是计算液力透平叶轮中湍流流动的有效方法，而 SGS 应力模型是大涡模拟中的关键，对计算效率和精度都有很大的影响。

　　LES 控制方程是由 N-S 方程经过物理空间的（各向同性）盒式过滤器，或利用傅里叶变换在谱空间上对波数的低通过滤器过滤而得到的。过滤运算后的函数 $\overline{\phi}(x)$ 为

$$\overline{\phi}(x) = \frac{1}{V}\int_V \phi(y)\,\mathrm{d}y, \quad y \in V \tag{2.21}$$

式中，V 是计算网格的体积；$\phi(y)$ 是原函数。

　　过滤器 $G(x,y)$ 的定义如下：

$$G(x,y) = \begin{cases} 1/V, & y \in V \\ 0, & y \notin V \end{cases} \tag{2.22}$$

　　于是，得到经过滤波的流场控制方程

$$\frac{\partial \rho}{\partial t} + \frac{\partial (\rho\,\overline{u}_j)}{\partial x_j} = 0 \tag{2.23}$$

以及

$$\frac{\partial(\rho\,\overline{u}_i)}{\partial t} + \frac{\partial(\rho\,\overline{u}_i\overline{u}_j)}{\partial x_j} = -\frac{\partial \overline{p}}{\partial x_i} + \frac{\partial}{\partial x_j}\left(\mu\,\frac{\partial \sigma_{ij}}{\partial x_j} - \tau_{ij}\right) \tag{2.24}$$

　　经过滤波的流场控制方程中会多出一项关于 τ_{ij} 的量，就是 SGS 应力。τ_{ij} 是一个对称张量，它反映了小尺度运动对大尺度运动的影响。i、j 可表示 x、y、z 方向，因此 τ_{ij} 包含六个独立未知变量，使得上述流场控制方程组不封闭。对 τ_{ij} 进行不同的建模就得到了不同的 SGS 应力模型。其定义为

$$\tau_{ij} = \overline{u}_i\overline{u}_j - \overline{u_iu_j} \tag{2.25}$$

式中，$\overline{u_iu_j}$ 是时均速度。

1. Smagorinsky 模型

亚格子尺度的信息不能从数值模拟中获得，对不可压湍流，经典 Smagorinsky 模型采用基于分子黏性的涡黏度模型，即

$$\tau_{ij} - \frac{1}{3}k_{ij}\delta_{ij} = -2\mu_t \overline{S}_{ij} \tag{2.26}$$

式中，δ_{ij} 是克罗内克符号；$\overline{S}_{ij}$ 是应变率张量；k_{ij} 是亚格子尺度湍动能；μ_t 是亚格子涡黏系数。

$$\overline{S}_{ij} = \frac{1}{2}\left(\frac{\partial \overline{u}_i}{\partial x_j} + \frac{\partial \overline{u}_j}{\partial x_i}\right) \tag{2.27}$$

在 Smagorinsky-Lilly 模型中，μ_t 具有如下形式：

$$\mu_t = \rho L_s^2 |S| \tag{2.28}$$

式中，L_s 是亚格子混合长度；$|S| = \sqrt{2\overline{S}_{ij}\overline{S}_{ij}}$，表示应变率张量的模。

Smagorinsky 模型在湍流 LES 中能取得成功，其优势在于模型简单、计算量小、能较准确地描述亚格子耗散特性，而且是纯耗散模型，数值稳定性好。但是它为描述近壁面渐近行为，使用了壁面衰减函数，从而引入了更多的人为因素；需要人为给定一个模型系数，对经验依赖性强，且不能反映能量的逆传。

2. 动态 Smagorinsky 模型

为消除选取经验常数的人为因素，Germano 等提出了动态 Smagorinsky 模型，对模型进行了改进。该模型是目前工程上使用最为广泛的 SGS 应力模型。该模型基本思路是通过二次滤波把湍流局部信息引入 SGS 应力中，进而实现计算过程中模型系数的自动调整。

在以上两种最常用的 SGS 应力模型基础上，学者们还发展出了非线性 SGS 应力模型、动态混合 SGS 应力模型、动态非线性 SGS 应力模型、动态混合非线性 SGS 应力模型等，均有各自的特点，但其在离心泵内的适用性与经济性尚未取得广泛认同。

2.1.4 湍流 RANS/LES 混合模型

考虑到 RANS 方法能够准确地模拟近壁附着流动和弱分离流动，而 LES 方法能够较准确方便地模拟远离壁面的大尺度分离流动。为了能够在有限资源消耗的情况下尽可能获取多的湍流非稳态特征，将 RANS 方法和 LES 方法进行混合（RANS/LES）是一种自然的选择[96]。RANS/LES 混合模型方法主要分为加

权混合型（blending）和界面型（interface）。根据采用混合模型方程及混合方式的不同，又可演化出多种形式，其中分离涡算法（detached eddy simulation，DES）是目前应用较为广泛的一种界面型 RANS/LES 混合模型方法[97]。DES 的基本思想是当雷诺平均湍流长度尺度大于局部网格尺度时，自动从 RANS 域切换到 LES 域进行求解。以标准 S-A 湍流模型为例，以距离最近的壁面距离作为长度尺度 d 的定义，其在湍流黏度的产生和消失方面起主要作用，在 DES 模型中，用新的长度尺度 $\tilde{d}$ 替换原先的距离 d，即

$$\tilde{d} = \min(d, C_{DES}\Delta) \tag{2.29}$$

式中，Δ 是网格尺度；C_{DES} 是经验常数，可以取 0.65。

近些年，Spalart 等又研究出延迟分离涡（delayed DES，DDES）[98-99]，是当前有限计算资源条件下处理高雷诺数大分离流动较为合理的选择。目前，DES或者 DDES 已在多种流动类型的模拟中得到了广泛的应用，获得了很多有价值的研究成果[100]。

1. 基于 SST k-ω 湍流模型的改进

由于 SST k-ω 模型对于大曲率和旋转流动模式还存在较大的偏差，为此，Spalart 和 Shur[101] 提出了一种针对流线曲率和系统旋转的改进方法，他们将该方法首次应用在 S-A 湍流模型中，得到了比较满意的预测结果。2009 年，Smirnov 等[102] 研究了这一改进方法，并将该方法应用于 SST k-ω 模型中，然后通过流体力学多种经典流动问题的数值模拟，验证了该方法的有效性和精确性。2010 年，韩宝玉等[103] 将 Smirnov 等研究的旋转和曲率修正方法应用于 SST k-ω 模型中，针对螺旋桨梢涡流场进行了数值验证，结果表明该方法对湍流模型的旋转和曲率修正效果是明显的，计算结果和试验结果吻合较好。

对 SST k-ω 湍流模型的改进方法是在生成项上乘以系数 f_r，其表达式为

$$f_r = \max\left[0, 1 + C_{scale}(\tilde{f}_r - 1)\right] \tag{2.30}$$

式中，C_{scale} 是经验常数，可以根据具体的流动问题进行调节，一般默认为 1.0。本书针对液力透平等高速旋转机械的内部流动，通过逐步筛选，取 C_{scale} 为 5.0。其中

$$\tilde{f}_r = \max\left[\min(f_{rotation}, 1.25), 0\right] \tag{2.31}$$

$$f_{rotation} = (1 + c_{r1})\frac{2r^*}{1 + r^*}\left[1 - c_{r3}\arctan(c_{r2}\tilde{r})\right] - c_{r1} \tag{2.32}$$

式中，c_{r1}、c_{r2} 和 c_{r3} 是经验系数，分别为 1.0、2.0 和 1.0；r^* 和 $\tilde{r}$ 见式（2.36）和式（2.37）。

然后，将湍流生成项 P_k 乘以系数 f_r 代替原先的 P_k 表达式，即

$$\frac{\partial k}{\partial t}+u_j\frac{\partial k}{\partial x_j}=\frac{\partial}{\partial x_j}\left[\left(\mu+\frac{\mu_t}{\sigma_k}\right)\frac{\partial k}{\partial x_j}\right]+P_kf_r-\beta^*k\omega \tag{2.33}$$

$$\frac{\partial \omega}{\partial t}+u_j\frac{\partial \omega}{\partial x_j}=\frac{\partial}{\partial x_j}\left[\left(\mu+\frac{\mu_t}{\sigma_\omega}\right)\frac{\partial \omega}{\partial x_j}\right]+\gamma\frac{\omega}{k}P_kf_r-\beta\omega^2$$

$$+2(1-F_1)\sigma_{\omega2}\frac{1}{\omega}\frac{\partial k}{\partial x_j}\frac{\partial \omega}{\partial x_j} \tag{2.34}$$

式中，β^* 是模型参数，$\beta^*=0.09$；F_1 是混合函数；$\sigma_{\omega2}$ 和 γ 是模型常数；P_k 是生成项，其表达式为

$$P_k=\mu_tS^2=2\mu_tS_{ij}S_{ij} \tag{2.35}$$

式中，μ_t 是亚格子涡黏系数；S_{ij} 是应变率张量。

由式（2.35）可以看出，SST k-ω 模型方程的湍流生成项是基于应变率张量 $\boldsymbol{S}$，而 S-A 模型中则包含旋转张量 $\boldsymbol{\Omega}$ 的影响。式（2.32）中各变量的表达式为

$$r^*=\frac{\boldsymbol{S}}{\boldsymbol{\Omega}} \tag{2.36}$$

$$\tilde{r}=2\Omega_{ik}S_{jk}\left[\frac{\partial S_{ij}}{\partial t}+(\xi_{imn}S_{jn}+\xi_{jmn}S_{in})\Omega_{in}^{\mathrm{Rot}}\right]\frac{1}{\boldsymbol{\Omega}\boldsymbol{D}^3} \tag{2.37}$$

$$\boldsymbol{S}^2=2S_{ij}S_{ij} \tag{2.38}$$

$$\boldsymbol{\Omega}^2=2\Omega_{ij}\Omega_{ij} \tag{2.39}$$

$$\boldsymbol{D}^2=\max(\boldsymbol{S}^2,0.09\omega^2) \tag{2.40}$$

式中，$\partial S_{ij}/\partial t$ 是应变率张量的拉格朗日微分形式；Ω_{ik} 是旋转速率张量；S_{jn}、S_{in}、S_{jk} 是应变率张量；ξ_{imn}、ξ_{jmn} 是莱维-齐维塔张量；$\Omega_{in}^{\mathrm{Rot}}$ 是系统的总旋转速率；Ω_{ij} 是旋转张量。对于任意控制单元 τ，其表达式为

$$\int_\tau\frac{\partial S_{ij}}{\partial t}\mathrm{d}\tau=\frac{\partial}{\partial t}\int_\tau S_{ij}\mathrm{d}\tau=\frac{\partial}{\partial t}\int_\tau S_{ij}\mathrm{d}\tau+\int_\sigma S_{ij}V_n\mathrm{d}\sigma_s \tag{2.41}$$

式中，$\frac{\partial}{\partial t}\int_\tau S_{ij}\mathrm{d}\tau$ 是应变率张量对时间的偏导数，$\int_\sigma S_{ij}V_n\mathrm{d}\sigma_s$ 是随流导数。其中，σ_s 是控制单元 τ 组成的面；$V_n=\boldsymbol{V}\cdot\boldsymbol{n}$，$\boldsymbol{V}$ 和 $\boldsymbol{n}$ 分别为质点的速度矢量和法向矢量。

另外，平均应变率张量 $\overline{S}_{ij}$ 和平均旋转张量 $\overline{\Omega}_{ij}$ 的表达式为

$$\overline{S}_{ij} = \frac{1}{2}\left(\frac{\partial u_i}{\partial x_j} + \frac{\partial u_j}{\partial x_i}\right) \qquad (2.42)$$

$$\overline{\Omega}_{ij} = \frac{1}{2}\left(\frac{\partial u_i}{\partial x_j} - \frac{\partial u_j}{\partial x_i}\right) \qquad (2.43)$$

2. 基于 IDDES（改进延迟分离涡模拟）湍流模型的改进

在上述改进的湍流模型中，式（2.43）的平均旋转张量是在惯性系统下发展的一个坐标相关的张量，在描述旋转系下的湍流时，不包括任何反映坐标系旋转的参数，因而无法反映旋转效应。近年来，许多学者都加进旋转的影响，从而实现对平均旋转张量的修正。修正方法主要有三种：

1）Speziale[104] 根据非惯性系下脉动速度的输运方程，推导出内禀平均旋转张量 $\overline{W}^*$（intrinsic mean spin tensor，IMST），该张量是坐标无关的，而平均旋转张量是与坐标相关的，因此，在显式雷诺应力模型中，为了满足反映压力-应变关联张量的坐标无关性，Speziale 用 IMST 代替了平均旋转张量，其定义如下

$$\overline{W}^* = \frac{1}{2}\left(\frac{\partial \overline{u_i}}{\partial x_j} - \frac{\partial \overline{u_j}}{\partial x_i}\right) + \varepsilon_{jim}\omega_{\mathrm{m}} \qquad (2.44)$$

式中，ω_{m} 是旋转角速度的向量形式，m = 1，2，3，分别代表 x，y，z 方向；ε_{jim} 是置换张量。式（2.44）曾被广泛应用于非惯性系下的湍流模拟中。

2）Gatski 和 Speziale[105] 发展出 Π_{ij} 的一般形式，得到以下显式雷诺应力代数模型

$$b_{ij} = \frac{1}{2}g\tau\left\{\left(C_2 - \frac{4}{3}\right)\overline{S}_{ij} + (C_3 - 2)\left(b_{ik}\overline{S}_{jk} + b_{jk}\overline{S}_{ik} - \frac{2}{3}b_{\mathrm{mn}}\overline{S}_{\mathrm{mn}}\delta_{ij}\right)\right.$$

$$\left. + (C_4 - 2)\left[b_{ik}\left(\overline{w}_{jk} + \frac{C_4 - 4}{C_4 - 2}\varepsilon_{\mathrm{mkj}}\omega_{\mathrm{m}}\right)\right] + b_{jk}\left(\overline{w}_{ik} + \frac{C_4 - 4}{C_4 - 2}\varepsilon_{\mathrm{mki}}\omega_{\mathrm{m}}\right)\right\} \qquad (2.45)$$

式中，b_{ik}、b_{jk}、b_{mn} 是非惯性系数；$\overline{S}_{jk}$、$\overline{S}_{ik}$、$\overline{S}_{\mathrm{mn}}$ 是平均应变率张量的分量；$\overline{w}_{jk}$、$\overline{w}_{ik}$ 是平均旋转张量的分量；$\varepsilon_{\mathrm{mki}}$ 是置换张量；g、τ、C_2、C_3、C_4 均是模型系数，它们是在大量的试验基础上总结得到的。其中旋转效应的表述为

$$\overline{W}^* = \overline{w}_{ij} + \frac{C_4 - 4}{C_4 - 2}\varepsilon_{jim}\omega_{\mathrm{m}} \qquad (2.46)$$

式中，$\overline{w}_{ij} = (\partial \overline{u_i}/\partial x_j - \partial \overline{u_j}/\partial x_i)/2$；在 Launder、Reece 和 Rodi 的模型中，取 $C_4 = 1.31$；在 Gibson 和 Launder 模型中，取 $C_4 = 1.2$；而在 Speziale、Sarkar 和 Gatki 的模型中，取 $C_4 = 0.4$，即 $(C_4 - 4)/(C_4 - 2) = 2.25$。

3）黄于宁等[106-107] 对内禀平均旋转张量是否正确地反映科氏力引起的旋转

效应提出质疑，他同时从脉动速度和雷诺应力的输运方程考虑，其表达式为

$$\frac{\mathrm{d}u'}{\mathrm{d}t}+\left(\bar{S}+\Sigma_{ij}^{*}\right)u'=-\frac{1}{\rho}\nabla p'+\nu_{\mathrm{t}}\nabla^{2}u'-\nabla\left(-\overline{u'u'}\right) \tag{2.47}$$

$$\frac{\mathrm{d}\tau}{\mathrm{d}t}+\left(\bar{S}+\Sigma_{ij}^{*}\right)\tau+\tau\left(\bar{S}+\Sigma_{ij}^{*}\right)^{\mathrm{T}}=D-\varepsilon+\Phi \tag{2.48}$$

式中，D 是扩散项；u'、p' 分别表示速度和压力的脉动值；$-\overline{u'u'}$ 是雷诺应力张量；ε 是耗散项；Φ 是压力应变项；Σ_{ij}^{*} 是扩展内禀平均旋转张量（extended instrinsic mean spin tensor，EIMST），其表达式为

$$\Sigma_{ij}^{*}=\frac{1}{2}\left(\frac{\partial\overline{u_{i}}}{\partial x_{j}}-\frac{\partial\overline{u_{j}}}{\partial x_{i}}\right)+2\varepsilon_{jim}\omega_{\mathrm{m}} \tag{2.49}$$

从式（2.49）中也可以看出，扩展内禀平均旋转张量仅比内禀平均旋转张量多了一项 $\varepsilon_{jim}\omega_{\mathrm{m}}$，黄于宁等认为 $\overline{W}^{*}$ 只能部分地描述旋转效应，只有 Σ_{ij}^{*} 才能正确地反映科氏力引起的旋转效应，为了验证这一观点，它引用 Gastki 和 Speziale 关于显式代数的雷诺应力模型，其中各向异性雷诺应力张量 b_{ij} 为

$$(P-\varepsilon)b_{ij}=-\frac{2}{3}K\bar{S}_{ij}-K\left(b_{ik}\bar{S}_{jk}+b_{jk}\bar{S}_{ik}-\frac{2}{3}b_{mn}\bar{S}_{mn}\delta_{ij}\right)$$

$$-K\left[b_{ik}\left(\overline{w}_{jk}+2\varepsilon_{mkj}\omega_{\mathrm{m}}\right)\right]+b_{jk}\left(\overline{w}_{ij}+2\varepsilon_{mkj}\omega_{\mathrm{m}}\right)+\frac{1}{2}\Pi_{ij} \tag{2.50}$$

其中

$$\bar{S}_{ij}=\frac{1}{2}\left(\frac{\partial\overline{u_{i}}}{\partial x_{j}}+\frac{\partial\overline{u_{j}}}{\partial x_{i}}\right),\qquad\overline{w}_{ij}=\frac{1}{2}\left(\frac{\partial\overline{u_{i}}}{\partial x_{j}}-\frac{\partial\overline{u_{j}}}{\partial x_{i}}\right),\qquad\Pi_{ij}=\psi_{ij}-D\varepsilon_{ij}。$$

从上述方程中，黄十宁等认为如果忽略压力-应变关联项张量 Π_{ij}，坐标系旋转引起的旋转效应就只能通过扩展内禀平均旋转张量 Σ_{ij}^{*} 体现，他们还对一个充分发展的旋转槽道湍流进行了数值验证。

本书基于修正后的 SST k-ω 的 IDDES 构造具体实施方法为在湍动能输运方程的耗散项中引入 IDDES 的长度尺度 l_{IDDES}，即可实现 RANS 到 LES 的转换，其形式如下：

$$\frac{\partial k}{\partial t}+u_{j}\frac{\partial k}{\partial x_{j}}=\frac{\partial}{\partial x_{j}}\left[\left(\mu+\frac{\mu_{\mathrm{t}}}{\sigma_{\mathrm{k}}}v_{\mathrm{t}}\right)\frac{\partial k}{\partial x_{j}}\right]+P_{\mathrm{k}}f_{\mathrm{r}}-\frac{k^{\frac{3}{2}}}{l_{\mathrm{IDDES}}} \tag{2.51}$$

式中，l_{IDDES} 由 RANS 的长度尺度和 LES 的长度尺度得到，其表达式为

$$l_{\mathrm{IDDES}}=\tilde{f}_{\mathrm{d}}\left(1+f_{\mathrm{e}}\right)l_{\mathrm{RANS}}+\left(1-\tilde{f}_{\mathrm{e}}\right)l_{\mathrm{LES}} \tag{2.52}$$

式中，$l_{\mathrm{RANS}}=k^{1/2}/\left(\beta^{*}\omega\right)$；$l_{\mathrm{LES}}=C_{\mathrm{DES}}\Delta$；$\tilde{f}_{\mathrm{d}}$ 是转换函数，其表达式为

$$\tilde{f}_d = \max\left[(1-f_d), f_B\right] \qquad (2.53)$$

式中，f_d 是 $IDDES^{[108]}$ 中的转换函数，$f_d = 1 - \tanh\left[(8r_d)^3\right]$（其中 r_d 是修正后 IDDES 模型尺寸与壁面距离的比值）；f_B 是 WMLES 中的转换函数，$f_B = \min\left[2\exp(-9\alpha^2), 1\right]$，这里 $\alpha = 0.25 - d_w/h_{max}$，$h_{max} = \max(\Delta x, \Delta y, \Delta z)$。

式（2.52）中的 f_e 是壁面模拟的控制函数，其作用是保证在壁面附近网格分辨率满足 LES 要求时，忽略过渡区雷诺应力的影响。

$$f_e = f_{e2}\max\left[(f_{e1}-1), 0\right] \qquad (2.54)$$

f_{e1} 定义为

$$f_{e1} = \begin{cases} 2\exp(-11.09\alpha^2), & \alpha \geqslant 0 \\ 2\exp(-9.0\alpha^2), & \alpha < 0 \end{cases} \qquad (2.55)$$

f_{e2} 定义为

$$f_{e2} = 1.0 - \max(f_t, f_l) \qquad (2.56)$$

$$f_t = \tanh\left[(c_t^2 r_{dt})^3\right], f_l = \tanh\left[(c_l^2 r_{dl})^{10}\right] \qquad (2.57)$$

$$r_{dt} = \frac{\nu_t}{\kappa^2 d^2 \max\left[\left(\sum_{i,j}(\partial u_i/\partial x_j)^2\right)^{0.5}, 10^{-10}\right]} \qquad (2.58)$$

$$r_{dl} = \frac{\nu_l}{\kappa^2 d^2 \max\left[\left(\sum_{i,j}(\partial u_i/\partial x_j)^2\right)^{0.5}, 10^{-10}\right]} \qquad (2.59)$$

式中，$\kappa = 0.41$；$c_t = 1.87$；$c_l = 5.00$。

基于此，本节首先用 SST $k\text{-}\omega$ 模型中考虑旋转和曲率改进的 k 方程和 ω 方程进行封闭求解；然后，用湍流时间尺度 τ 对 EIMST 进行无量纲化，并替代模型中的平均旋转张量，从而实现对原湍流模型的旋转和曲率修正；最后，在修正后的 SST $k\text{-}\omega$ 模型基础上加入 IDDES 方法，修正后的模型命名为 IDDES-RC。

2.2 泵工况下的湍流模型验证

为了对改进的数学模型在叶轮机械数值计算中的准确性与可靠性进行验证，对浙江理工大学流体传输系统技术国家地方联合工程实验室中的流场可视化离心泵水力模型进行三维建模，并进行定常和非定常数值计算分析。其中，非定常数值计算的初始值为改进的 SST $k\text{-}\omega$ 定常数值计算的结果。

采用三维软件设计蜗壳和叶轮水力模型，然后应用商业软件 GridPro 进行网格划分。考虑到所选湍流模型对近壁面网格密度的要求，对近壁面网格进行局部加密处理，使得第一排网格布置保证流体介质与壁面的垂向无量纲距离 $y+ \leqslant$ 50。模型泵各部分的计算网格如图 2.1 所示。

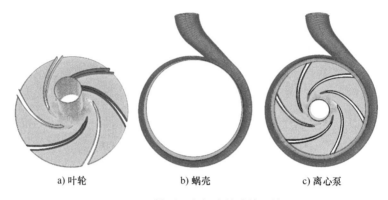

a) 叶轮   b) 蜗壳   c) 离心泵

图 2.1　模型泵各部分的计算网格

表 2.1 给出了不同工况下分别采用 IDDES-RC 模型、SST k-ω 模型的外特性计算结果对比，同时给出了离心泵的外特性试验结果以检验两种模拟方法对外特性的模拟精度。从整个流量范围来看，基于 IDDES-RC 模型的预测结果在小流量下更趋近模型泵的试验性能；在大流量下，扬程与原模型计算结果差不多，计算效率偏高。这里简要分析出现这些问题的原因：首先是模型泵本身的原因，由于试验用泵的材质为有机玻璃，在设计模型泵时需要考虑有机玻璃的承压能力，模型泵扬程通常选得比较低，这就造成虽然计算结果和试验结果之间的绝对误差比较小，但相对误差却比较大；其次是试验条件的限制，本书使用的试验台的管路均为 PVC（聚氯乙烯）管，由于 PVC 材料的限制，在进行进出口静压采集时，不便于在测量截面设 4 个取压孔，这就容易造成压力测量的偏差；最后是本章在对模型泵进行数值模拟时，仅分析了叶轮和蜗壳内的流体流动，并没有考虑前后泵腔等区域，因此得到的计算结果与泵内真实流动规律有些差距。尽管如此，作者认为本书采用的模拟方案能够满足模拟要求，这主要是因为基于 IDDES-RC 模型的计算结果更趋近于试验结果。各工况点计算结果的详细分析如下：IDDES-RC 模型在 $0.2Q_{\mathrm{d}} \sim 1.0Q_{\mathrm{d}}$ 流量范围对扬程的预测较 SST k-ω 模型准确。从表 2.1 中看出，SST k-ω 模型随着流量的减小，其 ΔH 一直在增大。其中，$0.2Q_{\mathrm{d}}$ 工况下 SST k-ω 模型预测的 ΔH 最大，高达 10.51%，$\Delta \eta$ 为 11.78%；$0.4Q_{\mathrm{d}}$ 时的 ΔH 为 10%，$\Delta \eta$ 为 6.76%，而在 $0.6Q_{\mathrm{d}} \sim 1.0Q_{\mathrm{d}}$ 流量段 ΔH 和 $\Delta \eta$ 在 ±5% 内变化。

IDDES-RC 模型在 $0.6Q_{\mathrm{d}} \sim 1.0Q_{\mathrm{d}}$ 流量范围内对扬程的预测和 SST k-ω 模型

类似，比较接近试验结果，但是其 $\Delta\eta$ 与 SST $k\text{-}\omega$ 模型相差较大，经过比较发现，带来这一差距的主要原因在扭矩上，由于叶轮几何结构的特殊，IDDES-RC 模型考虑了旋转和曲率的修正，这也可能带来了扭矩的变化，其中，$0.8Q_{\text{d}}$ 和 $1.0Q_{\text{d}}$ 工况下的 $\Delta\eta$ 分别为 12.83% 和 7.13%，分别比 SST $k\text{-}\omega$ 模型计算值高约 9% 和 6%，ΔH 分别为 0.92% 和 2.95%，其扬程相对误差与 SST $k\text{-}\omega$ 模型计算值几乎一致；从 $0.6Q_{\text{d}}$ 工况开始，随着流量的减小，IDDES-RC 模型改善了原模型对扬程的预测精度，其中，在 $0.4Q_{\text{d}}$ 时，ΔH 为 7.7%，$\Delta\eta$ 为 1.91%；在 $0.2Q_{\text{d}}$ 时，ΔH 为 8.77%，$\Delta\eta$ 为 2.8%；扬程预测精度比 SST $k\text{-}\omega$ 模型高约 3%，效率的预测精度比 SST $k\text{-}\omega$ 模型分别高了将近 6% 和 9%。由于在效率的计算过程中，考虑了圆盘摩擦损失和容积效率的经验修正，使得计算得到的最终效率是一个预估值，这带来了 $\Delta\eta$ 很多的不确定性。总之，IDDES-RC 模型与 SST $k\text{-}\omega$ 模型相比，除了在 $0.6Q_{\text{d}}\sim1.0Q_{\text{d}}$ 流量段 $\Delta\eta$ 的误差比较大外，在整个流量段内（特别是小流量工况下）IDDES-RC 模型 ΔH 的精度均较 SST $k\text{-}\omega$ 模型更接近试验结果。

表 2.1　外特性计算结果对比

流量 $Q/\text{m}^3\cdot\text{h}^{-1}$	序号	扬程 H/m	扭矩 $M/\text{N}\cdot\text{m}$	水力效率 $\eta_{\text{h}}/(\%)$	效率 $\eta/(\%)$	比转速 n_{s}	扬程的数值计算误差 $\Delta H/(\%)$	效率的数值计算误差 $\Delta\eta/(\%)$
$0.2Q_{\text{d}}$ (5.56)	1	14.59	3.36	43.22	33.37	—	10.51	11.78
	2	14.36	4.78	29.96	24.40	—	8.77	2.80
	3	13.2	—	—	21.6	30	—	—
$0.4Q_{\text{d}}$ (11.09)	1	14.71	5.10	57.49	44.76	—	10	6.76
	2	14.43	6.85	42.08	35.89	—	7.70	1.91
	3	13.4	—	—	38	42	—	—
$0.6Q_{\text{d}}$ (16.63)	1	13.86	6.27	66.03	53.54	—	4.21	4.54
	2	13.89	8.88	46.83	40.98	—	4.43	8.02
	3	13.3	—	—	49	52	—	—
$0.8Q_{\text{d}}$ (22.18)	1	12.93	7.21	71.72	59.06	—	0.98	3.06
	2	12.92	10.67	48.33	42.97	—	0.92	12.83
	3	12.8	—	—	56	61	—	—
$1.0Q_{\text{d}}$ (27.72)	1	11.33	8.13	69.39	58.76	—	−2.13	1.20
	2	11.23	7.48	74.78	64.8	—	2.95	7.13
	3	11.58	—	—	57.6	74	—	—

注：序号 1 代表 SST $k\text{-}\omega$ 模型计算结果；序号 2 代表 IDDES-RC 模型计算结果；序号 3 代表试验结果。

1. 内流场对比分析

为了验证 IDDES-RC 模型的预测精度，将 IDDES-RC 模型计算结果与 SST k-ω 模型计算结果以及 PIV（粒子图像测速）结果（试验结果）进行对比。对比时，选取不同工况下 $t=0$ 时刻的中间截面作为参考，其中，为了方便对比，图中的数值模拟计算截面的速度标尺统一与 PIV 拍摄截面一致。

图 2.2 所示为靠近中间截面的流动情况对比，由图可知，在 $1.0Q_d$ 时，ID-DES-RC 模型计算结果的流线最均匀，和 PIV 测得的流场最接近，SST k-ω 模型计算结果在流道 6 中的截面速度场的分布与 PIV 结果相差较远，其他流道在靠近压力面处均存在失速区域，且失速区域面积比 PIV 结果大。从速度值的分布来看，IDDES-RC 模型计算结果与 PIV 结果较为接近；而从失速区域来看，IDDES-RC 模型计算结果也比 SST k-ω 模型计算结果更接近 PIV 结果。随着流量的降低，PIV 结果的流场在靠近压力面附近开始出现明显失速，且失速区域在逐步扩大，在 $0.6Q_d$ 时，分别在流道 1、流道 5 和流道 6 处出现了分离涡，这和 IDDES-RC 模型计算结果接近。尽管 SST k-ω 模型在这些流道也捕捉到了一定程度的涡，但是从涡的大小，尤其流道 4 涡的位置上看，SST k-ω 模型没有预测到与 PIV 结果一致的流动情况。在 $0.4Q_d$ 时，PIV 结果的流道 1 的分离涡逐步扩大，几乎堵塞了叶轮出口流道，而这一现象在 SST k-ω 模型计算结果的流道 6 中出现，PIV 结果的流道 6 和 IDDES-RC 计算结果的流道 6 仅在压力面附近出现了一个小的涡团。在该流量下，SST k-ω 模型预测在流道 5 中分离涡团移向了吸力面，并在吸力面出现了大面积的低速区，这与 PIV 结果及 IDDES-RC 计算结果不符。在 $0.2Q_d$ 时，PIV 结果中流道 1 的涡团占据了叶轮的出口流道，在流道 6 中出现了双涡团现象，并且涡团也向着叶轮出口的方向移动，其他流道也均拍

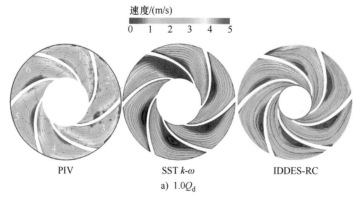

图 2.2　靠近中间截面的流动情况对比

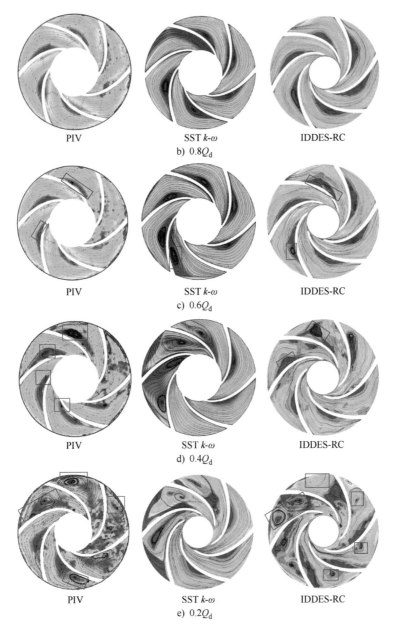

b) $0.8Q_d$

c) $0.6Q_d$

d) $0.4Q_d$

e) $0.2Q_d$

图 2.2　靠近中间截面的流动情况对比（续）

摄到了明显涡团，且涡团均出现在叶轮出口附近。而从计算结果来看，SST $k\text{-}\omega$ 模型仅在流道 1、流道 2、流道 5 和流道 6 处预测到了涡团，并在流道 5 和流道 6 的吸力面处存在涡团，流道 1、流道 5 和流道 6 在压力面附近和叶轮出口附近出现了高速区，而这一现象并没有在试验中得到证实，无论是从涡出现的位置以及涡的大小，还是从截面速度值的分布来看，该流量下 IDDES-RC 模型计算结果和 PIV 结果更接近。因此，可以得出结论：从流线是否顺畅以及和 PIV 结果对比的角度看，仍然是 IDDES-RC 模型更好。

综上所述，SST k-ω 模型虽然在外特性上预测较为准确，但是其对于内流场的预测结果和试验结果还存在比较大的差距，相比之下，IDDES-RC 模型对于预测离心泵的外特性和计算内流场的准确性更高。

2. 改进模型和 PIV 试验的对比分析

从前文分析中可以看出，小流量工况下，叶轮内分离涡经历了从发生到发展最后甚至堵塞了叶轮出口流道的过程，且在 $0.2Q_d$ 工况下流动分离发展较为完全，在隔舌附近流道的分离涡发展成大分离涡，严重堵塞流道。IDDES-RC 模型由于考虑了旋转和曲率效应，不论是从外特性还是从内流场上均预测到了和 PIV 一致的结论，尤其在小流量工况下，IDDES-RC 模型的改进效果明显。因此，为了更精细地研究叶轮和蜗壳隔舌动静干涉作用对叶轮内流动分离的影响，对流动分离发展比较完全的 $0.2Q_d$ 下的叶轮内部流动进行了非定常研究，分析了 12 个不同相位下叶轮内流动分离现象的周期性特性。本书将一个叶轮流道周期（60°）分为 12 个相位，相位间隔为 5°。初始相位时，靠近隔舌处叶片工作面出口边与隔舌夹角为 0°。不同相位叶轮与隔舌相对位置如图 2.3 所示。

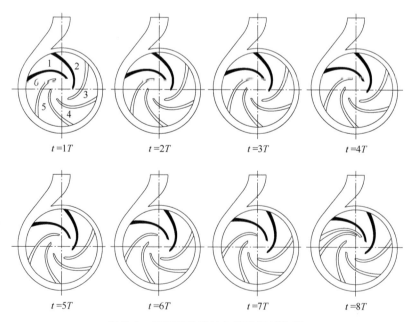

图 2.3　不同相位叶轮与隔舌相对位置

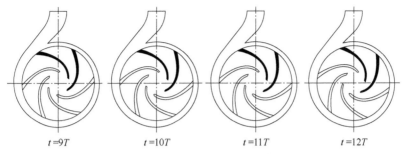

图 2.3　不同相位叶轮与隔舌相对位置（续）

注：t 是瞬时时刻；T 是叶轮转动周期。

图 2.4 和图 2.5 所示分别为 $0.2Q_d$ 工况下不同相位靠近中间截面处相对速度分布的 PIV 结果和 IDDES-RC 流场分布。从靠近中间截面处的流场分布可以看出，随着叶轮转过不同的角度，PIV 结果和 IDDES-RC 计算结果显示变化最大的是流道 1 和流道 6 的流场分布，流道 1 的压力面附近始终存在大的分离涡，并随着流道 1 的叶片尾缘扫过蜗壳隔舌，该分离涡向流道出口移动。通过 PIV

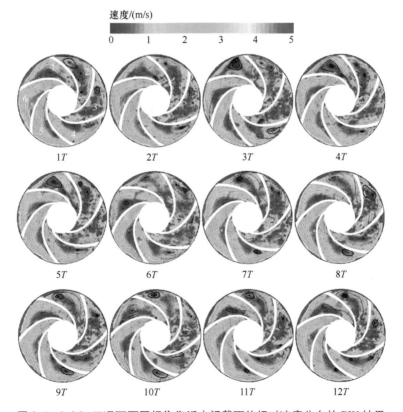

图 2.4　$0.2Q_d$ 工况下不同相位靠近中间截面处相对速度分布的 PIV 结果

可以观察到该流道内的双涡结构呈现"出现-消失-出现"的现象，而通过 IDDES-RC 计算得到的流道 1 内的分离结构始终存在双涡结构，甚至是多涡结构，和 PIV 相同的是，均在叶轮的出口流道处出现大的分离涡团。流道 6 在 $1T$ 相位到 $4T$ 相位也无法观察到分离涡。但在 $5T$ 相位，压力面附近可以观察到小分离涡产生。从 $6T$ 相位开始，分离涡向流道中部发展，分离涡中心向流道中部移动。IDDES-RC 计算得到的流道 6 始终存在多涡占据整个流道，并有向出口发展的趋势。对于流道 4 而言，从 $1T$ 相位到 $5T$ 相位，流道 4 靠近进口处有较明显的流动分离趋势，在 $6T$ 相位之后，该处的流动分离趋势消失；而靠近出口的分离涡有向压力面收缩变小的趋势，但 IDDES-RC 计算得到的流道 4 始终在出口处有一个大分离涡，与 PIV 测得流场相比有一个明显区别的地方是 IDDES-RC 计算得到的流道 4 在 $6T$ 相位开始，在吸力面也逐渐形成分离涡。综上所述，IDDES-RC 模型计算结果虽然不能和 PIV 测得的 $0.2Q_d$ 工况下的前盖板侧的流场完全一致，但是不稳定流动随时间变化的大体趋势和 PIV 结果非常相似，说明了 IDDES-RC 模型计算得到的流场与试验结果接近，该模型对预测泵内流场情况可靠。

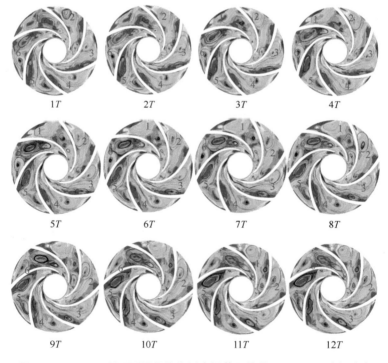

图 2.5 $0.2Q_d$ 工况下不同相位靠近中间截面处的 IDDES-RC 流场分布

2.3 液力透平工况下的湍流模型验证

1. 模型构建及网格划分

针对浙江理工大学流体传输系统技术国家地方联合工程实验室中的单级悬臂式液力透平进行数值与试验分析，采用 Solidworks 建立液力透平水体模型，为保证数值模拟结果与实际液力透平运行特性相符，计算模型是包含前、后腔口环间隙的全流场模型。液力透平的主要几何参数见表 2.2。液力透平的水体模型如图 2.6 所示，主要由进口延伸段、蜗壳、前腔、后腔、叶轮和出口延伸段六部分组成。为保证在数值计算过程中入流平缓稳定及方便判断出口是否存在回流等特性，在建模过程中对进口段和出口段进行了延长处理，延长长度为 5 倍管径。

表 2.2　液力透平的主要几何参数

名称	符号	值	名称	符号	值
叶片进口直径/mm	D_1	169	叶片出口角/(°)	β_2	25
叶片出口直径/mm	D_2	86	叶片进口角/(°)	β_1	30
叶片进口宽度/mm	b_1	14	出口叶片数/个	Z	6
叶片出口宽度/mm	b_2	20	蜗壳基圆直径/mm	D_3	172

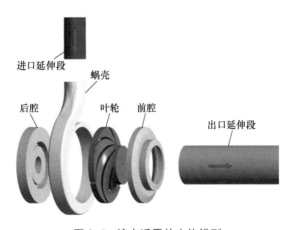

图 2.6　液力透平的水体模型

采用 ICEM 软件对水体进行网格划分，为保证网格质量及提高收敛速度，所有网格均为结构化网格。为保证计算精度及更好地捕捉固体壁面附近的流动，对所有壁面附近的网格进行加密处理，整体及部分零件局部的网格如图 2.7 所示。

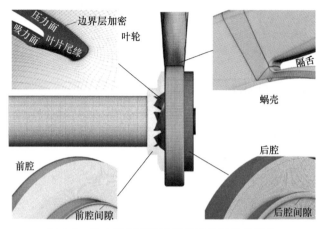

图 2.7　液力透平整体及部分零件局部的网格

为评估网格数量对液力透平性能的影响，对 6 种不同数量的网格进行稳态数值计算，网格总数约按 1.3 倍递增，得到液力透平在高效点的扬程及效率随网格变化的规律（见图 2.8）。从图 2.8 中可以看出，当网格数大于 $6×10^6$ 后，扬程和效率的波动值不超过 0.5%。在现有的计算资源下，为更好地捕捉流场中的流动细节特征，选取第 5 套网格进行后续计算，其网格总数为 7257921 个。第 5 套网格的不同水体网格详细信息见表 2.3。从表 2.3 中可以看出，液力透平各水体流域的平均 $y+$ 值在 5 左右，网格质量较好。

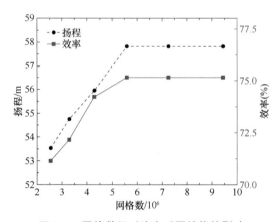

图 2.8　网格数量对液力透平性能的影响

表 2.3　第 5 套网格的不同水体网格详细信息

水体名称	网格数/个	平均 $y+$ 值	最差网格质量
进口延伸段	$0.3415×10^6$	3.24	0.88
蜗壳	$2.6914×10^6$	6.37	0.52

（续）

水体名称	网格数/个	平均 $y+$ 值	最差网格质量
叶轮	2.7624×10^6	6.24	0.43
前腔	0.4764×10^6	5.54	0.74
后腔	0.6213×10^6	4.84	0.72
出口延伸段	0.3649×10^6	3.76	0.87

注：网格质量为 0~1，网格质量为 1 时为最好。

2. 求解器前处理

基于 ANSYS-CFX 18.0 平台完成数值求解，在求解器前处理过程中需完成对计算域边界条件的设定、控制方程求解方式的确定、不同流体域交界面的确定、收敛精度的判别、时间步长的选取、数据监测点的设置等工作。

在稳态数值计算设置中，基于多重坐标系（multi-frame reference），将叶轮流域设置于旋转坐标系，其余静止流域为绝对坐标系。流动介质为 25℃ 的清水，且不考虑温度及可压缩性的影响。进口边界条件设置为总压进口（total pressure）、出口设置为质量流量出口（mass flow rate）。静止-静止流域交界面设置为 None（无），旋转-静止流域交界面设置为冻结转子（Frozen Rotor），交界面网格连接方式设置为通用网格交界面（general grid interface，GGI）。除交界面及边界外的所有壁面设置为壁面（wall），叶轮叶片及前后盖板设置为与坐标系共同旋转的壁面（counter rotating wall）。假定在数值模拟过程中壁面绝热且不发生速度滑移（no slip）现象，壁面函数为自动壁面函数（scalable wall function）。对流项离散格式采用高阶求解模式（high resolution），迭代最大步数为 500 步，计算残差设置为 1×10^{-5}。

在非稳态求解中，旋转-静止流域交界面设置为瞬态冻结转子（transient frozen rotor），时间离散选用二阶向后欧拉模式（second order backward euler），单次迭代最大步数为 30 步，计算残差为 1×10^{-5}。理论上，瞬态时间步长越小，计算获得的流动特征越精细，但过小的时间步长会增加计算成本。综合考虑，本书中非稳态计算总圈数为 40 圈，为提高计算及收敛速度，先采用叶轮旋转 3° 一步（即时间步长为 0.000172414s）计算 10 圈（总时长为 0.2068968s），剩余 30 圈（总时长为 0.6206904s）采用叶轮旋转 1° 一步（即时间步长为 5.747133× 10^{-5}s），选择最后 5 圈结果数据进行后续分析，其余设置与稳态一致。为验证非稳态数值模拟结果的准确性，在液力透平的主要过流部件内设置监测点，监测计算过程中压力、涡量及速度等参数随时间的变化，主要过流部件内监测点分布如图 2.9 所示。

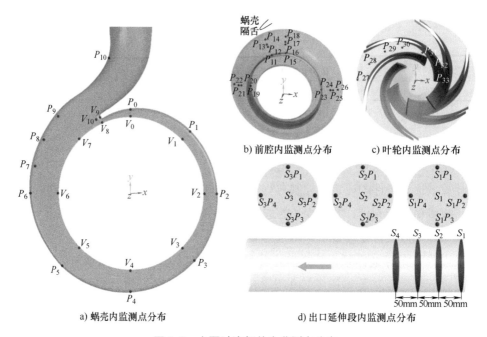

a) 蜗壳内监测点分布　　　　　b) 前腔内监测点分布　　　c) 叶轮内监测点分布

d) 出口延伸段内监测点分布

图 2.9　主要过流部件内监测点分布

通过对湍流流场的数值计算，可以得到液力透平在某一工况下的速度场和压力场，可通过如下数学方法预估其能量回收和空化特性。

（1）流量　可以通过对进口或出口过流断面上各网格单元的数值积分方式获得液力透平的实际体积流量，定义为

$$Q = \int_A (\overrightarrow{v \, n}) \, \mathrm{d}A \tag{2.60}$$

式中，A 是液力透平进口或出口处的过流断面面积；$\vec{v}$ 是进口或出口过流断面上的网格面单元的速度矢量；$\vec{n}$ 是进口或出口处网格面单元的法向单位矢量。

（2）压力　液力透平进出口处的总压采用质量加权平均的方式描述，可定义为

$$\overline{p}_t = \frac{\int_A (\rho p \, | \overrightarrow{v \, n} |) \, \mathrm{d}A}{\int_A (\rho \, | \overrightarrow{v \, n} |) \, \mathrm{d}A} \tag{2.61}$$

式中，p 是进口或者出口过流断面上网格面单元的总压；ρ 是输送流体的密度。

（3）扬程　液力透平的扬程定义为单位质量流体从液力透平进口处到液力

透平出口处能量的减少量，即液力透平进出口的压力扬程差值减去位置扬程差值（考虑重力效果时）

$$H = \frac{\overline{p}_{in} - \overline{p}_{out}}{\rho g} - \Delta h \tag{2.62}$$

式中，$\overline{p}_{in}$ 和 $\overline{p}_{out}$ 分别是液力透平进口处与出口处的平均总压；Δh 是液力透平出口平面至进口管路中心轴线的垂直距离；g 是重力加速度。

（4）转矩　叶轮的转矩即为液体对叶轮旋转做功时克服的阻力矩，定义为

$$T = \left\{ \iint_S \left[\vec{r} \cdot (\vec{\tau} \cdot \vec{n}) \right] dS \right\} \cdot \vec{a} \tag{2.63}$$

式中，S 是全部转动部件的表面积；$\vec{\tau}$ 是总的应力矢量；$\vec{a}$ 是平行于旋转轴的单位矢量；$\vec{r}$ 是流体距离叶轮转轴中心的位移。

（5）轴向力

$$F_z = \left(\int_S (\vec{\tau} \cdot \vec{n}) dS \right) \cdot \vec{a} \tag{2.64}$$

（6）水力效率

$$\eta_h = \frac{T\omega}{\rho g Q H} \tag{2.65}$$

式中，Q 是流量；T 是叶轮转矩；ω 是角速度。

（7）容积效率

$$\eta_v = \frac{1}{1 + 0.68 n_s^{-2/3}} \tag{2.66}$$

（8）总效率

$$\eta = \left(\frac{1}{\eta_v \eta_h} + \frac{\Delta P_d}{P_e} + 0.03 \right)^{-1} \tag{2.67}$$

式中，P_e 是有效的输出功率，$P_e = T\omega$；ΔP_d 是圆盘摩擦损失，由式（2.68）计算

$$\Delta P_d = \begin{cases} 1.1 \times 75 \times 10^{-6} \rho g u_2^3 D_2^2, & (n_s \geq 65) \\ 0.133 \times 10^{-3} \rho Re^{0.134} \omega^3 (D_2/2)^3 D_2^2, & (n_s < 65) \end{cases} \tag{2.68}$$

式中，$Re = 10^6 \omega (D_2/2)^2$。

（9）汽蚀余量

$$H_{NPS} = \frac{p_{out} - p_v}{\rho g} \tag{2.69}$$

式中，p_{out}是液力透平出口总压；p_v是介质在工作温度下的汽化压力。

3. 试验系统概况

试验系统由增压泵、变频电动机、液力透平、电涡流测功机、压力/流量传感器及其配套软件系统、水箱、连接管路及阀门等组成的开式液力透平性能试验台。液力透平性能试验系统示意图如图2.10所示，增压泵为液力透平提供高压液体以驱动叶轮旋转，电涡流测功机用于吸收液力透平回收的功率。电涡流测功机与液力透平直接通过弹性联轴器相连且两者同轴误差小于0.1mm。在增压泵下游设置旁路，通过调节旁路流量可实现液力透平在相同压力不同流量工况下运行。在液力透平上游管道内布置压力和流量传感器，在下游管道内布置压力传感器。

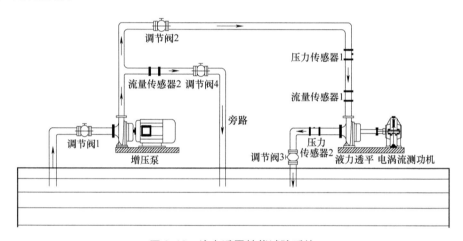

图2.10 液力透平性能试验系统

（1）水力性能测试系统 水力性能测试系统由液力透平、压力传感器、流量计、耗能装置及其配套软件组成，其中压力传感器布置在液力透平上、下游（见图2.10），量程均为-0.1~1.6MPa，精度为±0.5%，流量通过电磁流量计进行测量，量程为0~150m³/h，精度为±0.5%。耗能装置为DW-16型电涡流测功机，如图2.11所示。该测功机具有结构简单、允许转速高、工作性能稳定性好、动态响应快、维护方便等优点，其最高转速、转动惯量和测量精度分别为13000r/min、0.02kg·m²和±0.2%FS（满量程）。根据不同的来流条件，通过调节测功机的制动力矩T可使液力透平转速保持稳定。此外，在电涡流测功机配套软件中可以实现转速、扭矩及吸收功率的实时监测及调整，电涡流测功机监测显示界面如图2.12所示。

图 2.11　DW-16 型电涡流测功机

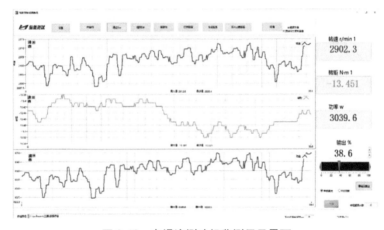

图 2.12　电涡流测功机监测显示界面

　　将某一流量下对应的进、出口压力，液力透平转速 n，电涡流测功机的制动力矩 T 代入式（2.62）和式（2.67）后计算可得该工况下液力透平的扬程及总效率。

　　（2）压力脉动监测系统　压力脉动监测系统由液力透平、动态压阻式压力传感器、数据采集仪及配套软件组成，其中动态压阻式压力传感器为 SCYG310 高频动态压阻式压力传感器（见图 2.13），其具有高频率响应、抗干扰能力强等特点，测量精度、量程及响应频率分别为 ±0.25%FS、−0.1~1.0MPa 及 20kHz。数据采集仪为 AVANT MI-7016 型 16 通道采集仪（见图 2.14），通过其配套软件可以实现信号的实时监测、存储及分析功能。压力传感器通过数据采集仪与配套软件结合形成压力脉动监测系统，实现数据交换与处理，测试中采样点数设置为

20000，采样频率设置为12800Hz。本书对液力透平的关键位置进行压力监测与分析，压力监测点分布如图2.15所示，表2.4所示为压力监测点坐标汇总。

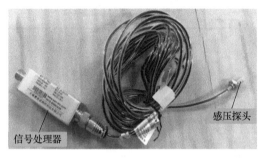

图 2.13　SCYG310 高频动态压阻式压力传感器

图 2.14　AVANT MI-7016 型 16 通道采集仪

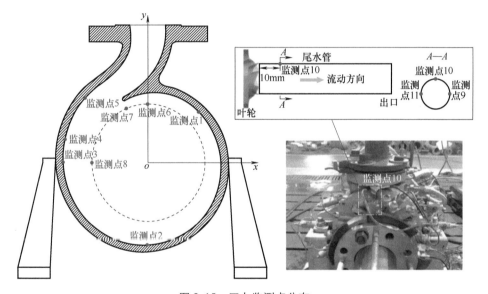

图 2.15　压力监测点分布

表 2.4　压力监测点坐标汇总

监测点	坐标/mm	监测点	坐标/mm
1	(68.95, 68.95, 0)	7	(−30.89, 72.72, 25)
2	(0, 108.81, 0)	8	(79, 0, 25)
3	(−118.18, 0, 0)	9	(40, 0, 53)
4	(−112.95, 30.26, 0)	10	(0, 40, 53)
5	(−85.27, 85.27, 0)	11	(−40, 0, 53)
6	(0, 79, 25)		

（3）试验步骤　为研究液力透平在不同来流及运行工况下水力特性、压力脉动特性的变化，试验步骤具体如下：

1）试验平台搭建完成后，全开增压泵进口调节阀 1 及调节阀 2 并关闭其他阀门。首先对增压泵及液力透平采用高点排气法进行排气处理，对液力透平及增压泵进行手动盘车，随后在停车状态下对所有测试系统的软硬件功能进行调试。

2）为保证液力透平启动时不发生飞逸，试验前将电涡流测功机的制动力矩调节至最大，点动增压泵电动机电源确认转向无误后启动增压泵，缓慢开启调节阀 3 至全开，调节电涡流测功机制动力矩使液力透平转速稳定在额定转速（2900r/min）附近。此时，记录下压力传感器 1 和 2、流量传感器 1、制动力矩、液力透平转速数据。通过压力脉动采集系统对液力透平该运行工况下的动态运行数据进行采集。

3）协同调节阀 3 及电涡流测功机的制动力矩，重复步骤 2）中的数据采集工作，获取不同流量下额定转速工况下该液力透平的水力特性及压力脉动特性。

4）通过协同调节阀 3 及电涡流测功机的制动力矩，重复步骤 2）中的数据采集工作，获取不同流量、不同转速工况下该液力透平的水力特性及压力脉动特性。

所有测试完成后，将调节阀 3 完全关闭后停止增压泵。

4. 计算结果验证与分析

为验证数值计算的准确性，图 2.16 所示为额定转速（2900r/min）下液力透平外特性数值计算结果与试验结果对比。可以看出，数值计算结果与试验结果吻合较好且外特性随流量变化的趋势具有一致性，随着流量的增加，扬程也增大，效率呈现出先增加后降低的趋势，在液力透平的高效点流量（$Q_b = 78.3 \mathrm{m}^3/\mathrm{h}$）工况下，该水力效率达到最高，此时数值计算效率、扬程分别为 75.15%、57.82m。由于在数值计算中未考虑机械摩擦损失及部分体积损失，因此数值计算效率相比于试验结果略高。通过数值计算结果可以发现，在全流场、高质量网格模型及高精度数值计算模型的基础上，采用数值计算方法对液力透平的性能预测具有较高的准确性，Q_b 工况下扬程、效率的预测误差分别为 4.91%、2.47%。

为验证瞬态数值计算结果的准确性，本书对比了液力透平不同水力部件监测点在 Q_b 工况下压力脉动系数 P' 的频域分布，如图 2.17 所示。压力脉动系数的定义见式（2.70）。

$$P' = 2(p - \bar{p}) / \rho U_1^2 \qquad (2.70)$$

式中，p 是瞬态静压；$\bar{p}$ 是统计时间内的平均压力；U_1 是叶轮进口圆周速度。

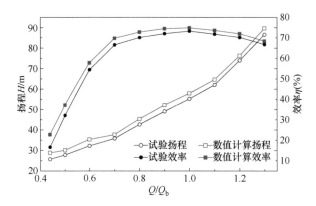

图 2.16　额定转速（2900r/min）下液力透平外特性数值计算结果与试验结果对比

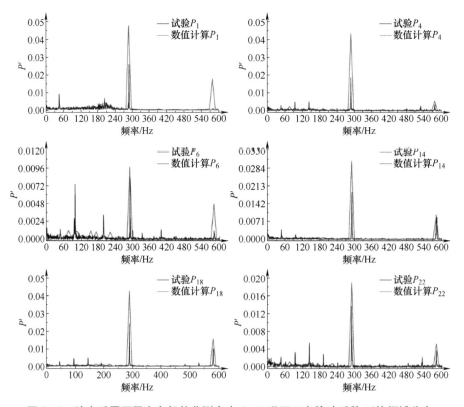

图 2.17　液力透平不同水力部件监测点在 Q_b 工况下压力脉动系数 P' 的频域分布

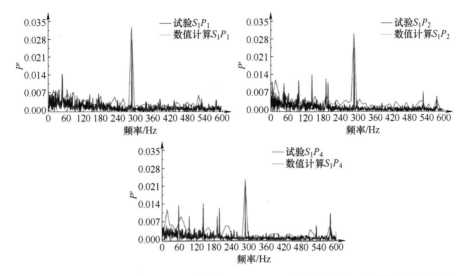

图 2.17　液力透平不同水力部件监测点在 Q_h 工况下压力脉动系数 P' 的频域分布（续）

从数值计算结果看来，液力透平不同水体内 P' 的主频为 289.84Hz，与理论叶频为 290Hz 的计算误差为 -0.056%；通过试验得到的不同监测点 P' 的主频为 290.56Hz，与理论叶频的误差为 0.19%，这种误差是由于液力透平在实际运行过程中，受到上游增压泵压力脉动、电涡流测功机电压变化及传感器精度的影响，但误差处于可接受范围之内。整体看来，试验结果与数值计算结果吻合较好，液力透平内各监测点 P' 的主频均为一倍叶频。此外，轴频及其谐波频率对应 P' 的幅值也较高，液力透平内部的压力周期性波动主要是受叶轮与蜗壳隔舌的动静干涉及泵轴旋转运动的影响。此外，由于本试验的采样频率高，通过试验得到的 P' 频率成分较数值计算结果更为丰富。

蜗壳截面划分情况如图 2.18 所示，将蜗壳沿基圆圆周方向分成 8 个截面，相邻两截面夹角为 45°，沿轴向划分出 $z=0$ 及 $z=\pm13.5mm$ 3 个截面。从蜗壳内三个不同位置监测点的 P' 频域变化可以发现，P' 主频幅值随过流截面面积减小而增大。前腔内不同位置监测点 P' 频谱图的整体变化规律较为一致，圆周方向上 3 个不同位置监测点主频对应 P' 的振幅由大到小分别为 $P_{18}>P_{14}>P_{22}$，其原因可能是受到蜗壳过流截面的影响，前腔内位置越靠近蜗壳的小过流截面，则其主频振幅越大。出口管圆周方向上不同位置监测点 P' 的主频对应的振幅基本一致，但相比于前腔及蜗壳，出口管压力脉动成分较为复杂，特别是低频段内的振幅相对较大，其形成原因及频率成分分析将在后续章节详细阐述。

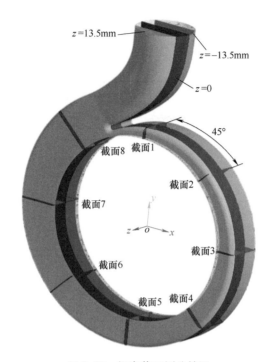

图 2.18　蜗壳截面划分情况

在液力透平的实际使用过程中，大部分运行工况都处于 [$0.7Q_b$，$1.3Q_b$] 范围内，因此，有必要对该流量范围内的流动特性进行深入研究。图 2.19 所示为不同工况下液力透平 $z=0$ 平面压力系数对比。可以看出，从蜗壳入口到叶轮出口，压力均呈现出递减的变化规律。对于蜗壳来说，不同工况下压力变化趋势基本一致，随着蜗壳过流断面减小，压力也逐渐降低从而转化为流体的动能。然而，不同工况下叶轮内压力变化趋势相差较大，偏小流量工况（$0.7Q_b$）下，叶片压力面的前缘小范围内局部压力较高，这可能与局部存在低速旋涡有关，叶轮流道内压力沿流动方向递减，虽然在部分流道叶片喉部区域存在局部压力较小值，但整体看来压力变化较为平缓。在 Q_b 工况及偏大流量工况（$1.3Q_b$）下，叶片前缘高压力区域消失，随着流量增大，流质通过叶片喉部的速度也更快，导致对应区域的压力存在局部低值，相比于 $0.7Q_b$ 工况，叶轮流道内压力变化程度更为剧烈。

叶轮是液力透平中最重要的能量转换部件。由于叶轮是根据泵的工况进行设计的，相比于泵工况，液力透平工况下的流动特性会变得更加复杂。图 2.20 所示为不同工况下叶栅 0.5 截面内流线分布情况对比，图中 v_{max} 为叶栅内的最大速度。从图 2.20 中可以看出，即使在 Q_b 工况下，I_5 流道的吸力面附近也存在旋涡，在流质冲击下，压力面的前、中部存在明显的流动分离现象。在偏离 Q_b 工况下，其线分布则更加紊乱，在空载流量下 I_2 流道甚至出现了断流现象。

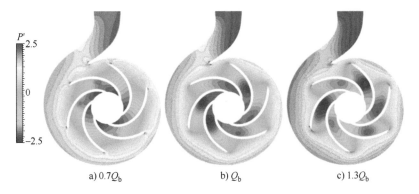

图 2.19　不同工况下液力透平 $z=0$ 平面压力系数对比

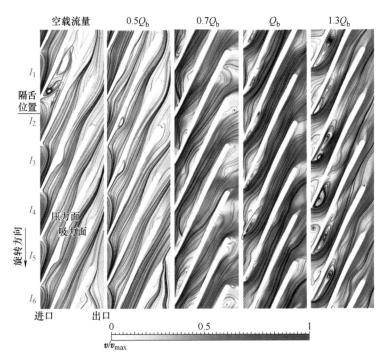

图 2.20　不同工况下叶栅 0.5 截面内流线分布情况对比

为揭示不同工况下叶栅内的流动规律，采用速度三角形对叶轮进、出口流动情况进行理论分析，图 2.21 所示为不同工况下叶片进、出口速度三角形关系示意图。图中 U、C、W 分别表示为流质的圆周速度、绝对速度、相对速度。当叶轮处于进口无冲击损失、出口速度无圆周分量的情况下，叶轮的水力损失最小[109]。根据该泵的进口速度三角形关系及蜗壳内自由旋流假设[110]，由式（2.71）可以计算出，当 $Q_1 = 64.7\text{m}^3/\text{h}$ 时，叶片进口流动无冲击。

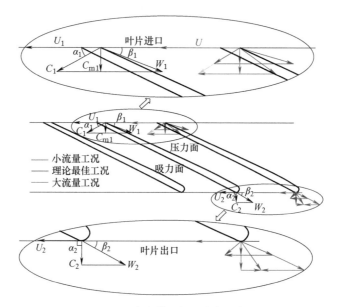

图 2.21　不同工况下叶片进、出口速度三角形关系示意图

$$Q_1 = C_{m1}S_1 \tag{2.71}$$

式中，S_1 是叶轮进口面积；C_{m1} 是进口绝对速度的径向分量

$$C_{m1} = (U_1 - C_{u1}) \cdot \tan\beta_1$$

式中，U_1 是叶轮进口圆周速度；C_{u1} 是进口绝对速度的圆周分量

$$C_{u1} = 2kQ_1/D_1$$

式中，D_1 是叶轮进口直径；k 是蜗壳结构系数，$k = 99.153$。

根据出口速度三角形关系及出口角，由（2.72）式可以得出，当 $Q_2 = 97.3\text{m}^3/\text{h}$ 时，出口速度无圆周分量。

$$Q_2 = C_2S_2 \tag{2.72}$$

式中，S_2 是叶轮出口面积；C_2 是出口绝对速度

$$C_2 = U_2\tan\beta_2$$

式中，U_2 是叶轮出口圆周速度。

因此，液力透平的实际高效点流量处于 Q_1、Q_2 之间，$Q_b = 78.3\mathrm{m^3/h}$。此外，根据进口速度三角形也可以推测出，当流量小于 $64.7\mathrm{m^3/h}$ 时，在叶片压力面附近易形成旋涡；当流量大于 $64.7\mathrm{m^3/h}$ 时，在叶片吸力面附近易形成旋涡。从出口速度三角形可以看出，当流量小于 $97.4\mathrm{m^3/h}$ 时，出口速度具有与叶轮转动方向相同的圆周速度分量；当流量大于 $97.4\mathrm{m^3/h}$ 时，出口速度具有与叶轮转动方向相反的圆周速度分量，上述现象均可在图 2.20 中得到呈现。

叶轮的进口条件决定了其流场特性及回收功率的能力，尽管叶轮作为旋转部件是几何中心对称的，但从图 2.20 中可以看出，不同流道内的流场分布情况并不完全一致，本书采用流量偏离比 DP 评估不同工况下叶轮不同流道内的流量差异，DP 的定义为

$$DP = \frac{100(m - \overline{m})}{\overline{m}} \tag{2.73}$$

式中，m 是叶轮不同流道内的质量流量；$\overline{m}$ 是叶轮 6 个流道内的平均质量流量。

从图 2.22 中可以看出，$1.3Q_b$ 工况下，不同流道内的流量分布较为均匀，仅在 I_1 和 I_5 流道内存在较为明显的偏差，但其流量偏离比均小于 10%。随着流量降低，不同工况下最大 DP 值也逐渐增大，Q_b 工况下叶轮不同流道内流量分布较为均匀，最大 DP 值小于 20% 且发生流道与 $1.3Q_b$ 工况一致；当液力透平处于空载工况时，不同流道内流量偏离最严重，其中 I_1 流道的最大 DP 值接近 -90%，这种现象与图 2.20 中该流道内旋涡几乎占据整个流动区域一致，导致该流道处于断流状态。

从图 2.20 中还可以发现，在 Q_b 工况下，叶栅的进、出口仍存在较为明显的旋涡及回流现象。为进一步揭示叶轮进、出口的回流特性，采用液流角 α 评估叶轮进、出口回流特性随时间的变化[111]，α 定义见式（2.74），$\alpha < 0$ 表示回流发生。

$$\alpha = \frac{|c_r| \arccos(c_{cir}/c_{abs})}{c_r} \tag{2.74}$$

式中，c_r、c_{cir}、c_{abs} 分别是叶轮进、出口的径向速度分量、圆周速度分量和绝对速度。

图 2.23 所示为 Q_b 工况下叶轮进、出口回流面积占比变化，可以看出，出口回流面积占比大于进口回流面积占比，进、出口平均回流面积占比分别为

8.89%和26.48%。整体看来，进口回流主要发生在流道的中间区域且靠近压力面，出口回流主要发生在靠近前盖板处。

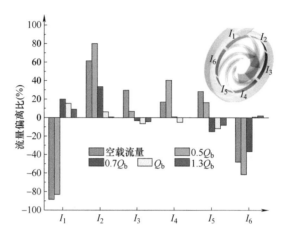

图2.22　不同工况下叶轮不同流道内流量差异对比

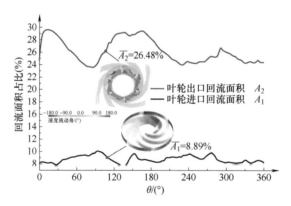

图2.23　Q_b工况下叶轮进、出口回流面积占比变化

第3章　单级液力透平典型工况下的非定常流动特性

　　液力透平的瞬变特性关乎整个能量回收系统的运行稳定性，而其内部非定常流动是引起压力脉动、振动、噪声的主要原因，因此，有必要深入揭示单级液力透平典型工况下的非定常流动特性，进而为保障液力透平的稳定运行提供依据。本章对单级液力透平典型工况下的非定常流动特性进行分析，采用基于表面流谱的动力学分析方法对典型工况下叶片流动分离产生的位置进行了诊断，重点研究了典型工况下流动分离的演变特性及其影响。

3.1　叶片表面流动分离特性诊断与分析

　　叶轮作为液力透平内的最主要流动损失部件，即使在 Q_b 工况下，其内部的流动也非常复杂且在叶片表面存在明显的流动分离现象。此外，叶轮作为液力透平能量回收的主要部件之一，叶片表面存在流动分离会极大影响其能量回收的能力。为进一步探究不同工况下叶片表面的流动分离特性，本节对叶片表面摩擦力线分布情况进行分析，采用基于表面流谱的动力学分析方法对不同工况下叶片表面的流动分离特性进行诊断。本节通过研究不同工况下叶片表面流动分离特性的演化规律，并结合 Q_b 工况下叶轮内的流动特征揭示流动分离的产生原因及其影响。

3.1.1 分离奇点理论及拓扑分析方法

二维固体表面发生流动分离要同时具备两个条件：一是流质本身存在黏性，二是流场存在局部逆压梯度。当流体流过叶片表面时，在流质黏性作用下，叶片表面上每个位置都存在摩擦力矢量。局部逆压梯度过大会使流体速度降低，当叶片某处的摩擦力为零时，可视为该处流体离开固体表面形成流动分离现象。通过分析表面摩擦力线的拓扑结构可以揭示叶片表面流动分离的初生及发展过程。假设叶片的表面是二维的，则摩擦力线的微分方程可表示为

$$\frac{\mathrm{d}y}{\mathrm{d}x} = \frac{\tau_{wy}(x,y)}{\tau_{wx}(x,y)} \tag{3.1}$$

式中，$\tau_{wx}(x,y)$ 和 $\tau_{wy}(x,y)$ 分别表示叶片表面坐标为 (x,y) 的点的摩擦应力在 x 和 y 方向的分量。

根据微分方程定性理论，式（3.1）可写成如下形式

$$\begin{cases} \dot{x} = \tau_{wx}(x,y) \\ \dot{y} = \tau_{wy}(x,y) \end{cases} \tag{3.2}$$

假设在叶片表面某点 $O(x_0,y_0)$ 处发生流动分离现象，则该点的摩擦力在 x、y 方向上的分量均为 0，即

$$\tau_{wx}(x,y) = \tau_{wy}(x,y) = 0 \tag{3.3}$$

点 O 为方程组的奇点，将点 O 定义为坐标原点，则叶片表面上任意一点的摩擦应力 $\tau_{wx}(x,y)$ 和 $\tau_{wy}(x,y)$ 按泰勒级数展开，忽略二阶及高阶项后表示为

$$\begin{cases} \dot{x} - \left(\dfrac{\partial \tau_{wx}}{\partial x}\right)_0 x + \left(\dfrac{\partial \tau_{wx}}{\partial y}\right)_0 y \\ \dot{y} = \left(\dfrac{\partial \tau_{wy}}{\partial x}\right)_0 x + \left(\dfrac{\partial \tau_{wy}}{\partial y}\right)_0 y \end{cases} \tag{3.4}$$

式（3.4）的系数矩阵为

$$A = \begin{pmatrix} \dfrac{\partial \tau_{wx}}{\partial x} & \dfrac{\partial \tau_{wx}}{\partial y} \\ \dfrac{\partial \tau_{wy}}{\partial x} & \dfrac{\partial \tau_{wy}}{\partial x} \end{pmatrix} \tag{3.5}$$

A 的特征方程可表示为

$$D(\lambda) = \lambda^2 + p\lambda + q = 0 \tag{3.6}$$

式中，系数 p 和 q 可表示为 $p = \left(\dfrac{\partial \tau_{wx}}{\partial x}\right)_0 + \left(\dfrac{\partial \tau_{wy}}{\partial y}\right)_0$，$q = \left(\dfrac{\partial \tau_{wx}}{\partial x}\right)_0 \left(\dfrac{\partial \tau_{wy}}{\partial y}\right)_0 -$

$$\left(\frac{\partial \tau_{wx}}{\partial y}\right)_0 \left(\frac{\partial \tau_{wy}}{\partial x}\right)_0 。$$

式（3.6）的特征根为 $\lambda_{1,2} = (-p \pm \sqrt{p^2-4q})/2$，根的判别式为 $\Delta = \sqrt{p^2-4q}$，特征根由叶轮的流场决定，当叶片的绕流条件变化时，特征根的值也会随之变化。不同的 p、q 值在平面上所对应的分离奇点特征可以分成 7 类，其中 3 类稳定分离奇点为 $q<0$（鞍点）、$q>0$ 且 $\Delta>0$（结点）、$\Delta<0$ 且 $p\neq0$（螺旋点）；4 类不稳定过渡分离奇点为 $\Delta=0$ 且 $p\neq0$（退化结点和临界结点）、$q>0$ 且 $p=0$（中心点）、$q=0$ 且 $p\neq0$（高阶奇点）、$q=0$ 且 $p=0$。图 3.1 所示为 3 类稳定分离奇点在 p-q 平面上的示意图。

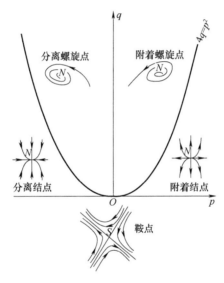

图 3.1　3 类稳定分离奇点在 p-q 平面上的示意图

对摩擦力线在固体表面的分布情况进行诊断，可以揭示固体表面不同位置处奇点的属性从而推测出其分离类型，这种方法已经广泛应用于诊断钝体、翼型绕流表面的流动分离特性。张涵信教授对分离线上的二阶非线性奇点类型进行了理论研究[112-113]，得到了 4 类分离线形态及其与奇点分布的关系（见图 3.2）。图 3.2a 中的分离线起始于正常点并与鞍点起始的分离线交汇于螺旋分离点或分离结点；图 3.2b 中的分离线起始于鞍点并向两侧发展，一侧终结于螺旋分离点或分离结点，另一侧终结于正常点；图 3.2c 中的分离线起始于鞍点，并在螺旋分离点或分离结点处终结；图 3.2d 中的分离线上无奇点。

在固体表面，摩擦力线形态与对应位置处的流动特性密切相关，当流动为非稳定湍流时，固体壁面的摩擦力线分布也非常复杂，但摩擦力线上奇点的类型和

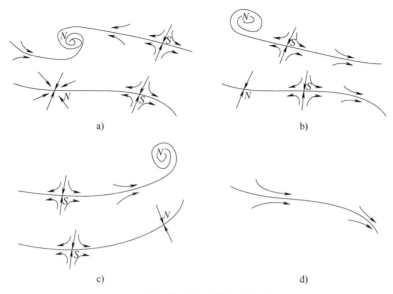

a)　　　　　　　　　　　　b)

c)　　　　　　　　　　　　d)

图 3.2　4 类分离线形态及其与奇点分布的关系

数目遵循拓扑法则。通过揭示奇点类型、连接方式随流动参数变化的规律，可以深入理解固体表面的主要流动特征。固体壁面流动分离线上的结点总数 ΣN 与鞍点总数 ΣS 之差称为欧拉示性数，Lighthill 指出欧拉示性数应符合式（3.7）[114]

$$\Sigma N - \Sigma S = 2(2-n) \tag{3.7}$$

式中：n 表示连通区个数，$n=1$ 为单连通物面。

从分离线的奇点分布情况及奇点数目规律可以推断出：鞍点和结点是交替出现的，当无鞍点存在时，分离线起始于附着结点且终结于分离结点，此时结点数为 2。闭式叶轮流道作为双连通区域，其叶片表面的欧拉示性数为 0[115]。

3.1.2　叶片表面流动分离诊断

为对比不同工况下叶片表面流动分离特性的异同，对叶片 B_1 在初始时刻（$0T$）下的表面摩擦力线及主要特征流谱分布情况进行分析，定义 $0T$ 时刻下叶片 B_1 位置如图 3.3 所示，此时叶片前缘与蜗壳隔舌前缘平齐。

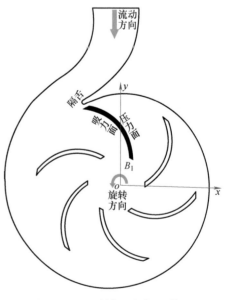

图 3.3　$0T$ 时刻下叶片 B_1 位置

1. Q_b 工况下叶片表面流动分离特性

图 3.4 所示为 Q_b 工况下 $0T$ 时刻 B_1 吸力面摩擦力线及表面流谱分布。吸力面摩擦力线分布情况较为复杂，特别是在叶片的前段（区域 A）及叶片靠近前盖板的后段（区域 B）上明显形成摩擦力线汇聚现象。为厘清吸力面上流动分离的主要发生位置及摩擦力线奇点分布情况，绘制出了吸力面上的主要流谱特征示意图。在区域 A 内，起始于鞍点 S_9 的摩擦力线终结于螺旋分离点 N_8 形成明显的鞍点-螺旋分离点式分离，该分离形式也存在于鞍点 S_8 和螺旋分离点 N_8 之间。鞍点 S_9 与 Q_b 工况下叶片前缘入流负冲角有关，流体在吸力面的前缘形成旋涡，吸力面边界上的附着结点 N_2 和 N_6 位于该鞍点附近从而引起吸力面前段部分回流。此外，起始于鞍点 S_1 的摩擦力线终结于结点 N_1，形成鞍点-分离结点式分离形式。在吸力面的中部摩擦力线分布较为均匀，未出现明显的旋涡现象。在区域 B 靠近前盖板附近内摩擦力线分布较为混乱且存在明显的回流现象，由于该区域为局部压力最小值，回流来自于前腔口环泄漏的高压流体。由图 3.4 可以看出，区域 B 内存在明显的鞍点-螺旋分离点式分离线 $S_{10}N_{10}$、S_3N_{10} 及 S_4N_{10}。Q_b 工况下，吸力面鞍点和结点总数均为 10 个，欧拉示性数为 0，符合摩擦力线奇点的拓扑法则。

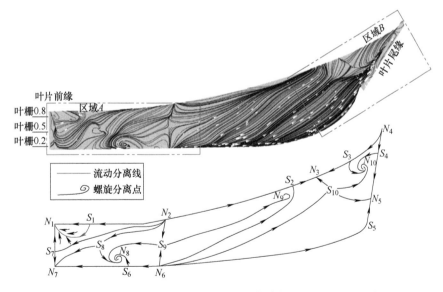

图 3.4　Q_b 工况下 $0T$ 时刻 B_1 吸力面摩擦力线及表面流谱分布

为揭示流谱分布与壁面附近流动特征的关系以验证流谱分析方法的可靠性，图 3.5 所示为 Q_b 工况下 $0T$ 时刻 B_1 吸力面局部摩擦力线与速度矢量分布，为便于观察，速度矢量大小用颜色表示。在区域 A，回流主要起始于附着线 N_2S_9 和 N_6S_9 附近，不同截面内速度矢量分布不完全一致，截面越靠近前盖板流动越复杂；在螺旋分离点与鞍点相连的分离线 S_9N_8 附近存在由壁面指向主流的速度分量从而形成流动分离现象。在区域 B，叶栅 0.2 和叶栅 0.5 截面内的速度矢量分布较为均匀，但在叶栅 0.8 截面内存在两个明显旋涡，旋涡边界交汇于鞍点 S_{10} 附近，在螺旋分离点与鞍点相连的分离线 S_4N_{10} 附近也存在明显指向主流的速度分量，从而形成流动分离。

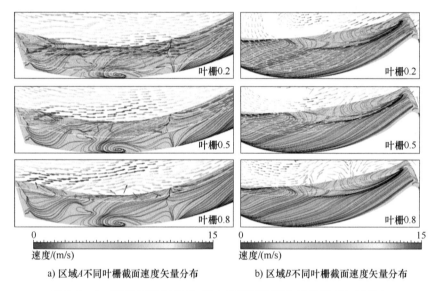

a) 区域 A 不同叶栅截面速度矢量分布   b) 区域 B 不同叶栅截面速度矢量分布

图 3.5 Q_b 工况下 $0T$ 时刻 B_1 吸力面局部摩擦力线与速度矢量分布

结合吸力面壁面附近流动特征可以看出，对吸力面摩擦力线的主要特征进行流谱分析，能够较为准确地反映吸力面附近的不稳定流动特征，特别是吸力面附近的回流及流动分离现象。总体看来，吸力面回流通常起始于鞍点与附着结点相连的附着线附近，而流动分离发生在鞍点与螺旋分离点相连的分离线附近。

图 3.6 所示为 Q_b 工况下 $0T$ 时刻 B_1 压力面摩擦力线及表面流谱分布，相比于吸力面，压力面的摩擦力线分布较为均匀，摩擦力线未出现积聚形成旋涡，但区域 C 内明显存在鞍点和附着结点。对压力面摩擦力线的主要形态进行提取形成压力面流谱分布示意图，从图中可以看出，压力面未出现明显的螺旋分离点，但压力面的前缘存在附着结点 N_5，该结点是叶片进口负冲角效应导致来流对压力面的冲击引起的，压力面前缘附着结点的附近存在小范围

回流现象。在压力面存在起始于鞍点 S_5 终结于结点 N_2 的分离线 S_5N_2，形成小范围的鞍点-分离结点式流动分离现象。Q_b 工况下，压力面鞍点和结点总数均为 6 个，欧拉示性数为 0，也符合摩擦力线奇点的拓扑法则，压力面摩擦力线奇点个数小于吸力面，因此，可以推测出局部摩擦力线的奇点个数越多表示区域内流动越复杂。

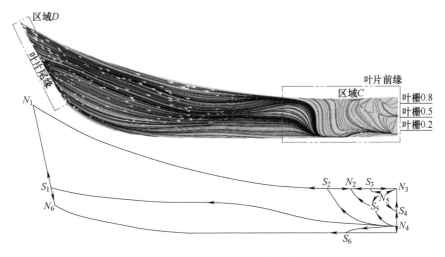

图 3.6　Q_b 工况下 0T 时刻 B_1 压力面摩擦力线及表面流谱分布

图 3.7 所示为 Q_b 工况下 0T 时刻 B_1 压力面摩擦力线与不同叶栅截面在区域 C 和区域 D 的速度矢量分布情况。对于区域 C，在叶栅 0.5 和叶栅 0.8 截面内，分离线 S_5N_2 附近速度矢量明显指向主流从而形成流动分离现象，但在叶栅 0.2 截面内，速度矢量分布均匀且无明显的流动分离存在。区域 D 内不同截面内速度矢量方向分布基本一致且不存在明显的流动分离及旋涡。

总体看来，Q_b 工况下 0T 时刻叶片 B_1 的吸力面和压力面呈现出不同的流动分离类型，相比之下，压力面流动分离区域要小于吸力面流动分离区域且流动相对更稳定，叶片表面的摩擦力线分布情况也可以较为直观地反映壁面附近的流动状态。由图 2.20 可知，$0.7Q_b$ 和 $1.3Q_b$ 工况下吸力面和压力面附近的流线分布与 Q_b 工况明显不同，为对比不同工况下叶片表面流动分离特性，下面将结合流谱分析方法及近壁面流动特性对叶片 B_1 在有效运行流量区间内的两个极限流量工况 0T 时刻下的表面流动分离特性进行诊断与分析。

2. $0.7Q_b$ 工况下叶片表面流动分离特性

$0.7Q_b$ 工况下 0T 时刻 B_1 吸力面摩擦力线及表面流谱分布如图 3.8 所示。

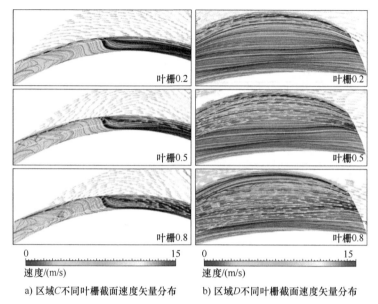

a) 区域C不同叶栅截面速度矢量分布　　b) 区域D不同叶栅截面速度矢量分布

图 3.7　Q_b 工况下 0T 时刻 B_1 压力面摩擦力线与
不同叶栅截面在区域 C 和区域 D 的速度矢量分布

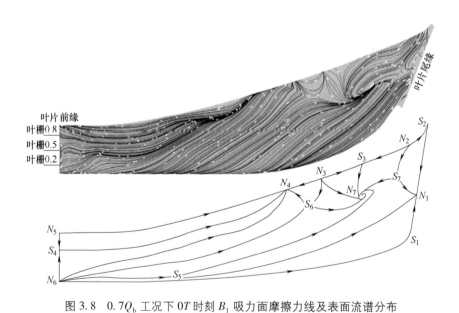

图 3.8　$0.7Q_b$ 工况下 0T 时刻 B_1 吸力面摩擦力线及表面流谱分布

与 Q_b 工况不同的是，$0.7Q_b$ 工况吸力面的前、中段摩擦力线分布较为均匀且未
出现摩擦力线积聚现象，但吸力面后部靠近前盖板部分存在明显的回流现象，
这种现象与 Q_b 工况一致。从流谱分布图可以看出，起始于鞍点 S_6 的分离线

S_6N_7 终结于螺旋分离点 N_7，此外，分离线 S_5N_7、S_3N_7、S_7N_7 也终结于 N_7 从而形成鞍点-螺旋分离点流动分离模式。分离线 N_3N_7 起始于回流附着结点 N_3 并形成附着结点-螺旋分离点流动分离模式。$0T$ 时刻下 B_1 吸力面鞍点和结点总数均为 7 个，摩擦力线奇点总数小于 Q_b 工况，但欧拉示性数为 0，符合摩擦力线奇点的拓扑法则。

图 3.9 所示为 $0.7Q_b$ 工况下 $0T$ 时刻叶片 B_1 压力面摩擦力线及表面流谱分布，压力面的前、中部的表面摩擦力线分布较 Q_b 工况更为复杂且存在大范围的回流现象。压力面的后部流线分布较为均匀，未出现明显的摩擦力线积聚现象。从图 3.9 可以看出，压力面未出现明显的螺旋分离点，摩擦力线的奇点主要由鞍点、附着结点和分离结点组成且主要分布于压力面的前、中部，分离结点均位于叶片边界上。压力面上存在两种流动分离模式，其中 S_9N_1、S_8N_2、S_7N_6 为鞍点-分离结点式流动分离线，附着结点-分离结点式流动分离线为 N_7N_3、N_7N_5。$0T$ 时刻下 B_1 压力面鞍点和结点总数均为 9 个，摩擦力线奇点总数大于 Q_b 工况，欧拉示性数等于 0。

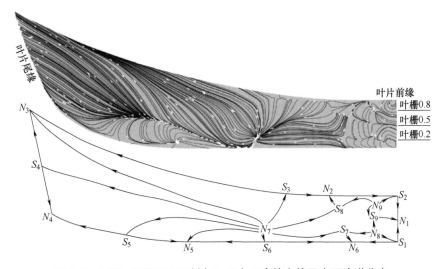

图 3.9 $0.7Q_b$ 工况下 $0T$ 时刻 B_1 压力面摩擦力线及表面流谱分布

图 3.10 所示为 $0.7Q_b$ 工况下 $0T$ 时刻 B_1 两侧流道不同叶栅截面内的速度矢量，从压力面附近速度矢量可以看出，压力面的前、中段明显存在回流现象，回流起始于附着结点且与主流形成旋涡。随着叶栅截面靠近前盖板，附着结点 N_7 的影响范围逐渐减小而 N_8 的影响范围逐渐增大。不同叶栅截面内，压力面的后段及叶片尾缘处的流动较为平稳，速度方向基本与壁面一致。从吸力面附

近速度矢量来看，不同截面内吸力面的前、中段速度方向基本与壁面相切，未出现明显的回流及旋涡等不良流动现象；相比之下，吸力面后段及叶片尾缘的不同截面内的流动特性差异较大，来自于前腔的高压射流会朝吸力面低压区流动，从而与主流在螺旋分离点附近汇合，形成流动分离，这种现象在叶栅 0.8 及叶栅 0.5 截面内较为明显，但在叶栅 0.2 截面内吸力面尾部附近未形成明显的回流及流动分离现象。

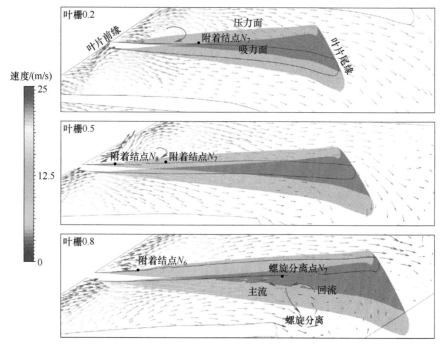

图 3.10　$0.7Q_b$ 工况下 $0T$ 时刻 B_1 两侧流道不同叶栅截面内速度矢量

3.1.3　Q_b 工况下叶片表面流动分离特性

图 3.11 所示为 $1.3Q_b$ 工况下 $0T$ 时刻叶片 B_1 吸力面摩擦力线及表面流谱分布图，从摩擦力线分布情况可以发现，相比于其他工况，吸力面尾部靠近前盖板附近的回流区域明显减小，但在吸力面的前、中部存在较为明显的回流，这与 Q_b 工况基本一致，但回流面积比 Q_b 工况更大。从流谱分布情况看来，吸力面的回流起始于附着线 N_4S_{10} 及 N_8S_{10}，吸力面的前、中段流动分离主要发生在叶片进口处，分离形式主要由鞍点-分离结点、鞍点-螺旋分离点、附着结点-螺旋分离点式分离组成，其中起始于鞍点 S_{10} 及 S_8 的分离线 $S_{10}N_7$、S_8N_7 终结于分离结点 N_7，起始于鞍点 S_4 及附着结点 N_4 的分离线 S_4N_9、N_4N_9 终结于分离结点 N_9。此外，与其

他工况相似，吸力面尾部靠近前盖板附近也存在明显的螺旋分离点 N_{12}。$1.3Q_b$ 工况下 $0T$ 时刻 B_1 吸力面的鞍点和结点总数均为 12 个，摩擦力线的奇点总数大于其他工况，但欧拉示性数为 0，符合摩擦力线奇点的拓扑法则。

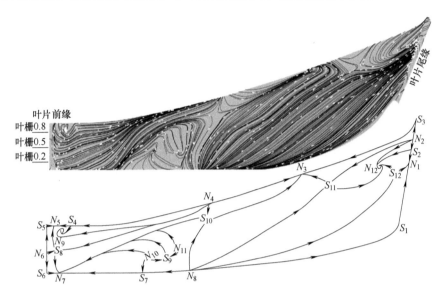

图 3.11 $1.3Q_b$ 工况下 $0T$ 时刻 B_1 吸力面摩擦力线及表面流谱分布

图 3.12 所示为 $1.3Q_b$ 工况 $0T$ 时刻 B_1 压力面摩擦力线及表面流谱分布图，可以看出，压力面的前段摩擦力线分布较为混乱且局部区域存在明显的回流现象，压力面的中、后段表面摩擦力线分布较为均匀，但在靠近后盖板附近呈现出摩擦力线汇聚现象。与其他工况相同，$1.3Q_b$ 工况下压力面的表面只存在附着结点及鞍点，且分离结点只存在于叶片边界上。压力面流动分离主要以鞍点-分离结点及附着结点-分离结点两种形式存在，附着结点 N_3、N_6 及 N_9 的存在是导致压力面前段回流的主要原因，分离线 S_7N_2、N_7N_2、S_6N_2、S_8N_2、N_9N_2、S_9N_2 均终结于分离结点 N_2。$1.3Q_b$ 工况下 $0T$ 时刻 B_1 压力面的鞍点和结点总数均为 9 个，摩擦力线奇点总数大于 Q_b 工况，但欧拉示性数仍为 0。

图 3.13 所示为 $1.3Q_b$ 工况下 $0T$ 时刻 B_1 两侧流道不同叶栅截面内的速度矢量，整体看来，叶轮流道内不同叶栅截面内速度矢量分布情况基本一致，回流导致的大尺度旋涡存在于吸力面的前、中段使得局部过流面积变小，从而引起相邻叶片压力面所对应位置处形成加速流动。在旋涡下游，流道的通过性变好且速度分布更均匀。附着结点的存在是引起局部回流的主要原因，叶栅 0.2、0.5 和

0.8 截面内起主导作用的附着结点分别为 N_6、N_9、N_3。对于吸力面，随着叶栅截面接近前盖板，流动变得更复杂，叶栅 0.2 和叶栅 0.5 截面的吸力面尾部表面的速度矢量基本与壁面相切，回流现象不明显，但在叶栅 0.8 截面的吸力面尾部明显存在回流与主流汇合形成的螺旋分离点 N_{12} 及前部旋涡与主流交汇形成的螺旋分离点 N_9。

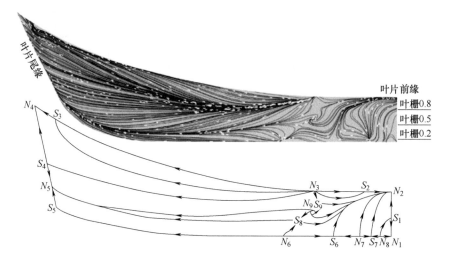

图 3.12　$1.3Q_b$ 工况下 $0T$ 时刻 B_1 压力面摩擦力线及表面流谱分布

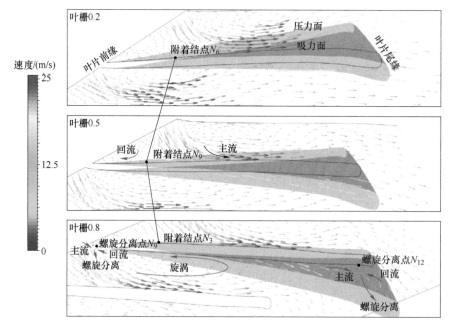

图 3.13　$1.3Q_b$ 工况下 $0T$ 时刻 B_1 两侧流道不同叶栅截面内的速度矢量

3.1.3 叶片表面流动分离演化特性

由于液力透平叶轮进口上游缺少导流装置，因此叶轮每个流道内的流动并不是完全一致的，为揭示叶片 B_1 在不同旋转时刻下表面流动分离特性的演变情况，本书对叶片处于不同位置的 6 个典型时刻下叶片表面摩擦力线和流谱分布演化情况进行对比分析。

1. Q_b 工况下叶片表面流动分离演化特性

为揭示 Q_b 工况下一个旋转周期内的不同时刻 B_1 吸力面摩擦力线演变情况，提取 6 个典型时刻进行对比，如图 3.14 所示，相邻时刻间隔为 1/6 个旋转周期 T。可以看出，不同时刻下吸力面摩擦力线的分布形态差别较大，但流动分离的类型及回流的发生区域基本与初始时刻 0T 一致。各个时刻下，吸力面的前段及后段靠近前盖板附近的摩擦力线分布较为混乱，明显存在摩擦力线汇聚现象，通过摩擦力线上的速度矢量也可以发现，在这两部分区域内明显存在回流。此外，相比于其他时刻，2/6T 和 3/6T 时刻吸力面摩擦力线分布更加复杂，这两时刻下叶片 B_1 位于蜗壳的第 5、6 截面附近，从图 3.6 中也可以看出，蜗壳这部分区域截面出口损失较大，其原因可能在于该段区域与叶轮在 Q_b 工况下性能不匹配有关。

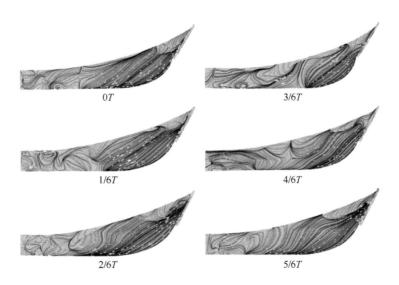

图 3.14 Q_b 工况下一个旋转周期内的不同时刻 B_1 吸力面摩擦力线演变情况

图 3.15 所示为 Q_b 工况下一个旋转周期内 B_1 吸力面流谱演变情况，整体来

看，流动分离的主要形式为鞍点-螺旋分离点式和鞍点-分离结点式。Q_b 工况下不同时刻 B_1 吸力面摩擦力线的奇点数目不完全一致，具体见表 3.1，其中在 $2/6T$ 和 $3/6T$ 时刻奇点总数较其他时刻多，但欧拉示性数总是为 0，因此可以推断出这两个时刻下 B_1 吸力面附近的流动更加复杂。

表 3.1　Q_b 工况下不同时刻 B_1 吸力面摩擦力线奇点总数对比

奇点类型	$0T$	$1/6T$	$2/6T$	$3/6T$	$4/6T$	$5/6T$
结点/螺旋点	10	12	14	16	9	11
鞍点	10	12	14	16	9	11

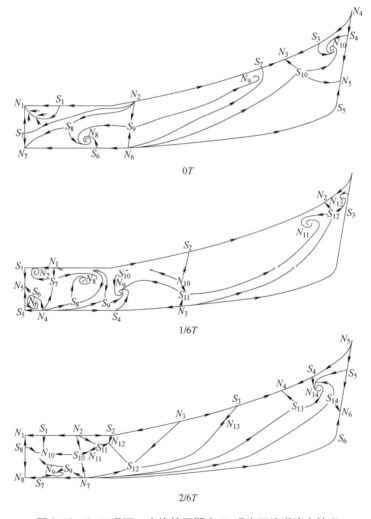

图 3.15　Q_b 工况下一个旋转周期内 B_1 吸力面流谱演变情况

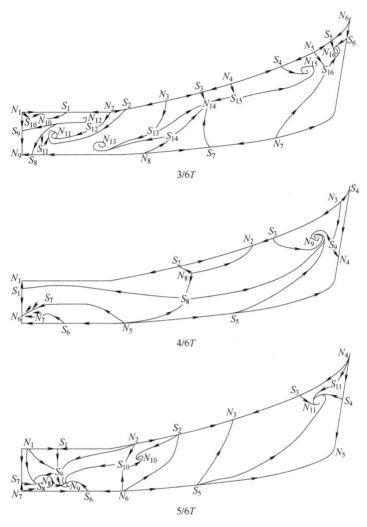

图 3.15　Q_b 工况下一个旋转周期内 B_1 吸力面流谱演变情况（续）

　　Q_b 工况下一个旋转周期内 B_1 压力面摩擦力线演变情况如图 3.16 所示，除图 3.6 所示区域 C 外，各时刻摩擦力线分布形态较为一致。在 2/6T 和 3/6T 时刻，压力面呈现出明显的流动附着点 1 和 2，其余时刻附着点均在叶片边界附近。在区域 C 内，流动速度较低且存在小范围的回流现象，其中 4/6T 时刻压力面不稳定流动区域最小。整体看来，B_1 压力面在一个旋转周期内大部分区域流动都较为稳定且不存在明显的摩擦力线汇聚现象。

　　图 3.17 所示为 Q_b 工况下一个旋转周期内 B_1 压力面流谱演变情况，整体看来，流动分离类型主要为鞍点-分离结点式，摩擦力线奇点在压力面的分布区域

基本一致。Q_b 工况下不同时刻下 B_1 压力面摩擦力线奇点数对比见表 3.2，与吸力面相似，2/6T 和 3/6T 时刻奇点总数明显多于其他时刻，但不同时刻下流谱的欧拉示性数均为 0。由流谱图可以推测出，B_1 压力面在一个旋转周期内流动分离及回流主要发生在叶片前段，这种现象主要是由叶片前缘入流负冲角引起，来自于蜗壳出口的流质冲击压力面并形成附着结点（如 2/6T 的 N_7 和 3/6T 的 N_8），从而扰乱局部流谱分布。

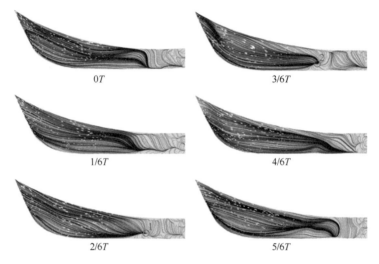

图 3.16　Q_b 工况下一个旋转周期内 B_1 压力面摩擦力线演变情况

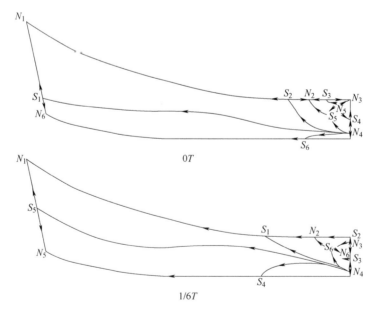

图 3.17　Q_b 工况下一个旋转周期内 B_1 压力面流谱演变情况

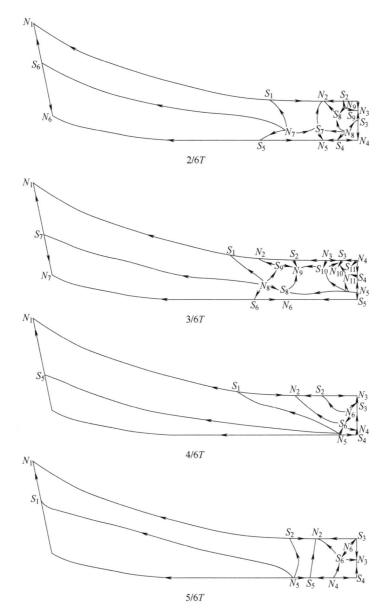

图 3.17 Q_b 工况下一个旋转周期内 B_1 压力面流谱演变情况（续）

表 3.2 Q_b 工况下不同时刻 B_1 压力面摩擦力线奇点数对比

奇点类型	0T	1/6T	2/6T	3/6T	4/6T	5/6T
结点/螺旋点	6	6	9	11	6	6
鞍点	6	6	9	11	6	6

通过对一个旋转周期内叶片 B_1 的吸力面和压力面的摩擦力线演变情况进行分析，可以得出如下结论：Q_b 工况下，由于受到叶片前缘入流负冲角的影响，吸力面主要分离形式为鞍点-螺旋分离点式、鞍点-分离结点式两种，而压力面的流动分离主要为鞍点-分离结点形式。不同时刻下，摩擦力线奇点分布位置在吸力面和压力面基本一致，吸力面奇点主要集中于叶片前段及后段靠近前盖板附近，压力面奇点主要集中于叶片前段。不同时刻吸力面和压力面的奇点个数不完全一致，但其欧拉示性数等于 0 且等价于三维物体绕流物面。

2. $0.7Q_b$ 工况下叶片表面流动分离演化特性

图 3.18 所示为 $0.7Q_b$ 工况下一个旋转周期内 B_1 吸力面摩擦力线演变情况。不同时刻下，摩擦力线在吸力面的前、中部内的分布较为均匀且未出现明显的回流及旋涡，起源于进口边两侧的摩擦力线有明显积聚的趋势从而导致流动分离。吸力面的后部靠近前盖板处摩擦力线分布差异比较大且存在明显的回流现象，部分来自前盖板的摩擦力线也会向流动不稳定区域靠近，并在区域内部或边界处汇聚。此外，由于前腔间隙泄漏引起的回流与主流在该处交汇，形成尺度不一的旋涡。$0.7Q_b$ 工况下不同时刻吸力面不稳定流动所占区域基本相同且大于 Q_b 工况，相比之下，$4/6T$ 时刻该区域所占面积最大且摩擦力线分布相对更为复杂。

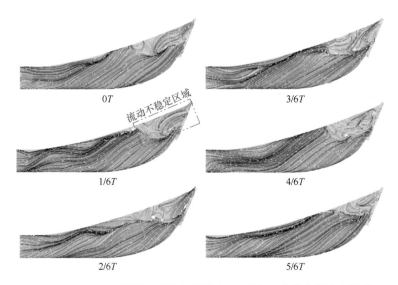

图 3.18　$0.7Q_b$ 工况下一个旋转周期内 B_1 吸力面摩擦力线演变情况

图 3.19 所示为 $0.7Q_b$ 工况下一个旋转周期内 B_1 吸力面的流谱演变情况，

可以看出，吸力面上的主要分离形式为鞍点-螺旋分离点式、鞍点-分离结点式、附着结点-螺旋分离点式。除 $0T$ 时刻外，其余时刻吸力面上螺旋分离点的个数均为 2 个。不同时刻下，由于回流的存在，除 $4/6T$ 外，叶片边界靠近前盖板处均存在附着点 N_2。$0.7Q_b$ 工况下不同时刻 B_1 吸力面摩擦力线奇点总数见表 3.3，整体看来，该工况下奇点总数要比 Q_b 工况少，但欧拉示性数符合拓扑规律。此外，$4/6T$ 时刻下的奇点总数明显多于其他时刻，结合流谱分布图可以看出，由于该时刻附着结点 N_9 位于吸力面表面，而其余时刻附着结点均位于叶片边界上，可以推测 N_9 可能是由前腔的高压回流对吸力面表面的冲击形成的，叶片表面存在附着结点会使局部的流动变得更加复杂。

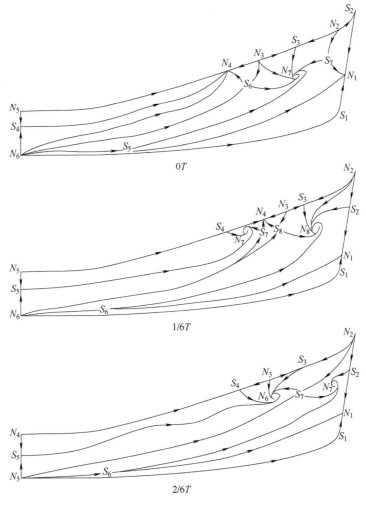

图 3.19　$0.7Q_b$ 工况下一个旋转周期内 B_1 吸力面流谱演变情况

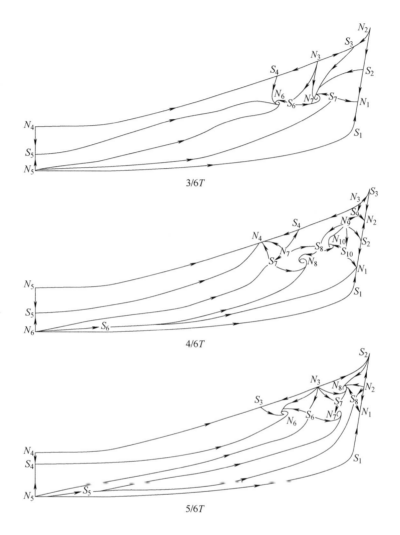

图 3.19 $0.7Q_b$ 工况下一个旋转周期内 B_1 吸力面流谱演变情况（续）

表 3.3 $0.7Q_b$ 工况下不同时刻 B_1 压力面摩擦力线奇点总数

奇点类型	0T	1/6T	2/6T	3/6T	4/6T	5/6T
结点/螺旋分离点	7	8	7	7	10	8
鞍点	7	8	7	7	10	8

图 3.20 所示为 $0.7Q_b$ 工况下一个旋转周期内 B_1 压力面摩擦力线演变情况。来自蜗壳出口的流体对压力面进行冲击后会形成流动附着点，不同

时刻压力面表面上附着点的个数也不一样，相比之下，2/6T 和 3/6T 时刻下附着点个数更多。此外，0.7Q_b 工况下附着点的分布位置比 Q_b 工况时更靠近中后部，从而导致了压力面存在较大范围的回流。出现这种现象的原因可能包括：一是由于缺乏导流装置，因此在压力面上不可避免地存在流动附着点，且随着流量降低，附着点会朝远离叶片前缘的方向移动，从而降低叶片的做功能力。二是由于同一流道内吸力面的前、中部表面流动在 0.7Q_b 工况下较为稳定，从而使得压力面附近的流量降低，进而加剧了该工况下压力面叶片前缘的负冲角效应；但由于吸力面后部存在较大范围的回流，导致主流在通过该区域时存在流动阻力，进而又使得压力面在叶轮出口喉部位置处的流动变得稳定。

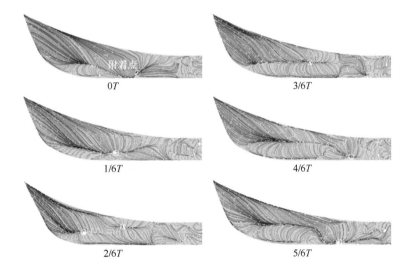

0T 3/6T 1/6T 4/6T 2/6T 5/6T

图 3.20　0.7Q_b 工况下一个旋转周期内 B_1 压力面摩擦力线演变情况

图 3.21 所示为 0.7Q_b 工况下一个旋转周期内 B_1 压力面流谱演变情况，与 Q_b 工况相同的是，压力面流动分离形式也主要为鞍点-分离结点式。各时刻下流动分离主要集中在压力面的前、中部且均不存在螺旋分离点。附着结点的存在会导致局部回流，其中 2/6T 时刻附着结点最靠近叶片尾缘，从而增大了压力面回流区域面积。相比之下，1/6T～3/6T 时刻压力面表面的流谱分布更为复杂，特别是在压力面的前部边界上存在多个分离结点。表 3.4 所示为 0.7Q_b 工况下不同时刻 B_1 压力面摩擦力线奇点总数对比，随着叶片旋转，压力面上摩擦力线的奇点总数呈现出先增大后减小的变化趋

势，此外，该工况下奇点总数要多于 Q_b 工况，但欧拉示性数符合拓扑
规律。

表 3.4　$0.7Q_\mathrm{b}$ 工况下不同时刻 B_1 压力面摩擦力线奇点总数对比

奇点类型	0T	1/6T	2/6T	3/6T	4/6T	5/6T
结点/螺旋点	9	11	10	10	9	8
鞍点	9	11	10	10	9	8

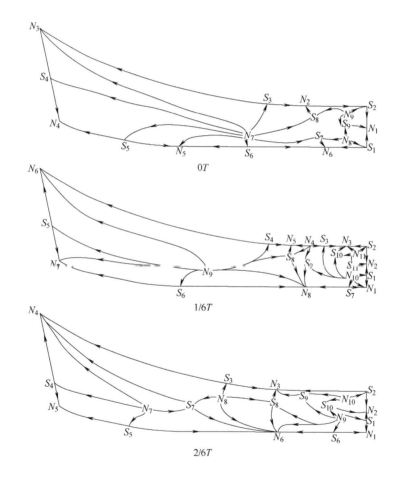

图 3.21　$0.7Q_\mathrm{b}$ 工况下一个旋转周期内 B_1 压力面流谱演变情况

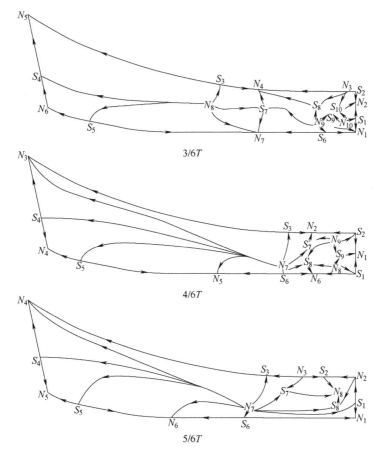

图 3.21　0.7Q_b 工况下一个旋转周期内 B_1 压力面流谱演变情况（续）

3. 1.3Q_b 工况下叶片表面流动分离演化特性

图 3.22 所示为 1.3Q_b 工况下一个旋转周期内 B_1 吸力面摩擦力线演变情况。整体看来，不同时刻吸力面摩擦力线分布具有一定规律，摩擦力线将吸力面分为两部分：其中一部分为回流及流动不稳定区域，主要位于吸力面前中部及吸力面尾部靠近前盖板附近，其中在 4/6T 时刻该区域所占面积最小；另一部分为流动稳定区域，主要位于中部及尾部靠近后盖板附近，其表面流动较为均匀且未出现明显的摩擦力线积聚及旋涡现象。相比其他工况，该工况下吸力面尾部靠近前盖板附近的流动不稳定区域明显减小，说明在偏大流量工况下前腔间隙泄漏流对叶轮内流动影响变小，叶轮出口的相对回流量有所减少。除 4/6T 时刻外，流动不稳定区域内依然存在由回流引起的旋涡。相比于 Q_b 工况，吸力面前

中部的回流区域有所增大且回流速度也明显增强。

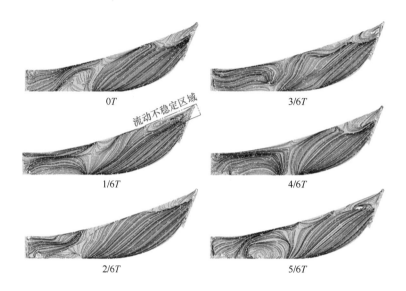

图 3.22　1.3Q_b 工况下一个旋转周期内 B_1 吸力面摩擦力线演变情况

图 3.23 所示为 1.3Q_b 工况下一个旋转周期内 B_1 吸力面流谱演变情况，叶片 B_1 在一个旋转周期内吸力面流动分离主要发生在回流及不稳定流动区域，流动分离的主要形式为鞍点-螺旋结点式、鞍点-分离结点式、附着结点-螺旋结点式、附着结点-分离结点式 4 类。附着结点均位于叶片边界上，其中 1/6T、2/6T、5/6T 时刻吸力面表面螺旋分离结点最多，数目为 3 个。1.3Q_b 工况下不同时刻 B_1 吸力面摩擦力线奇点总数见表 3.5，其奇点个数略少于 Q_b 工况但多于 0.7Q_b 工况，除 4/6T 时刻奇点总数明显较少外，其他时刻的奇点总数比较接近，结合图 3.14 也可以进一步证实偏大流量下叶轮不同流道内流量分布较为一致且进口回流量相对较小。

表 3.5　1.3Q_b 工况下不同时刻 B_1 吸力面摩擦力线奇点总数

奇点类型	0T	1/6T	2/6T	3/6T	4/6T	5/6T
结点/螺旋点	12	11	11	12	9	11
鞍点	12	11	11	12	9	11

图 3.24 所示为 1.3Q_b 工况下一个旋转周期内 B_1 压力面摩擦力线演变情况。可以发现，不同时刻下，该工况回流区域主要分布在压力面的前、中部且面积

大于 Q_b 工况但小于 $0.7Q_b$ 工况。由于在同一流道内吸力面的前、中部存在大尺度旋涡，过流通道面积减小导致与之对应压力面的中、尾部表面流速增加，但摩擦力线分布较为均匀且未呈现明显的积聚及旋涡现象。在一个转动周期里，压力面上主要附着点的位置会随叶片转动而发生变化，其轴向位置变化路径呈现出由前盖板与叶片上边界往叶栅 0.5 截面方向移动并最终返回叶片上边界，但其流向位置基本不随叶片转动发生变化。从摩擦力线分布也可以看出，压力面的前、中部作为叶片做功的主要区域，其表面流动特性较差也是该工况下效率降低的主要原因。

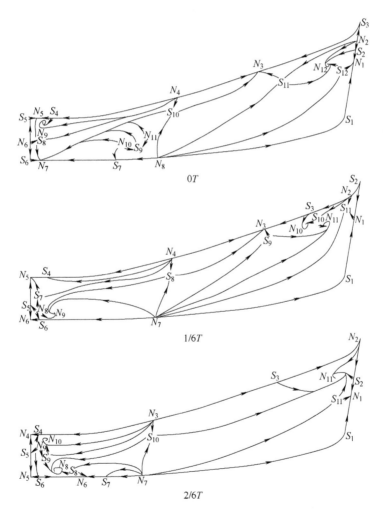

图 3.23 $1.3Q_b$ 工况下一个旋转周期内 B_1 吸力面流谱演变情况

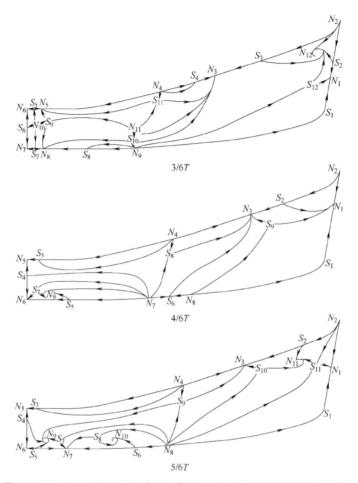

图 3.23　1.3Q_b 工况下一个旋转周期内 B_1 吸力面流谱演变情况（续）

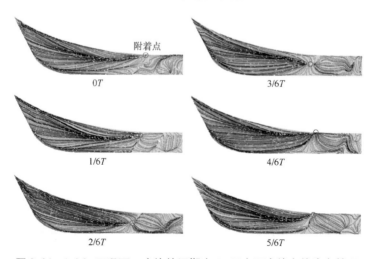

图 3.24　1.3Q_b 工况下一个旋转周期内 B_1 压力面摩擦力线演变情况

图 3.25 所示为 $1.3Q_b$ 工况下一个旋转周期内 B_1 压力面流谱演变情况，在一个旋转周期内 B_1 压力面流谱分布情况比较一致，在压力面的中、尾部未发生流动分离。压力面的流动分离主要发生在中、前部的回流区域内，流动分离的形式主要为鞍点-分离结点式、附着结点-分离结点式两类。从奇点分布可以发现，压力面上的流动分离主要是由入流对压力面冲击形成的附着点导致。$1.3Q_b$ 工况下不同时刻 B_1 压力面摩擦力线奇点总数见表 3.6，该工况下奇点总数明显少于 $0.7Q_b$ 工况，其中 $0T$ 及 $3/6T$ 时刻奇点总数最多，而且吸力面奇点数目大小随叶片旋转的变化规律与压力面一致。

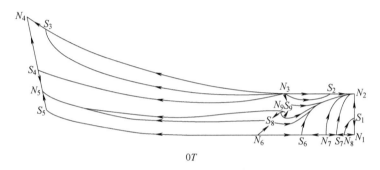

$0T$

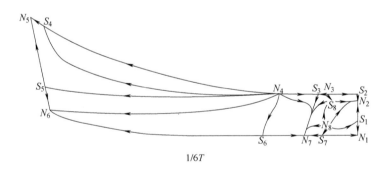

$1/6T$

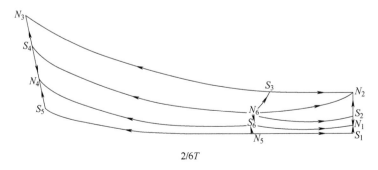

$2/6T$

图 3.25 $1.3Q_b$ 工况下一个旋转周期内 B_1 压力面流谱演变情况

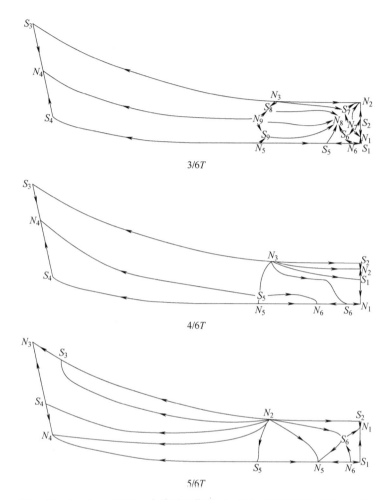

图 3.25　1.3Q_b 工况下一个旋转周期内 B_1 压力面流谱演变情况（续）

表 3.6　1.3Q_b 工况下不同时刻 B_1 压力面摩擦力线奇点总数

奇点类型	0T	1/6T	2/6T	3/6T	4/6T	5/6T
结点/螺旋点	9	8	6	9	6	6
鞍点	9	8	6	9	6	6

3.1.4　叶片表面摩擦力线与旋涡分布关联性分析

为探究摩擦力线与旋涡分布之间的关系，图 3.26 所示为 Q_b 工况下叶片
B_1 在 0T 时刻叶轮内部旋涡分布情况，旋涡采用基于第二代涡识别法中的 Q
准则方法进行提取，Q 值大于 0 的区域可判定为旋涡，图中此刻 Q 值为

$2262910s^{-2}$，无量纲 Q 值为 0.02，采用局部静压表示旋涡颜色。整体看来，初始时刻叶轮不同流道内的旋涡分布位置基本一致，主要集中于吸力面的前中段、压力面的前缘附近及叶片尾缘附近，其中吸力面及叶片尾缘处的旋涡表面积较大。图 3.26a~d 所示为叶片 B_1 不同位置的旋涡与表面摩擦力线分布，从压力面的前缘（见图 3.26a）看来，其表面主要由附着涡和回流涡组成，回流涡分布于附着点的回流线 N_5S_4 附近，而附着涡分布于附着点 N_5 附近；吸力面的前段（见图 3.26b）中旋涡分布较为复杂且旋涡体积也较大，旋涡主要由回流涡和通道涡组成，其中通道涡起源于螺旋分离中心点 N_8，这种现象与 Goltz 等[116]在轴流泵的油流可视化试验结果一致，如图 3.27 所示。在油流可视化试验中可以清楚看出，鞍点 S 与螺旋结点 N 存在于叶片吸力面且通道涡起始于螺旋结点中心。在叶片尾缘处，旋涡呈现出积聚现象，旋涡主要是由尾缘涡构成且具有周期性脱落的趋势，其周期性将在下一节阐述。此外，在叶片尾缘吸力面（见图 3.26c）出口附近由回流涡和通道涡共同组成，并且回流涡核内的静压明显较低。叶片尾缘压力面（见图 3.26d）出口处由于叶轮出口喉部面积急剧缩小而引起壁面表面速度梯度大，从而形成较大面积的附着涡。

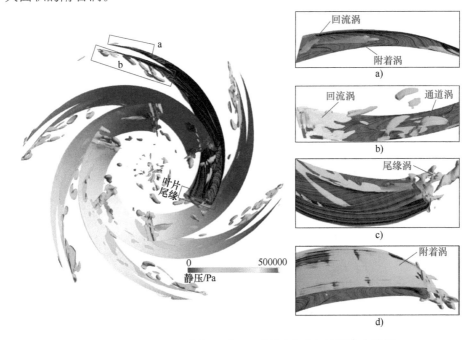

图 3.26　Q_b 工况下叶片 B_1 在 $0T$ 时刻叶轮内部旋涡分布情况

图 3.27　轴流泵的油流可视化

图 3.28 所示为 Q_b 工况下一个旋转周期内叶轮内部旋涡演变情况，整体看来，不同时刻下叶轮内旋涡的分布位置基本一致，旋涡类型以回流涡、附着涡、通道涡和尾缘涡为主。在叶轮一个旋转周期内，吸力面旋涡从 $0T$ 时刻到 $3/6T$ 时刻经历了一个完整的初生→发展→脱落周期，旋涡脱落频率约为 2 倍的叶轮旋转频率，而尾缘涡的演变周期约为 1 倍叶轮旋转频率，压力面附近旋涡类型以附着涡为主，演变周期不明显。

图 3.28　Q_b 工况下一个旋转周期内叶轮内部旋涡演变情况

图 3.29 所示为 Q_b 工况下不同时刻叶轮内旋涡表面积对比，其中 $2/6T$ 和 $3/6T$ 时刻叶轮流道内旋涡表面积较大，说明这两个时刻叶轮内流动更加复杂，这种现象与上文中摩擦力线奇点个数在此时刻较多一致。此外，从旋涡面积变化可以发现，在一个叶轮旋转周期内，旋涡面积呈现出先增大后减小再增大的趋势，即旋

涡的演变具有一定的周期性。从旋涡分布位置及其发生的原因可以推测出，叶轮进口的入流条件对于其内部旋涡及表面流动分离特性具有较大的影响。

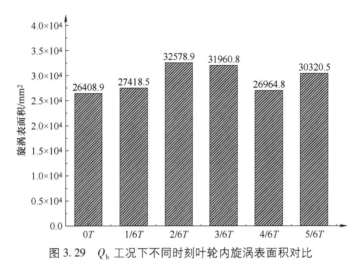

图 3.29　Q_b 工况下不同时刻叶轮内旋涡表面积对比

3.1.5　叶片表面摩擦力线与静压分布关联性分析

不仅叶片吸力面和压力面的压差是驱动叶片旋转的动力，而且叶片表面的压力分布特性也决定了叶片回收功率的能力。此外，叶片表面存在局部逆压梯度是发生流动分离的必要条件，为揭示叶片表面压力与摩擦力线奇点分布之间的关系，图 3.30 所示为 Q_b 工况下 $0T$ 时刻 B_1 不同叶栅截面静压系数对比，其中叶片表面静压系数 $p*$ 的定义见式（3.8）。图 3.30 中横坐标表示叶片流线位置，0.0 表示为叶片进口，1.0 表示叶片出口。在叶栅 0.5 截面的压力面，叶片表面静压下降较为平缓，但 M 在（0，0.02）区间内存在小范围逆压分布，对应于图 3.7b 中的回流；当 M 在（0.02，0.945）区间内静压分布沿流线方向为顺压区间，流动较为顺畅；当 M 在（0.945，1）区间内静压分布情况较为复杂，存在明显的逆压区间，这部分对应于图 3.26c 叶片尾缘涡位置。叶栅 0.5 截面的吸力面静压分布相比于压力面更复杂且 M 在（0，0.5）区间内存在多个顺压-逆压交替区间，结合图 3.4 分析可得，摩擦力线的鞍点与逆压区间内的波峰位置对应，而波谷位置对应于结点。不同叶栅截面流线上静压系数分布规律与叶栅 0.5 截面类似，其中红、蓝、黑虚线与静压系数线的交点为奇点 S_8、N_8、S_9 对吸力面上静压分布的影响位置。由图 3.5 可知，叶栅截面越靠近前盖板，流动特征越混乱，反映到叶片静压系数曲线分布上看，螺旋线奇点对于叶栅

0.8 截面的吸力面影响范围大于其他截面。

$$p^* = \frac{p_b - p_{out}}{0.5\rho U_1^2} \tag{3.8}$$

式中，p_b 是叶片表面静压；p_{out} 是液力透平出口压力；ρ 是流体密度；U_1 是叶轮进口圆周速度。

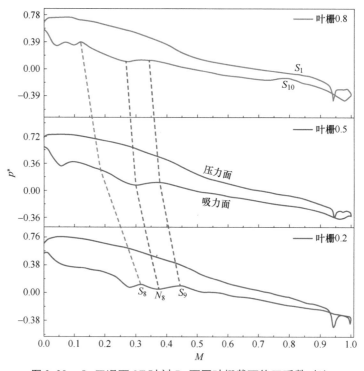

图 3.30 Q_b 工况下 $0T$ 时刻 B_1 不同叶栅截面静压系数对比

图 3.31 所示为 Q_b 工况下 B_1 不同叶栅截面静压系数演变。不同时刻下静压系数分布规律不一样，特别是吸力面上静压系数的变化规律相差较大，在吸力面上呈现顺压-逆压交替现象，其出现频率与摩擦力线的奇点个数成正比，图 3.15 和图 3.17 中的奇点类型和分布位置均可反映在静压分布线上。在 $3/6T$ 时刻，叶栅 0.8 截面在 M 为 0.8 附近吸力面和压力面的静压系数线出现重叠，说明此时刻叶片局部流动混乱且大部分流体的能量被耗散，回收功率能力较差，这种现象在流谱图中体现为摩擦力线分布混乱且奇点数目多。此外，在 $2/6T$~$3/6T$ 时刻，压力面也存在明显的逆压区间，但主要分布在叶片的中、后段。由静压系数分布特点可知，叶片回收能量的主要部位为前、中段，即 M 在 $(0，0.6)$ 区间内，可以看出，$4/6T$ 时刻 B_1 的回收能量能力较其他时刻好。

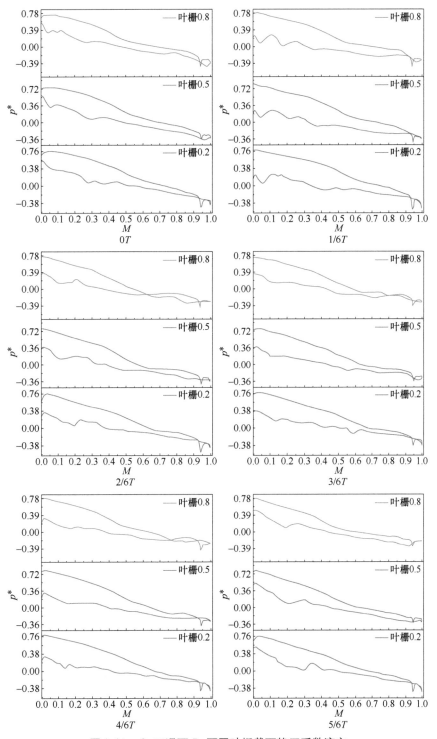

图 3.31 Q_b 工况下 B_1 不同叶栅截面静压系数演变

3.2 涡量与压力脉动关联特性分析

蜗壳由于其圆周方向上的非对称结构会导致叶轮在旋转中存在动静干涉现象，这种现象是引起液力透平内压力脉动的主要原因之一。如何有效地降低脉动主频振幅及减少低频脉动已经成为未来液力透平低噪声、低振动运行优化的重要方向。由于旋涡耗散作为液力透平内流动损失的主要原因之一，而非稳态涡量脉动是否会影响局部压力尚未完全揭示，并且叶轮在旋转过程中与蜗壳产生的动静干涉效应如何影响液力透平内部涡量的演化也鲜有人研究，因此本节对单级液力透平在典型工况下主要流域内的涡量演化及压力脉动特性进行关联性分析。

3.2.1 叶轮旋转对蜗壳内涡量分布及压力脉动强度的影响

图 3.32 所示为不同工况下 $0T$ 时刻蜗壳 $z = 0$ 平面内涡量分布对比，对涡量按式（3.9）进行无量纲处理。可以发现，蜗壳内的涡量分布位置基本不随流量的变化而发生改变，由于近壁面黏性流质受到强剪切力的作用，蜗壳内涡量主要分布在壁面及隔舌前缘附近。此外，在蜗壳喉部附近（位置1），由于受蜗壳几何结构影响，壁面附近旋涡会脱落并随主流一起传递到下游，旋涡在运动过程中涡量值也逐渐下降；在与部分叶轮进口交界面附近（位置2），叶轮进口回流也会引起旋涡，从而导致局部涡量增加。

$$\boldsymbol{\omega}^{*} = \omega / \omega_{\max} \tag{3.9}$$

式中，ω 是涡量；$\omega_{\max}$ 是所研究平面内的涡量最大值。

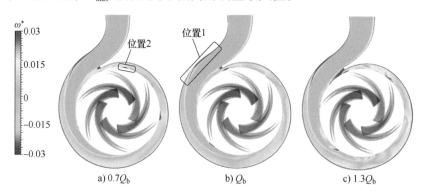

图 3.32　不同工况下 $0T$ 时刻蜗壳 $z = 0$ 平面内涡量分布对比

以 Q_b 工况为例，研究叶轮转动对蜗壳内涡量分布的影响，图 3.33 所示为 Q_b 工况下不同时刻蜗壳 $z=0$ 平面内涡量时空演化。整体看来，该平面内的涡量分布位置基本不随叶轮转动而变化，但各个时刻下第 6 截面及靠近隔舌的蜗壳出口处始终存在较大涡量值，该两处位置分别位于图 2.22 中 I_5 及 I_1 流道附近，这两流道进口在 Q_b 工况下的相对回流量明显大于其他流道，从而导致该处涡量增加。

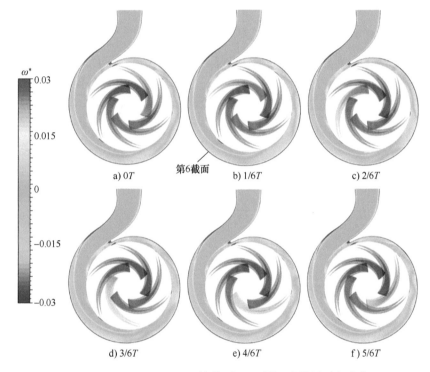

图 3.33 Q_b 工况下不同时刻蜗壳 $z=0$ 平面内涡量时空演化

图 3.34 所示为 Q_b 工况下监测点 V_9 的涡量时域图，在叶轮旋转作用的影响下，该点涡量随转动角度呈现出一定的周期性，涡量变化曲线在一个旋转周期内存在 6 个波谷。选取叶片 B_1 旋转 6 个典型角度可以看出，叶片转动对隔舌前缘的旋涡脱落有促进作用。当叶片前缘与蜗壳隔舌平齐时，V_9 的涡量处于较高值；随着叶片远离隔舌，涡量呈现出先减小后增加的变化趋势，对应于旋涡的脱落及再生长阶段。

Q_b 工况下叶片 B_1 转动对蜗壳隔舌前缘涡量演变的影响如图 3.35 所示。由于该截面关于 Z 轴对称，因此仅研究 Z 轴方向上的涡量变化情况。可以看出，在隔舌前缘处存在一对旋向相反的旋涡，随着叶片前缘靠近隔舌，涡核长度逐渐发展，当叶片前缘与隔舌平齐时涡核长度最长且有脱落的迹象。随着叶片远离隔舌，即 B_1 转角 $\theta=6°$ 时，旋涡开始脱落，随后往下游进入叶轮流道内。当 $\theta=30°$ 时，涡核长度最短，此时涡核将受下一个叶片靠近的影响而重复发展-脱落周期。由此可以看出，叶片的旋转对于蜗壳隔舌前缘的旋涡演变有很大影响。当叶片逐渐靠近隔舌时会促进旋涡的生长，而叶片逐渐远离隔舌则会促进旋涡的脱落。

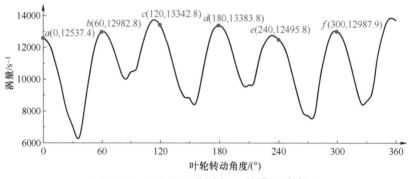

图 3.34　Q_b 工况下监测点 V_9 的涡量时域图

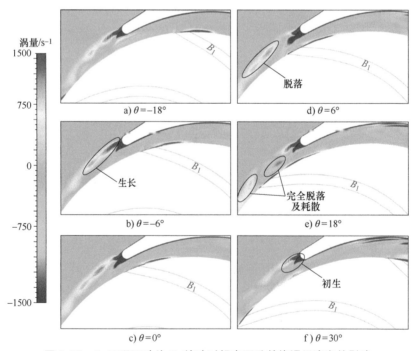

图 3.35　Q_b 工况下叶片 B_1 转动对蜗壳隔舌前缘涡量演变的影响

为研究叶轮旋转过程中对蜗壳压力脉动的影响，采用无量纲的压力脉动强

度系数 C_P 对蜗壳压力脉动特性进行分析。C_P 采用压力的标准差进行计算并无量纲处理[117]，见式（3.10）。通过 C_P 的定义可以推断出，C_P 是网格节点在统计周期内的压力脉动统计量，与叶轮转动的瞬时状态无关。C_P 值越小，表明该区域在统计周期内压力脉动强度越低。

$$C_P = \sqrt{\frac{1}{N}\sum_{j=0}^{N-1}(p(x,y,z,t)-\bar{p}(x,y,z,t))^2} \bigg/ \frac{1}{2}\rho u_1^2 \qquad (3.10)$$

式中，N 是叶轮的总旋转角度；$p(x,y,z,t)$ 是 t 时刻网格节点 (x,y,z) 处的瞬时压力；$\bar{p}(x,y,z,t)$ 是 t 时刻网格节点 (x,y,z) 处的平均压力；u_1 是叶轮进口圆周速度。

图 3.36 所示为不同工况下蜗壳 $z=0$ 平面内的 C_P 云图对比。可以发现，随着流量增大，该平面内的 C_P 也随之增加，但高强度压力脉动位置基本一致，主要集中在蜗壳小过流截面及蜗壳出口附近。此外，由于叶轮-隔舌的动静干涉作用，隔舌靠近叶轮侧也存在高强度压力脉动集中区域。从 Q_b 及 $1.3Q_b$ 工况中可以明显发现在蜗壳的圆周方向存在 6 个低 C_P 区域，且当 $\theta=0°$ 时，6 个叶片前缘与 6 个低 C_P 区域一一对应，说明当叶片前缘与隔舌平齐时蜗壳 $z=0$ 平面内的压力脉动强度最低。

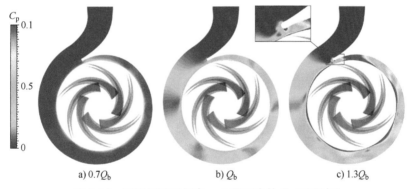

a) $0.7Q_b$　　　　b) Q_b　　　　c) $1.3Q_b$

图 3.36　不同工况下蜗壳 $z=0$ 平面内的 C_P 云图对比

3.2.2　蜗壳内涡量与压力脉动特性关联性分析

为研究蜗壳内涡量与压力脉动特性之间的关联，对不同工况下最后 5 个旋转周期内的数值计算结果进行处理。将不同位置监测点的涡量及压力信号进行快速傅里叶变换（FFT），分别对涡量和压力脉动的主要频率进行分析，揭示涡量及压力脉动频率的组成成分；此外，通过建立涡量和压力脉动高振幅所对应的频率信号之间的联系，进而揭示涡量演化对局部压力脉动的影响。

图 3.37 所示为 Q_b 工况下蜗壳内监测点涡量脉动频谱图，不同位置监测点涡量脉动的主频成分主要由一倍叶频（$6f_n$）和两倍轴频（$2f_n$）组成，其中监测点 $P_3 \sim P_8$ 的涡量脉动主频为 $2f_n$，其他监测点涡量脉动主频为一倍叶频，监测点 P_{10} 的涡量脉动幅值很小。整体看来，涡量脉动幅值在低频脉动频率下幅值较高且成分也更加复杂。由监测点的位置及其涡量脉动主频可以推测出，监测点 $P_3 \sim P_8$ 的涡量演化主要是由蜗壳的结构及过流特性决定的，动静干涉对其演变频率影响相对较小；而对于小过流面积内蜗壳壁面的监测点 $P_0 \sim P_2$、第 8 截面附近的监测点 P_9 及蜗壳隔舌前缘的监测点 V_9 和 V_{10}，其涡量演化频率受动静干涉效应影响较大，这与图 3.35 中的现象一致。通过对比各监测点主频涡量的幅值可以看出，相比于蜗壳壁面附近的涡量脉动幅值，隔舌前缘的涡量脉动幅值要大得多且越靠近隔舌幅值越大。

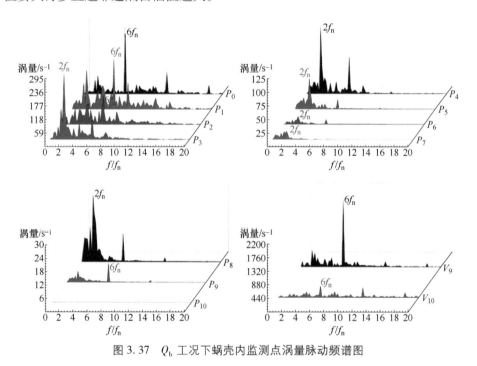

图 3.37　Q_b 工况下蜗壳内监测点涡量脉动频谱图

图 3.38 所示为 Q_b 工况下蜗壳内监测点压力脉动频谱图。整体看来，该工况下蜗壳内压力脉动主要受动静干涉影响，旋涡演化对该工况下蜗壳内压力脉动影响较小，各监测点的压力脉动主频均为 1 倍叶频。此外，主频谐波频率所对应的压力脉动振幅也较高。随着蜗壳内过流断面面积的增加，断面上的监测点压力脉动主频幅值逐渐降低，但第 3、7 断面上的监测点 P_2、P_6 位于低压力

脉动强度区域，因此压力脉动主频幅值较低。P_{10} 位于蜗壳进口的收缩段内，其压力基本不随叶轮转动而变化。因此，蜗壳-叶轮的动静干涉作用对于第 8 截面上游的压力脉动影响较小。蜗壳隔舌前缘附近的监测点 V_9 和 V_{10} 主频下压力脉动幅值较低且较为接近。

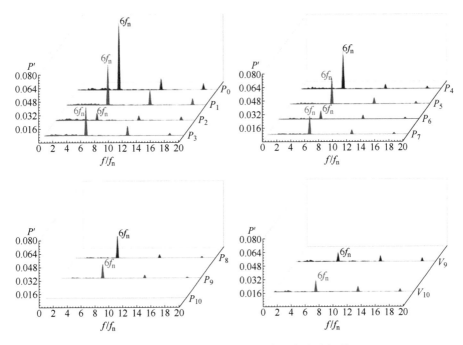

图 3.38　Q_b 工况下蜗壳内监测点压力脉动频谱图

图 3.39 所示为 $0.7Q_b$ 工况下蜗壳内监测点涡量脉动频域图，通过对比图 3.36 可以发现，随着流量降低，蜗壳内涡量脉动幅值也降低，但涡量脉动幅值最大的位置仍位于蜗壳隔舌前缘附近。与 Q_b 工况不同的是，蜗壳-叶轮的动静干涉效应对于蜗壳圆周方向上的涡量演化影响效应明显减弱，其原因可能是 $0.7Q_b$ 工况下蜗壳内流速降低且该流量值接近泵工况的高效点，因此，蜗壳圆周近壁面涡量的演化周期由流量及蜗壳几何结构共同决定。监测点 $P_0 \sim P_6$ 的主频为 $0.6f_n$，随着监测点靠近蜗壳进口，叶轮的旋转对其涡量的影响程度逐渐增加，从主频上反映出来的则是监测点 $P_7 \sim P_9$ 的主频逐渐接近 f_n。此外，监测点 P_0 位于蜗壳的小截面附近，但其涡量脉动幅值却较小，结合图 2.22 可以推测出，同一时刻下叶轮不同流道内的流动并不是相同的，且靠近蜗壳隔舌的叶轮流道进口处存在旋涡，堵塞了部分流道，降低了上游监测点 P_0 附近的速度，从而影响了该点涡量值。从蜗壳隔舌前缘附近涡量演化情况可以发现，其涡量脉动频率成分相比 Q_b

工况更加复杂，监测点 V_9 和 V_{10} 的涡量脉动主频分别为 $0.4f_n$ 和 $0.6f_n$。

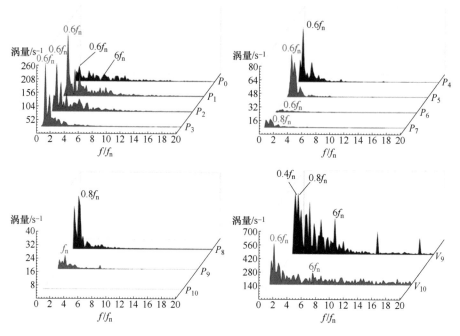

图 3.39　$0.7Q_b$ 工况下蜗壳内监测点涡量脉动频域图

　　图 3.40 所示为 $0.7Q_b$ 工况下蜗壳内监测点压力脉动频域图，通过与 Q_b 工况对比可以发现，随着流量降低，蜗壳内压力脉动幅值也降低，但压力脉动主频仍由蜗壳-叶轮动静干涉作用决定。从圆周方向上看，监测点处的蜗壳过流截面越小，压力脉动主频对应的幅值越高且频率成分越复杂，而且在涡量脉动主频（$0.6f_n$、$0.8f_n$）对应下的压力脉动幅值也较高，因此可以推测出，相比于 Q_b 工况，$0.7Q_b$ 工况下蜗壳局部涡量周期性演变对压力波动影响相对更大。隔舌前缘附近压力变化主要受动静干涉作用的影响，但旋涡脱落也会影响局部压力脉动特性。

　　图 3.41 所示为 $1.3Q_b$ 工况下蜗壳内监测点涡量脉动频域图，除监测点 P_6、P_7 外，圆周方向上涡量脉动主频均为 $6f_n$，因此该工况下动静干涉作用对蜗壳内涡量演化的影响更大。监测点 P_6、P_7 的涡量脉动主频为 $2.2f_n$，该频率可能与过流流量及蜗壳结构相关，这种现象在其他工况下也存在。对于蜗壳隔舌前缘监测点 V_9 和 V_{10}，其主频分别为 $2.2f_n$ 和 $8.4f_n$，相比于其他监测点，靠近隔舌前缘的监测点 V_9 低频段内的涡量脉动频率成分更复杂且幅值更高，此外，频率 $3.8f_n$ 及 $6f_n$ 对应的幅值也较高。由于监测点 V_{10} 更远离蜗壳隔舌前端，受到上游蜗壳收缩段和叶轮进口涡量演化的共同影响，其频率成分复杂且幅值也较

为接近。整体看来，蜗壳内的涡量脉动特性主要由叶轮-蜗壳动静干涉、来流条件及蜗壳结构等因素共同影响。

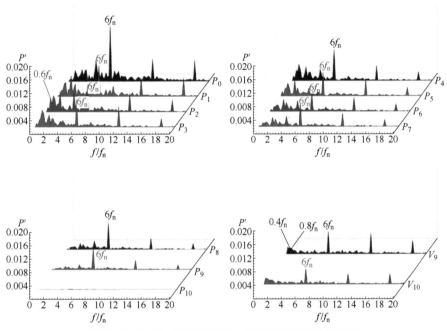

图 3.40　$0.7Q_b$ 工况下蜗壳内监测点压力脉动频域图

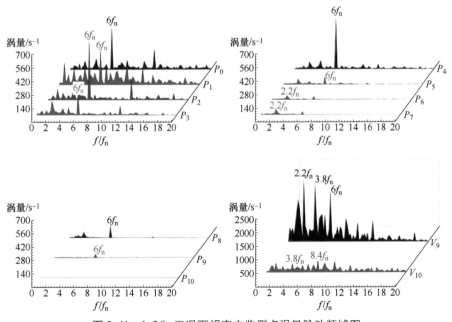

图 3.41　$1.3Q_b$ 工况下蜗壳内监测点涡量脉动频域图

图 3.42 所示为 $1.3Q_b$ 工况下蜗壳内不同监测点压力脉动频域图，相比于其他工况，该工况下主频对应的 P' 的明显增强。此外，动静干涉效应在蜗壳圆周方向上监测点的压力脉动特性起决定性作用，由涡量演化而引发的压力波动相对较小，其中位于小截面的监测点 P_0 的压力脉动幅值最高。相比于圆周方向，隔舌前缘附近的压力脉动会受到旋涡时空演化及动静干涉的共同作用，监测点 V_9 和 V_{10} 的压力脉动主频均为 $6f_n$，而且在频率为 $2.2f_n$ 和 $3.8f_n$ 下的压力脉动幅值也较高，其中频率 $6f_n$ 由动静干涉效应产生，而频率 $2.2f_n$ 及 $3.8f_n$ 则是监测点附近涡量的演变频率。

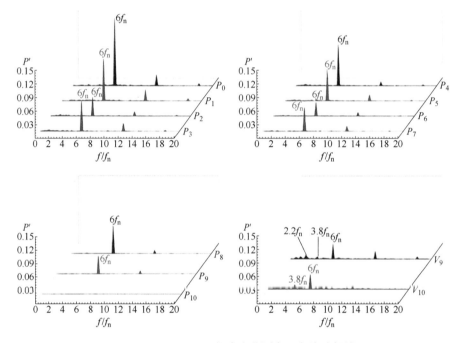

图 3.42 $1.3Q_b$ 工况下蜗壳内监测点压力脉动频域图

叶轮是液力透平中将流体动能转化为机械能的主要部件，通过前文分析可知，其内部流动状态非常复杂，由不稳定流动所引起的非稳态动力学特性不仅会传递到下游部件，而且对于包括连接叶轮的轴承、超越离合器或发电设备都影响很大。因此，有必要对于叶轮内部的涡量分布及演化、压力脉动等动态特性进行深入研究。

3.2.3   叶轮内涡量演化及压力脉动强度特性

图 3.43 所示为不同工况下 B_1 在 $0T$ 时刻叶栅 0.5 截面内涡量分布情况对

比，整体看来，涡量积聚的位置与局部拟涡能耗散峰值位置基本一致，$0.7Q_b$ 工况下涡量主要积聚于叶片尾缘、压力面的进口及吸力面的出口附近；叶栅平面内的涡量强度随流量增大而增加，Q_b 及 $1.3Q_b$ 工况下涡量峰值的分布位置基本一致，主要分布在吸力面的进口及叶片尾缘处。

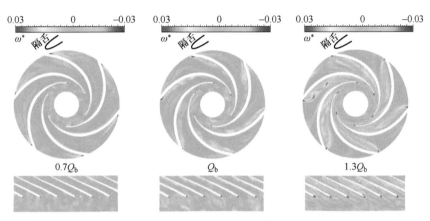

图 3.43　不同工况下 B_1 在 $0T$ 时刻叶栅 0.5 截面内涡量分布情况对比

旋涡是流体运动的肌腱[118]，下面以 Q_b 工况为例探究叶轮内旋涡的演变规律。Q_b 工况下不同时刻叶栅 0.5 截面内涡量总和的演变情况如图 3.44 所示。在叶轮一个旋转周期内，涡量总和呈现出两个完整的变化周期。由图 3.28 可知，吸力面旋涡演变频率约为 $2f_n$，而尾缘处旋涡脱落频率为 f_n，可以推断出：$0T\sim2/6T$ 时刻，涡量总和不断增加，对应于吸力面及尾缘处旋涡的不断初生及发展阶段，在 $2/6T\sim3/6T$ 时刻，涡量总和逐渐减小，对应于吸力面旋涡的脱落、耗散及尾缘处旋涡的继续发展过程，但涡量耗散速率要大于生长速率。由于存在尾缘处涡量的累积效应，第 2 个周期内的涡量值要大于第 1 个周期。

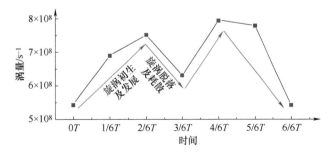

图 3.44　Q_b 工况下不同时刻叶栅 0.5 截面内涡量总和的演变情况

为进一步揭示吸力面旋涡时空演变规律，对叶栅 0.5 截面内吸力面处涡量的一个完整变化周期进行分析（见图3.45）。选取 FC_1 流道进行分析，在一个周期内，吸力面涡量经历了初生→发展→脱落的整个过程。在 1/12T 时刻，吸力面涡量分布不明显。当叶片转过 2/12T 周期后，α 涡出现在吸力面。经过一段时间的发展，在 4/12T 时刻 β 涡从 α 涡上脱落，并向下游发展。在 5/12T 时刻，另一个 δ 涡从 α 涡上脱落；随后在 6/12T 时刻，β 涡、δ 涡逐渐耗散在叶栅内，α 涡也将从叶片前缘吸力面脱落，从而进入下一个周期。此外，在叶片尾缘处的涡量在 1/2 个旋转周期内经历了初生→发展的过程，相比于吸力面的涡，叶片尾缘处的涡量强度更大且附着在尾缘表面。

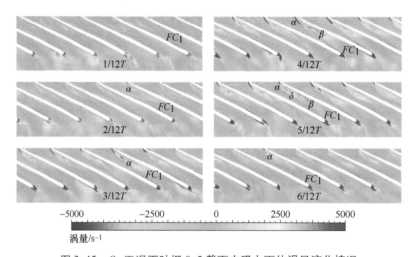

图 3.45　Q_b 工况下叶栅 0.5 截面内吸力面处涡量演化情况

采用涡量输运方程进一步探究 Q_b 工况下叶栅内涡量的形成及随时间的演化机理，由于在叶栅平面上只考虑 Z 方向涡量的影响，因此，Z 方向上的涡量输运方程可写成式（3.11）的形式。等式右边第 1 项为涡量的拉伸项，表示由于速度梯度变化引起的涡量变化；等式右边第 2 项为涡量的涨缩项，表示可压缩流体体积膨胀和收缩引起的涡量变化；等式右边第 3 项为科氏力项，表示旋转机械中由于科氏力引起的涡量变化；等式右边第 4 项为斜压矩项，表示非对称的压力和密度梯度引起的涡量变化；右边最后一项为黏度耗散项，表示黏度耗散引起的涡量变化。

$$\frac{\mathrm{d}\omega_z}{\mathrm{d}t} = \left[(\boldsymbol{\omega}\cdot\nabla)v\right]_z - \left[(\nabla\cdot v)\boldsymbol{\omega}\right]_z - 2\left[\nabla\times(\boldsymbol{\omega}\times\boldsymbol{v})\right]_z + \left(\frac{\nabla\rho\times\nabla P}{\rho^2}\right)_z + (v\nabla^2\omega)_z \quad (3.11)$$

式中，ω_z 是 z 方向上的相对涡量；v 是相对速度；ν 是运动黏度。

由于本书研究的流动介质为常温不可压缩水且不考虑空化的影响，因此式（3.11）的第 2 项和第 4 项为零。图 3.46a～c 所示分别为拉伸项、科氏力项和黏度耗散项随时间变化云图。拉伸项演变情况与图 3.45 中吸力面处涡量变化情况一致，说明该项对吸力面涡量影响较大，叶片尾缘的拉伸项在各时刻变化不明显。科氏力项与拉伸项在同一量级，而且在吸力面和叶片尾缘的变化情况也与叶栅内涡量的演化情况一致。黏性耗散项与其他两项相比不在同一量级，而且极值位于叶片壁面附近。通过涡量输运方程各项随时间的变化表明：叶栅内吸力面涡量的演化主要是由拉伸项和科氏力项主导，而尾缘附近涡量的演化主要受科氏力项的影响。黏性耗散项对于涡量变化影响很小可以忽略不计。

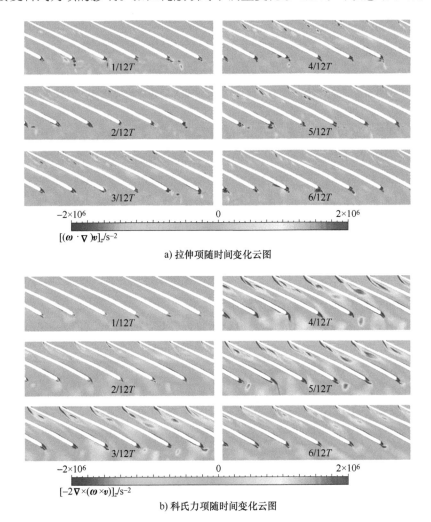

a) 拉伸项随时间变化云图

b) 科氏力项随时间变化云图

图 3.46　Q_b 工况下叶栅内涡量输运方程各项随时间变化情况

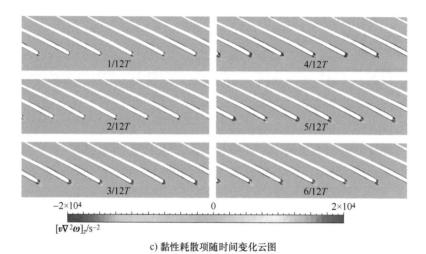

c) 黏性耗散项随时间变化云图

图 3.46 Q_b 工况下叶栅内涡量输运方程各项随时间变化情况（续）

图 3.47 所示为不同工况下叶栅 0.5 截面内压力脉动强度云图对比，整体看来，叶轮内的 C_p 随流量的增加而增加。$0.7Q_b$ 工况下该叶栅内 C_p 在叶片进口吸力面的前缘、部分压力面的前段及出口吸力面附近存在峰值，而在流道内的变化较为平缓。叶片出口吸力面附近的高 C_p 值是由局部旋涡周期性时空演化及回流引起的，而进口吸力面前缘的压力脉动可能是由入流冲击引起的。Q_b 及 $1.3Q_b$ 工况下高 C_p 区域主要位于吸力面的前、中部及与之对应的压力面处。此外，叶片尾缘处的涡量演化对局部 C_p 的影响相对较小。与其他工况相比，$1.3Q_b$ 工况下的 C_p 明显更高，而且不同流道内的 C_p 分布规律更加一致，说明该工况下不同流道内的过流流量值也更为接近，使得流动特征更为相似。

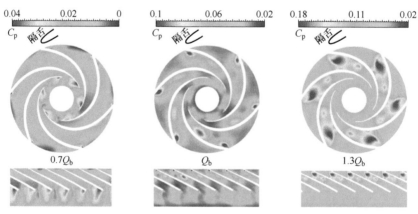

图 3.47   不同工况下叶栅 0.5 截面内压力脉动强度云图对比

3.2.4　叶轮内涡量与压力脉动特性关联性分析

为揭示叶栅流道内涡量的演化与压力脉动高振幅频率成分组成及两者之间的相互联系，对不同工况下叶轮流道内从进口到出口 7 个监测点（具体位置见图 2.9c）的涡量及压力脉动频域信号进行分析。

图 3.48 所示为 Q_b 工况下叶轮内不同监测点涡量与压力脉动频域对比，除了监测点 P_{27}、P_{32}、P_{33} 外，其他各点的涡量脉动主频均为 $2f_n$，这与该工况下吸力面旋涡演化频率一致。由于监测点 P_{27} 位于叶轮进口，其涡量直接受到上游蜗壳内脱落旋涡的影响，导致该位置的涡量脉动频率组成成分复杂，主频为 $6f_n$。而监测点 P_{32} 及 P_{33} 位于叶片尾缘下游，其涡量脉动频率主要受到尾缘处的旋涡演变特性影响，主频为 f_n。从涡量振幅看来，监测点 $P_{30} \sim P_{32}$ 的主频对应的振幅更大且具有更宽的频率带，表明由于叶轮流道面积渐缩而导致局部涡量脉动更剧烈。

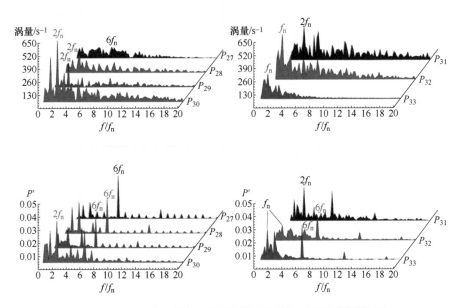

图 3.48　Q_b 工况下叶轮内不同监测点涡量与压力脉动频域对比

从不同位置监测点的压力脉动频谱图可以看出，除监测点 P_{30}、P_{31} 的主频为 $2f_n$ 外，其余各点的主频均为 $6f_n$。整体看来，叶轮内涡量演变会对局部压力脉动特性产生较大影响，具体表现在两方面：一方面是监测点 P_{30}、P_{31} 的压力脉动主频与涡量脉动主频一致，说明此处涡量演变加剧了局部的压力脉动；另一方面是对于其他监测点来说，其涡量脉动主频所对应的压力脉动振幅也较高。

图 3.49 所示为 $0.7Q_b$ 工况下叶轮内不同监测点涡量与压力脉动频域对比，可以看出，不同位置监测点的涡量脉动主频不同，流道中部的主频为 $2f_n$，叶轮喉部及其下游监测点的涡量脉动主频低于 f_n。此外，相比于 Q_b 工况，$0.7Q_b$ 工况下叶轮流道尾部的涡量脉动幅值明显增强，其中监测点 P_{32} 涡量脉动主频对应的幅值最高，其原因可能在于该点位于叶轮尾缘下游，来自叶片尾缘及腔体回流至吸力面引起的旋涡在该点附近汇集，从而导致该点附近的涡量脉动主频成分复杂且幅值较大。

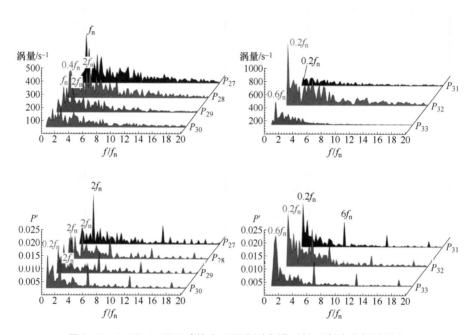

图 3.49　$0.7Q_b$ 工况下叶轮内不同监测点涡量与压力脉动频域对比

从压力脉动情况看来，该工况下动静干涉效应对叶轮内的压力脉动影响减弱，流道前中部监测点（$P_{27} \sim P_{29}$）的压力脉动主频为 $2f_n$，监测点 $P_{30} \sim P_{32}$ 的主频为 $0.2f_n$。通过与 Q_b 工况下压力脉动特性对比可以发现，随着流量降低，叶轮流道内的压力脉动主频对应的幅值也降低。此外，由于 $0.7Q_b$ 工况下叶轮流道内同一监测点涡量与压力脉动的主频具有较高的一致性，因此可以推测出该工况下叶轮内的旋涡演变对压力脉动特性影响较大。

图 3.50 所示为 $1.3Q_b$ 工况下叶轮内不同监测点涡量与压力脉动频域对比，

可以发现，叶轮内监测点的涡量脉动主频所对应的振幅随流量增大而增加，但主频分布与其他工况并不一致，随监测点远离叶轮进口，其涡量脉动主频由 f_n 增加到 $3f_n$，由于监测点 P_{29} 与吸力面大尺度旋涡涡核的位置接近，使得该点的涡量脉动振幅明显增加。

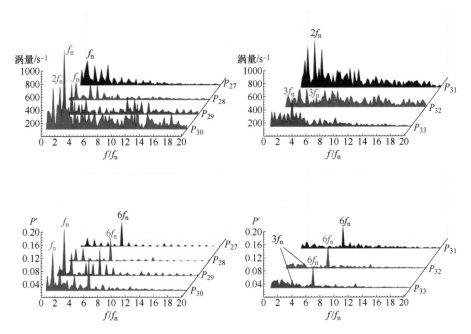

图 3.50　$1.3Q_b$ 工况下叶轮内不同监测点涡量与压力脉动频域对比

从不同监测点的压力脉动频域对比可以看出，该工况下叶轮内的压力脉动主要受叶轮-蜗壳动静干涉的影响，除监测点 P_{29}、P_{30} 外，其余监测点的压力脉动主频均为 $6f_n$，结合涡量及压力脉动频域图可以发现，叶轮内大尺度旋涡附近的涡量脉动会主导局部的压力波动。此外，在叶轮流道尾部监测点 P_{32}、P_{33} 处的涡量演化也会影响其压力脉动特性。

3.2.5　不同工况下出口管内旋涡时空演变特性

出口管作为液力透平的出流部件，其内部流动稳定性不仅会影响液力透平自身的运行稳定性而且还会影响下游设备的运行安全，因此，有必要对其在有效运行流量范围工况下的内部旋涡结构及压力脉动特性进行深入分析。

图 3.51 所示为 $0.7Q_b$ 工况下出口管内旋涡形态及部分截面静压演变情况，采用 Q 准则对出口管内的旋涡分布情况进行提取，Q 值为 $986136\mathrm{s}^{-2}$。可以发

现，该工况下出口管内旋涡分布在进口附近且旋涡尺度较小，出口管轴心处的旋涡呈现为多条扭曲状，壁面处的旋涡由前腔高压射流所致，随着叶轮旋转，旋涡形态未发生明显变化，但轴心处的涡绳的运动方向与叶轮的转动方向一致。从轴向不同位置截面的静压分布及变化规律可以看出，涡核分布位置与截面内低压区域对应。随着截面远离叶轮出口，由于该工况下出口管内流体具有较强的圆周方向速度，使得低压区仅存在于轴心附近。S_1 截面外缘存在来自于上游前腔的高压射流，在其圆周方向存在 6 个高压区，但对于 S_2 及 S_3 截面，轴心处低压区的存在会提高局部压力梯度形成强度更小的旋涡。

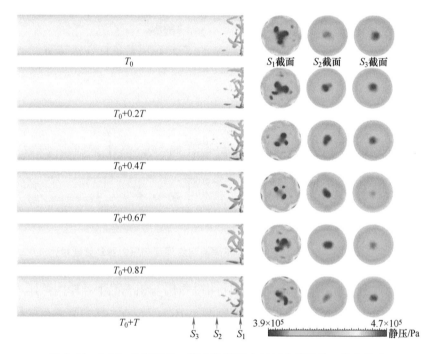

图 3.51　$0.7Q_b$ 工况下出口管内旋涡形态及部分截面静压演变情况

图 3.52 所示为 $1.3Q_b$ 工况下出口管内旋涡形态及部分截面静压演变情况，其中 Q 值与 $0.7Q_b$ 工况相同。从旋涡演变情况可以看出，$1.3Q_b$ 工况下出口管内旋涡主要分布位置与 $0.7Q_b$ 工况基本一致但旋涡尺度更大。旋涡主要由两部分组成，第 1 部分旋涡位置在与前腔相交的近壁面下游，其形成原因是前腔间隙射流所致；第 2 部分旋涡位于出口管轴线方向，其形成原因与 Q_b 工况下叶轮出口存在与圆周速度方向相反的旋转分量有关。从旋涡形态上看，第 2 部分旋涡虽然位于出口管的轴心位置，但是呈现出明显的螺旋状，涡绳长度也会随叶

轮转动呈周期性变化。此外，在其尾部明显可以看出是由两条螺旋状旋涡扭曲形成。从旋涡所含能量看来，第 2 部分旋涡所蕴含的能量更大，表现为第 1 部分旋涡在 S_2 截面之前已基本耗散。从不同时刻下出口管内不同截面的静压分布可以看出，S_1 截面与旋涡对应位置有多个低压区域，随着截面远离出口管进口，旋涡及前腔射流对截面内的压力影响减弱，压力分布也更为均匀。

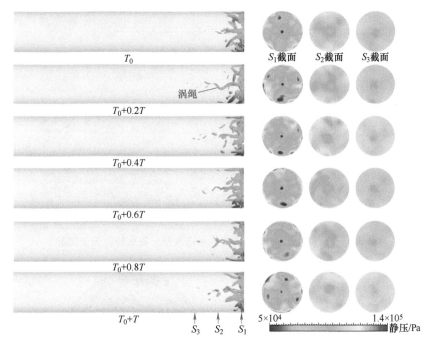

图 3.52　1.3Q_b 工况下出口管内旋涡形态及部分截面静压演变情况

图 3.53 所示为 Q_b 工况下出口管内旋涡形态及部分截面静压演变情况。相同 Q 值衡量标准下，出口管内的旋涡分布位置与其他工况一致，但出口管轴心位置未出现明显涡绳结构。随着叶轮旋转，出口管内旋涡形态变化不明显。从不同位置截面静压云图可以看出，S_1 截面轴心处不存在低压区域，低压区域主要分布在该截面靠近壁面附近。S_1 截面内的低压区域个数也随着叶轮转动减少，对应于旋涡的耗散过程。此外，除 S_1 截面外，其他截面内低压区域分布不明显，说明该工况下出口管内的旋涡所蕴含的能量较小，以至于不足以传递到其他截面上。

为进一步揭示 Q_b 工况下出口管不同轴向位置截面内的旋涡分布及组成情况，对其流线分布情况进行对比（见图 3.54），无量纲速度 v^* 的定义见

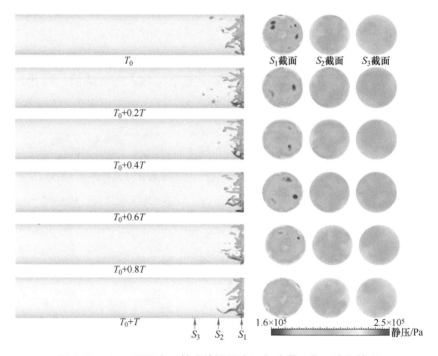

图 3.53　Q_b 工况下出口管内旋涡形态及部分截面静压演变情况

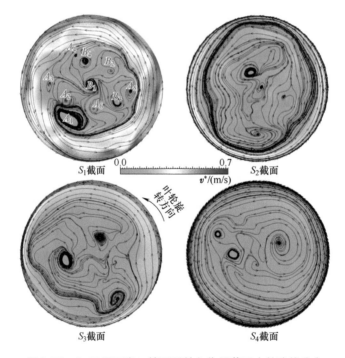

图 3.54　Q_b 工况下出口管不同轴向位置截面内的流线分布

式（3.12）。从图中可以看出，前腔射流对于 S_1 截面内的流动影响最大，随着截面远离出口管进口，速度分布变得更均匀。S_1 截面内分布着尺度不一的旋涡，按流线方向可以分成两类，第 1 类为旋涡 A，其流线从旋涡中心向外发展，其中大尺度旋涡 A_1 最为明显，该旋涡流线方向与叶轮旋转方向一致，其形成主要是由于 Q_b 工况下叶轮出口流动具有与旋转方向相同的圆周速度分量；此外，在 S_1 截面上分布有 6 个此类旋涡，其数量与叶片数一致，其形成可能是由于上游叶轮的叶道涡或尾缘涡发展至下游产生，其中一个旋涡与大尺度旋涡 A_1 的位置重合，其余 5 个旋涡分布在圆周方向不同位置且旋涡尺度不同，起始于这 6 个涡核的流线汇聚于截面中心，形成第 2 类旋涡 B，即旋涡 B_1，此类旋涡流线从外向旋涡中心发展，此类旋涡涡核通常位于第 1 类旋涡流线的终结点附近，如旋涡 B_1、B_2、B_3、B_4。此外，结合速度分布及旋涡位置可以发现，旋涡主要集中在截面的局部低速区。随着截面远离出口管进口，其内部旋涡数逐渐减少，小尺度旋涡逐渐融入大尺度旋涡或趋于耗散。

$$v^* = v/u_1 \tag{3.12}$$

式中，u_1 是叶轮进口的圆周速度。

3.2.6 出口管内涡量与压力脉动特性关联性分析

图 3.55 所示为 Q_b 工况下出口管内不同位置监测点涡量脉动频域图，可以看出，S_1 截面内 4 个监测点的涡量脉动主频均为 $6f_n$ 且具有较宽的频率带，由于圆周方向上监测点均位于壁面附近，因此其涡量脉动是由前腔射流产生。随着监测点远离出口管入口，其主频分布无明显规律且主频对应的涡量幅值和频率带宽度也逐渐减小。总体看来，出口管内不同截面上监测点涡量脉动主频主要包括 $6f_n$、f_n、$0.8f_n$、$0.6f_n$、$0.4f_n$ 5 种频率，其中 $6f_n$ 与叶轮-蜗壳动静干涉效应引起的频率相同，f_n 与叶片尾缘旋涡脱落频率相关，$0.8f_n$、$0.6f_n$、$0.4f_n$ 可能与出口管内自身的旋涡演变频率有关。随着截面远离出口管入口，动静干涉效应对于出口管内涡量演化的影响作用逐渐减小。

图 3.56 所示为 Q_b 工况下出口管内不同位置监测点压力脉动频域图，相比涡量脉动主频，不同位置监测点的压力脉动主频分布更为一致且均为 $6f_n$，说明动静干涉是导致出口管内压力脉动的主要原因。此外，不同监测点的压力脉动主频对应的振幅基本相同，各监测点压力在低频区域存在较宽的频率带，出口管内旋涡脱落会提高局部压力脉动幅值，表现为频率 $0.4f_n$ 和 $0.6f_n$ 对应的压力脉动幅值也较高。

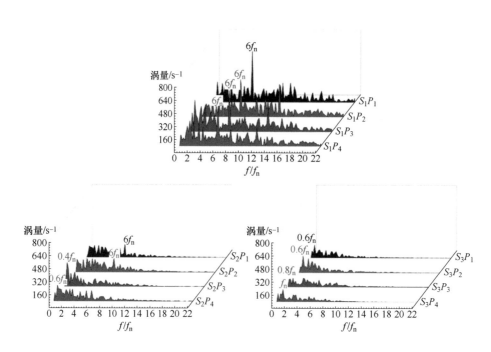

图 3.55 Q_b 工况下出口管内不同位置监测点涡量脉动频域图

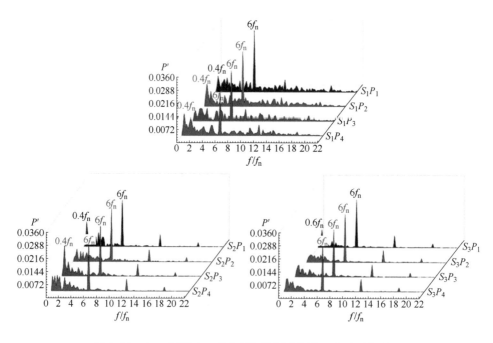

图 3.56 Q_b 工况下出口管内不同位置监测点压力脉动频域图

图 3.57 所示为 $0.7Q_b$ 工况下出口管内监测点涡量脉动频域图，在 S_1 截面内，圆周方向的涡量脉动主频为一倍叶频，其形成原因与该界面处前腔间隙射流引起的旋涡演变有关，蜗壳与叶轮的动静干涉效应对这部分旋涡演化频率起主导作用。此外，在 $0.2f_n$ 频率下该截面内的涡量脉动幅值也明显更高，这与上游叶轮流道喉部附近形成的旋涡有关。对于 S_2 截面，由于前腔间隙射流引起的旋涡趋于耗散，该截面下叶频对应的涡量脉动幅值急剧下降，但圆周方向上涡量脉动主频分布具有一致性且均为 $0.6f_n$，该频率与叶轮出口附近的涡量脉动主频一致。截面 S_3 圆周方向上监测点涡量脉动主频成分变得多样，其中 S_3P_2 及 S_3P_4 的主频为 $0.4f_n$，S_3P_1 及 S_3P_3 的主频分别为 $2f_n$ 及 f_n。但整体看来，该截面圆周方向上涡量脉动强度已明显降低且高脉动频率主要分布在低频段内。

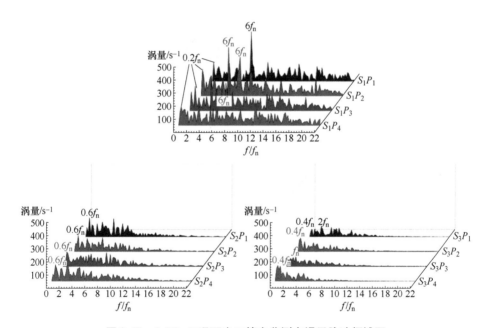

图 3.57　$0.7Q_b$ 工况下出口管内监测点涡量脉动频域图

图 3.58 所示为 $0.7Q_b$ 工况下出口管内监测点压力脉动频域图，随着流量降低，出口管内的压力脉动幅值也降低，但主频保持不变。对于 S_1 截面，除主频外，上游叶道涡的脱落频率 $0.2f_n$ 对应的压力脉动幅值较高；对于 S_2 截面，其圆周方向上压力脉动主频分布规律与 S_1 截面相同但整体幅值有所下降；S_3 截面圆周方向上压力脉动在频率 $0.4f_n$ 对应的压力脉动幅值也较高，该频率与管内中心处的低强度旋涡演变率接近，而来自于上游的叶道涡演变频率 $0.2f_n$ 也对该

截面内的压力脉动特性影响较大。

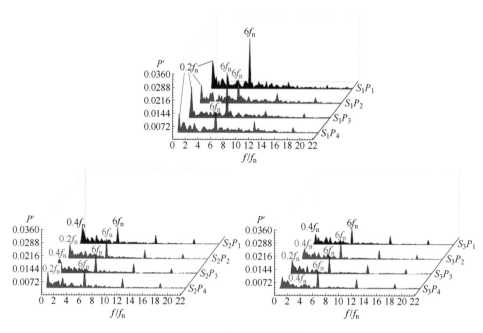

图 3.58　$0.7Q_b$ 工况下出口管内监测点压力脉动频域图

图 3.59 所示为 $1.3Q_b$ 工况下出口管内监测点涡量脉动频域图，与 Q_b 工况

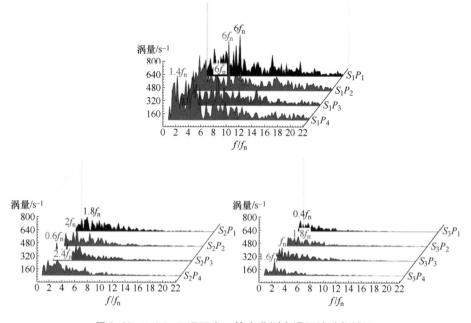

图 3.59　$1.3Q_b$ 工况下出口管内监测点涡量脉动频域图

相似，S_1 截面内涡量脉动受上游动静干涉效应的影响最大，除监测点 S_1P_4 外涡量脉动主频均为叶频。随着监测点远离出口管进口，其涡量脉动主频及其对应的振幅也降低，但与其他工况相比，该工况下同一截面内的监测点涡量脉动主频分布无明显规律，但主频均低于一倍叶频。

图 3.60 所示为 $1.3Q_b$ 工况下出口管内监测点压力脉动频域图，与 Q_b 工况相似，出口管内的压力脉动主要受动静干涉效应影响，不同截面内监测点的压力脉动主频均为 $6f_n$，其中最大压力脉动幅值约为 Q_b 工况的 2.2 倍。随着监测点远离出口管进口，其主频对应的压力脉动幅值下降不明显且基本不随监测点位置的变化而变化。与 $0.7Q_b$ 工况相比，出口管内由旋涡演化所引起的压力波动幅值明显降低，S_1 截面压力脉动频率受旋涡演化影响较大，表现为监测点 S_1P_4 在其涡量脉动主频 $1.4f_n$ 下压力脉动幅值较大。

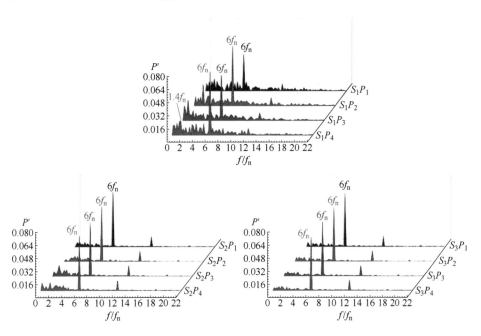

图 3.60　$1.3Q_b$ 工况下出口管内监测点压力脉动频域图

第4章 单级液力透平典型工况下的能量回收特性

在工程应用中，如何根据应用场合的实际情况选取合适的离心泵反转作为液力透平一直是工程中的技术难点之一。一般来说，由于生产厂家仅提供离心泵在泵工况下的水力特性，为此，近年来许多研究者从理论、试验、数值模拟、人工智能预测等多方面对液力透平的能量回收性能预测进行了大量研究。众所周知，叶轮及蜗壳作为液力透平能量回收的主要部件，两者的匹配关系对于其性能具有决定性作用。本章首先从理论的角度出发，推导了泵及液力透平工况下蜗壳及叶轮的特性曲线，进而计算出液力透平工况下的理论高效点；随后对比了不同方法对于液力透平高效点随转速变化的预测准确性；最后，通过二次回归方程对液力透平的全工况特性随流量的变化进行无量纲数学表达。

4.1 单级液力透平能量回收特性的理论预测

4.1.1 蜗壳-叶轮特性匹配理论

1. 泵工况下的高效点理论预测

图4.1所示为蜗壳及叶轮的主要参数示意图，Worster[119]基于自由旋涡理论及叶轮的基本方程推导出蜗壳、叶轮的无量纲特性方程

$$\psi_p = \eta_{ph} 2B\varphi_p \big/ \eta_{lp} D_1 \ln\left(1 + \frac{2B}{D_1}\right) \tag{4.1}$$

$$\psi_p = \eta_{ph}\left(\sigma_{p1} - \frac{B^2\varphi_p}{\eta_{lp}\pi D_1 b_1 \xi_{p1}\tan\beta_1}\right) \tag{4.2}$$

式中，B 是蜗壳喉部宽度，ψ_p、φ_p、η_{ph} 分别是泵工况下的扬程系数、流量系数及水力效率，$\psi_p = H_p g / u_1^2$、$\varphi_p = Q_p / B^2 u_1$（其中 H_p、Q_p、u_1 分别是泵工况下的实际扬程、流量及叶轮出口的圆周速度）；η_{lp} 是泵工况下的容积效率，$\eta_{lp} = 1/0.68 n_{sp}^{-2/3}$（其中 n_{sp} 是泵工况下的比转速）；D_1 是叶片进口直径；ξ_{p1} 是泵工况下叶片出口的排挤系数，$\xi_{p1} = 1 - Z_1 \delta_1 \sqrt{1 + (\cot\beta_1 / \sin\lambda_1)^2} / \pi D_1$（其中 Z_1 是进口叶片数，δ_1 是叶片进口厚度，λ_1 是前缘中线与轴线夹角）；σ_{p1} 是泵工况下的出口滑移系数，$\sigma_{p1} = 1 / \left[1 + \dfrac{1.5}{Z_1} \left(1 + \dfrac{\beta_1}{60} \right) \left(\dfrac{4D_1^2}{4D_1^2 - D_2^2} \right) \right]$（其中 D_2 是叶片进口直径）；b_1 是叶片进口宽度；β_1 是叶片进口角。

联合式（4.1）和式（4.2）可求得泵工况下高效点的扬程系数及流量系数

$$\psi_p = \eta_{ph} \sigma_{p1} \bigg/ \left[1 + B\ln\left(1 + \frac{2B}{D_1} \right) \bigg/ 2\pi b_1 \xi_{p1} \tan\beta_1 \right] \tag{4.3}$$

$$\varphi_p = \sigma_{p1} \bigg/ \left[\frac{2B}{\eta_{lp} D_1 \ln(1 + 2B/D_1)} + \frac{B^2}{\eta_{lp} \pi D_1 b_1 \xi_{p1} \tan\beta_1} \right] \tag{4.4}$$

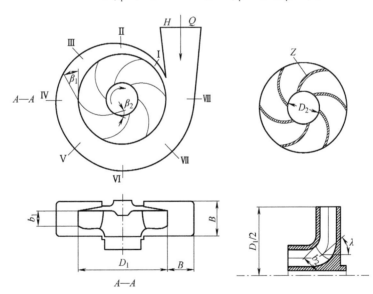

图 4.1　蜗壳及叶轮的主要参数示意图

2. 液力透平的高效点理论预测

液力透平工况下蜗壳及叶轮的特性方程与泵工况不完全一致，但由于两种工况下的工作原理是相反的，因此，本书借鉴泵工况下蜗壳及叶轮特性方程的推导方法，对液力透平工况下的蜗壳及叶轮的特性方程进行推导。

根据自由旋涡理论，液力透平在高效点工况下蜗壳喉部内的流动平稳，喉部内速度随半径的变化规律为

$$c_u = c_{u1} r_1 / r \tag{4.5}$$

式中，c_{u1}是液力透平工况下叶轮进口速度的圆周分量；r_1是叶轮进口半径；r是蜗壳喉部不同位置处的半径。

假设蜗壳喉部形状为正方形，其面积为B^2，则喉部内的平均速度v_t为

$$v_t = \frac{1}{B} \int_{r_1}^{r_1+B} c_u \, dr \tag{4.6}$$

$$\frac{v_t}{c_{u1}} = \ln\left(1 + \frac{2B}{D_1}\right) \Big/ \frac{2B}{D_1} \tag{4.7}$$

假定在液力透平高效点工况下，叶轮出口速度不存在圆周分量[80]，此时叶轮的基本方程为

$$\eta_{th} H_t g = u_1 c_{u1} \tag{4.8}$$

式中，η_{th}、H_t分别是液力透平高效点的水力效率和实际扬程。

联合式（4.7）和式（4.8）可得液力透平工况下蜗壳的无量纲特性方程

$$\psi_t = \frac{\eta_{lt}}{\eta_{th}} \frac{2B}{\ln(1+2B/D_1)} \varphi_t \tag{4.9}$$

式中，ψ_t、φ_t分别是液力透平工况下的扬程系数、流量系数，$\psi_t = H_t g / u_1^2$，$\varphi_t = Q_t / B^2 u_1$（其中$H_t$、$Q_t$、$u_1$分别是液力透平工况下的实际扬程、流量和叶轮进口圆周速度）；η_{lt}是液力透平工况下的容积效率，$\eta_{lt} = 1/0.68 n_{st}^{-2/3}$，（其中$n_{st} = 0.95 n_{sp} \eta_p^{0.5}$，$\eta_p$是泵工况下叶轮的水力效率）。

液力透平工况下叶片进、出口处的速度三角形如图4.2所示。由速度三角形及考虑有限叶片数引发的速度滑移效应，叶片进、出口速度的圆周分量c_u为

$$c_u = \sigma_s u - c_m \cot\beta \tag{4.10}$$

式中，c_m和σ_s分别是速度的轴面分量及滑移系数。

液力透平工况下，叶轮的基本方程为

$$\eta_{th} H_t g = u_1 c_{u1} - u_2 c_{u2} \tag{4.11}$$

联合式（4.10）和式（4.11）可得液力透平工况下叶轮的无量纲特性方程

$$\psi_t = \frac{\sigma_{st1}}{\eta_{th}} - \frac{\sigma_{st2}}{\eta_{th}} \left(\frac{D_2}{D_1}\right)^2 + \frac{\eta_{lt} B^2 (\cot\beta_1 b_1 \xi_{t1} - \cot\beta_1 b_2 \xi_{t2})}{\eta_{th} \pi b_1 \xi_{t1} b_2 \xi_{t2} D_1} \varphi_t \tag{4.12}$$

式中，σ_{st1}、σ_{st2}分别是液力透平工况下叶片进、出口的滑移系数；ξ_{t1}、ξ_{t2}分别

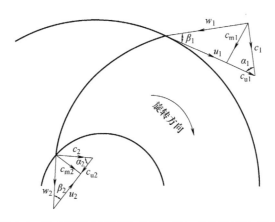

图 4.2 液力透平工况下叶片进、出口处的速度三角形

是液力透平工况下叶片进、出口的排挤系数，$\xi_{t1} = \xi_{p1}$，$\xi_{t2} = 1 - Z_2 \delta_2$ $\sqrt{1+(\cot\beta_2/\sin\lambda_2)^2}/\pi D_2$，（其中，$Z_2$ 是出口叶片数，δ_2 是叶片出口厚度，λ_2 是尾缘中线与轴线夹角）。

由于液力透平在高效点处的流量会大于泵的设计流量，通常在液力透平工况下不考虑速度滑移现象[46]，即 $\sigma_{st1} = \sigma_{st2} = 1$。此外，在液力透平工况下，叶轮的扬程与流量成正比，为使得式（4.12）中右式第 3 项恒大于 0，则式（4.12）可写成

$$\psi_t = \frac{1}{\eta_{th}} - \frac{1}{\eta_{th}}\left(\frac{D_2}{D_1}\right)^2 + \frac{\eta_{lt}B^2 \left| \cot\beta_2 b_1 \xi_{t1} - \cot\beta_1 b_2 \xi_{t2} \right|}{\eta_{th}\pi b_1 \xi_{t1} b_2 \xi_{t2} D_1}\varphi_t \tag{4.13}$$

联合式（4.9）及式（4.13），可得到液力透平工况下的扬程及流量系数

$$\psi_t = \frac{1}{\eta_{th}}\frac{2\pi b_1 \xi_{t1} b_2 \xi_{t2}\left[1-(D_2/D_1)^2\right]}{2\pi b_1 \xi_{t1} b_2 \xi_{t2} - B\ln(1+2B/D_1)\left|\cot\beta_2 b_1 \xi_{t1} - \cot\beta_1 b_2 \xi_{t2}\right|} \tag{4.14}$$

$$\varphi_t = \frac{\ln(1+2B/D_1)\left[1-(D_2/D_1)^2\right]}{\dfrac{2\eta_{lt}B}{D_1} - \dfrac{\eta_{lt}B^2\left|\cot\beta_2 b_1 \xi_{t1} - \cot\beta_1 b_2 \xi_{t2}\right|}{\pi b_1 \xi_{t1} b_2 \xi_{t2} D_1}\ln\left(1+\dfrac{2B}{D_1}\right)} \tag{4.15}$$

对比式（4.1）与式（4.9）可以看出，无论是泵工况还是液力透平工况，蜗壳扬程均与流量成正比关系。但是，由于 η_{ph} 和 η_{th} 均小于 1，而 η_{lt} 和 η_{lp} 相比相差不大且均大于 0.95，因此液力透平工况下的蜗壳特性方程斜率大于泵工况下的蜗壳特性方程。此外，液力透平工况下的叶轮特性方程相较于泵工况下叶轮特性方程的结构更为复杂，液力透平工况下叶轮扬程与流量成正比，泵工况下叶轮扬程与流量成反比。两种工况下蜗壳、叶轮的特性曲线如图 4.3 所示，

点 A 和点 B 分别为泵工况和液力透平工况下蜗壳的理论高效点，可以看出，液力透平工况下蜗壳理论高效点处的理论流量和扬程均大于泵工况。

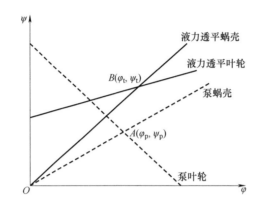

图 4.3　泵工况和液力透平工况下蜗壳、叶轮的特性曲线

4.1.2　额定转速工况下的液力透平高效点预测

离心泵反转作液力透平时其扬程换算因子 h 和流量换算因子 q 定义如下

$$h = \frac{H_{tb}}{H_{pb}} \tag{4.16}$$

$$q = \frac{Q_{tb}}{Q_{pb}} \tag{4.17}$$

式中，下角 tb 和 pb 分别表示液力透平工况和泵工况的高效点，Q 和 H 分别表示流量及扬程。

本书研究的液力透平主要几何及运行参数见表 4.1，基于蜗壳-叶轮匹配理论对 h 和 q 进行预测。通过式（4.3）和式（4.4）对泵额定转速高效点处的理论扬程系数和流量系数进行预测得到 A（0.457，0.4912），换算可得泵额定转速高效点的流量和扬程分别为 52.717m³/h 和 32.973m。采用式（4.14）和式（4.15）对液力透平额定转速高效点处的理论流量系数和扬程系数进行预测得到 B（0.6495，0.8626），换算可得液力透平额定转速高效点的流量和扬程分别为 74.999m³/h 和 57.901m。由此可以得出本书研究的液力透平的扬程换算因子 h 和流量换算因子 q 分别为 1.756 和 1.423。由第 2 章的试验结果可知，液力透平在额定转速高效点的流量和扬程分别为 78.3m³/h 和 55.1m，对应的扬程换算因子 h 和流量换算因子 q 分别为 1.72 和 1.57。通过计算可得出基于蜗壳-叶轮特性匹配理论对液力透平工况高效点下流量和扬程的预测误差分别为 -4.2% 和

5.1%。此外，基于蜗壳-叶轮特性匹配理论对泵工况高效点处流量和扬程的预测误差分别为 5.4% 和 3.1%。

表 4.1　液力透平主要几何及运行参数

名称	符号	值	名称	符号	值
叶片进口直径/mm	D_1	169	叶片出口角/(°)	β_2	25
叶片出口直径/mm	D_2	86	进口叶片数/个	Z_1	6
叶片进口宽度/mm	b_1	14	出口叶片数/个	Z_2	6
叶片出口宽度/mm	b_2	20	蜗壳喉部面积/mm²	F	1250
前缘中线与轴线夹角/(°)	λ_1	90	设计转速/(r/min)	n	2900
尾缘中线与轴线夹角/(°)	λ_2	75	泵工况下叶轮的水力效率（%）	η_p	87%
叶片进口厚度/mm	δ_1	3.5	泵设计工况比转速	n_s	92.7
叶片出口厚度/mm	δ_2	3	泵设计工况扬程/m	H_p	32
叶片进口角/(°)	β_1	30	泵设计工况流量/(m³/h)	Q_p	50

图 4.4 所示为不同预测方法对于该液力透平的 h 和 q 预测精度对比。通过对比结果可知，本书提出的方法和 Liu 等[50] 对于该透平 h 和 q 的预测结果落在可接受范围 ±10% 以内，此外，Huang 等[47] 和文献［40］中 Schmiedl 等的方法也具有较高的预测精度。相比之下，其余方法对该液力透平的性能预测精度相对较低。

$$\Delta = \sqrt{(\Delta q)^2 + (\Delta h)^2} \Big/ \sqrt{q_t^2 + h_t^2} \times 100\% \tag{4.18}$$

式中，Δq、Δh 分别是流量换算因子和扬程换算因子的预测结果与试验差值，q_t、h_t 分别是流量换算因子和扬程换算因子的试验结果。

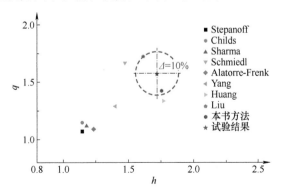

图 4.4　不同预测方法对该液力透平的 h 和 q 的预测精度对比

4.1.3　变转速工况下的液力透平高效点预测

为验证本书提出的方法对于预测变转速工况下液力透平高效点性能的适用性，采用式（4.14）和式（4.15）对不同转速下液力透平高效点处的流量及扬程进行理论计算，结果见表 4.2。随着转速降低，液力透平高效点的理论流量及扬程也降低。

表 4.2　变转速工况下液力透平高效点的理论流量及扬程预测结果

转速/（r/min）	流量/（m³/h）	扬程/m
2400	62.358	39.656
1900	49.693	24.854
1400	36.992	13.494
900	24.231	5.577

在工程应用中，通常采用相似准则预测泵或液力透平在不同转速工况下高效点的性能[103]，相似准则计算公式见式（4.19）~式（4.22）。以 2.3 节中试验得到的额定转速高效点对应的扬程及流量为基准，采用相似准则对变转速工况液力高效点下的扬程、流量、功率进行预测，预测结果见表 4.3。可以看出，随着转速降低，液力透平高效点下的预测流量、扬程、回收功率及效率也降低。

表 4.3　相似准则对液力透平变转速高效点性能预测结果

转速/（r/min）	流量/（m³/h）	扬程/m	回收功率/kW	效率（%）
2400	62.75	38.97	5.03	70.98
1900	47.74	25.41	2.60	68.22
1400	33.40	14.53	1.10	64.76
900	19.92	6.47	0.31	60.08

$$\frac{Q_{\mathrm{B}}^{\mathrm{II}}}{Q_{\mathrm{B}}^{\mathrm{I}}}=\left(\frac{D^{\mathrm{II}}}{D^{\mathrm{I}}}\right)^{3}\frac{n_{\mathrm{B}}^{\mathrm{II}}}{n_{\mathrm{B}}^{\mathrm{I}}}\frac{\eta_{\mathrm{B}}^{\mathrm{II}}}{\eta_{\mathrm{B}}^{\mathrm{I}}} \tag{4.19}$$

$$\frac{H_{\mathrm{B}}^{\mathrm{II}}}{H_{\mathrm{B}}^{\mathrm{I}}}=\left(\frac{D^{\mathrm{II}}}{D^{\mathrm{I}}}\right)^{2}\left(\frac{n_{\mathrm{B}}^{\mathrm{II}}}{n_{\mathrm{B}}^{\mathrm{I}}}\right)^{2}\frac{\eta_{\mathrm{B}}^{\mathrm{II}}}{\eta_{\mathrm{B}}^{\mathrm{I}}} \tag{4.20}$$

$$\frac{\eta_{\mathrm{B}}^{\mathrm{II}}}{\eta_{\mathrm{B}}^{\mathrm{I}}}=\frac{100}{\eta_{\mathrm{B}}^{\mathrm{I}}+\left(100-\eta_{\mathrm{B}}^{\mathrm{I}}\right)\left(\eta_{\mathrm{B}}^{\mathrm{I}}/\eta_{\mathrm{B}}^{\mathrm{II}}\right)^{0.17}} \tag{4.21}$$

$$\frac{P_{\mathrm{B}}^{\mathrm{II}}}{P_{\mathrm{B}}^{\mathrm{I}}}=\left(\frac{D^{\mathrm{II}}}{D^{\mathrm{I}}}\right)^5\left(\frac{n_{\mathrm{B}}^{\mathrm{II}}}{n_{\mathrm{B}}^{\mathrm{I}}}\right)^3\frac{\eta_{\mathrm{B}}^{\mathrm{I}}}{\eta_{\mathrm{B}}^{\mathrm{II}}} \tag{4.22}$$

式中，Q、H、P、η 分别表示流量、扬程、回收功率及效率；D、n 分别表示叶轮外径和转速；下角标 B 表示 Q_{b} 工况；上角标 I 、II 分别表示额定转速工况及变转速工况。

在第 1 章介绍中，Fecarotta 等[67]基于 20 组不同转速液力透平试验结果对相似准则进行修正，拟合出不同转速下流量、扬程、回收功率及效率的预测公式，见式（4.23）~式（4.26）。统计方法对液力透平变转速高效点性能预测结果见表 4.4。可以看出，随着转速降低，统计预测方法对于液力透平高效点的流量、扬程、回收功率及效率的预测结果变化规律与相似准则一致。

$$\frac{\eta_{\mathrm{B}}^{\mathrm{II}}}{\eta_{\mathrm{B}}^{\mathrm{I}}}=-0.317\left(\frac{n_{\mathrm{B}}^{\mathrm{II}}}{n_{\mathrm{B}}^{\mathrm{I}}}\right)^2+0.587\frac{n_{\mathrm{B}}^{\mathrm{II}}}{n_{\mathrm{B}}^{\mathrm{I}}}+0.707 \tag{4.23}$$

$$\frac{Q_{\mathrm{B}}^{\mathrm{II}}}{Q_{\mathrm{B}}^{\mathrm{I}}}=1.004\left(\frac{n_{\mathrm{B}}^{\mathrm{II}}}{n_{\mathrm{B}}^{\mathrm{I}}}\right)^{0.825} \tag{4.24}$$

$$\frac{H_{\mathrm{B}}^{\mathrm{II}}}{H_{\mathrm{B}}^{\mathrm{I}}}=0.972\left(\frac{n_{\mathrm{B}}^{\mathrm{II}}}{n_{\mathrm{B}}^{\mathrm{I}}}\right)^{1.603} \tag{4.25}$$

$$\frac{P_{\mathrm{B}}^{\mathrm{II}}}{P_{\mathrm{B}}^{\mathrm{I}}}=\frac{Q_{\mathrm{B}}^{\mathrm{II}}H_{\mathrm{B}}^{\mathrm{II}}\eta_{\mathrm{B}}^{\mathrm{II}}}{Q_{\mathrm{B}}^{\mathrm{I}}H_{\mathrm{B}}^{\mathrm{I}}\eta_{\mathrm{B}}^{\mathrm{I}}} \tag{4.26}$$

表 4.4　统计方法对液力透平变转速高效点性能预测结果

转速/(r/min)	流量/(m³/h)	扬程/m	回收功率/kW	效率（%）
2400	67.25	39.54	5.43	71.52
1900	55.46	27.19	3.15	70.04
1400	43.11	16.67	1.56	67.18
900	29.94	8.21	0.57	62.94

表 4.5 所示为不同预测方法对液力透平变转速高效点流量的预测误差，可以看出，本书方法对于变转速高效点下的流量预测也具有一定的适用性，其中在 1400r/min 转速工况下误差最小，为 0.28%。相比之下，900r/min 工况下误差较大，其原因可能是该转速高效点下的流动特性使本书方法中的相关假设不成立。整体看来，Fecarotta 提出的统计方法准确性相对较高，最大误差低于

20%；基于相似准则的预测方法对于转速高于 1400r/min 工况下的预测误差也低于 10%。

表 4.5　不同预测方法对液力透平变转速高效点流量的预测误差

预测方法	2400r/min	1900r/min	1400r/min	900r/min
本书方法	−6.89%	−4.38%	0.28%	−28.50%
相似准则	−6.30%	−8.14%	−9.46%	−41.22%
统计方法	0.41%	6.71%	16.86%	−11.65%

表 4.6 所示为不同预测方法对液力透平变转速高效点扬程的预测误差，与流量预测误差规律相似，本书方法对于转速为 900r/min 工况的高效点扬程预测准确性较差，但对于其余转速工况的预测误差均小于 3%，预测误差随转速减小而增加。相比之下，相似准则和统计方法对于预测转速为 2400r/min 工况下的高效点扬程预测准确性也较高，但预测误差随转速降低明显增大。

表 4.6　不同预测方法对液力透平变转速高效点扬程的预测误差

预测方法	2400r/min	1900r/min	1400r/min	900r/min
本书方法	0.83%	1.40%	2.15%	−38.98%
相似准则	−0.91%	3.67%	9.99%	−29.21%
统计方法	0.53%	10.93%	26.19%	−10.18%

由于本书提出的预测方法无法对液力透平的回收功率及效率进行预测，因此仅对比相似准则及统计方法对于液力透平变转速高效点下回收功率及效率的预测有效性。表 4.7 所示为不同预测方法对透平变转速高效点回收功率的预测误差。可以看出，除转速为 2400r/min 工况外，其余转速下两种方法的预测误差均大于 10%。因此，当转速偏离额定转速过多时，这两种方法对于回收功率的预测适用性较差。

表 4.7　不同预测方法对液力透平变转速高效点回收功率的预测误差

预测方法	2400r/min	1900r/min	1400r/min	900r/min
相似准则	−1.37%	27.45%	32.53%	−36.73%
统计方法	6.47%	54.41%	87.95%	16.33%

表 4.8 所示为不同预测方法对液力透平变转速高效点效率的预测误差，从整体看来，不同转速下两种方法对于液力透平效率的预测精度较高，随转速偏离额定转速，预测误差也增大。其中相似准则和统计方法的最大预测误差分别

为 3.85%和 8.80%。因此，通过结合本书提出的预测方法及相似准则中的效率预测方法可以较为准确地预测液力透平变转速高效点的水力性能。

表 4.8　不同预测方法对液力透平变转速高效点效率的预测误差

预测方法	2400r/min	1900r/min	1400r/min	900r/min
相似准则	−0.35%	−1.81%	3.25%	3.85%
统计方法	0.41%	0.81%	7.11%	8.80%

4.2　液力透平的全工况性能预测

4.2.1　额定转速全工况下的性能预测

本书根据 Rossi 等[120]提供的 32 种不同类型液力透平试验结果进行整理，建立扬程、回收功率及效率随流量变化的无量纲数据库，数据库中的流量范围为 $[28.8\text{m}^3/\text{h}，800\text{m}^3/\text{h}]$，扬程范围为 $[1.99\text{m}，99.52\text{m}]$，效率范围为 $[43\%，87\%]$。采用二阶曲线回归方式对试验数据进行拟合，得到扬程、回收功率及效率随流量变化的无量纲曲线如图 4.5~图 4.7 所示，其中扬程、回收功率及效率随流量变化的无量纲表达式见式（4.27）~式（4.29），拟合优度 R^2 分别为 0.9283、0.9820、0.9366。

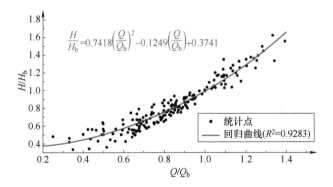

图 4.5　扬程随流量变化的无量纲曲线

$$\frac{H}{H_b}=0.7418\left(\frac{Q}{Q_b}\right)^2-0.1249\frac{Q}{Q_b}+0.3471 \tag{4.27}$$

$$\frac{P}{P_b}=1.588\left(\frac{Q}{Q_b}\right)^2-0.6438\frac{Q}{Q_b}+0.01757 \tag{4.28}$$

$$\frac{\eta}{\eta_b} = -1.902\left(\frac{Q}{Q_b}\right)^2 + 3.992\frac{Q}{Q_b} - 1.902 \tag{4.29}$$

式中，H、P、η 及 Q 分别表示扬程、回收功率、效率及流量；下角标 b 表示高效点。

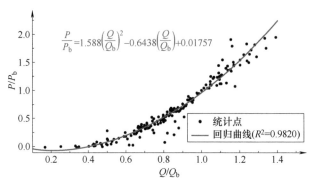

图 4.6　回收功率随流量变化的无量纲曲线

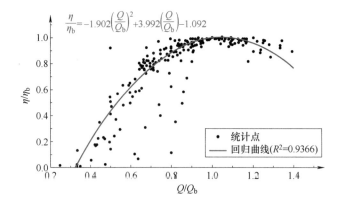

图 4.7　效率随流量变化的无量纲曲线

采用式（4.27）~式（4.29）对额定转速全工况特性进行预测，预测结果与试验对比如图 4.8 所示。可以看出，基于二次回归方程的液力透平全工况预测曲线对于该扬程及回收功率的预测准确性较高，相比之下，效率预测精度略低，但曲线整体变化趋势一致。回收功率、扬程及效率在全工况下的最大预测误差分别为 -11.72%、-6.67% 和 29.73%，最小误差分别为 0.19%、0.47% 和 -0.2%；整体看来，基于二次回归方程对效率的预测误差较大，而对回收功率及扬程的预测误差较小，因此本书采用式（2.65）对不同流量下的效率进行评估，结果表明，额定转速工况下，结合基于二次回归方程的扬程及回收功率预测结果及式（2.65）对全工况下效率的平均预测误差为 -6.87%。

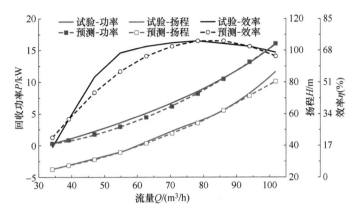

图 4.8　额定转速全工况特性预测结果与试验对比

4.2.2　变转速全工况下的性能预测

结合式（4.27）、式（4.28）及式（2.65）对不同转速下液力透平全工况下的特性进行预测，预测结果与试验对比如图 4.9 所示，不同转速下回收功率、扬程及效率的最大、最小误差对比见表 4.9。从对比结果可以看出，基于二次回归方程能够有效地预测液力透平在不同转速全工况下扬程及回收功率的特性变化趋势，特别在其有效运行范围 $[0.7Q_b, 1.3Q_b]$ 内的预测精度高。结合对比还可以发现，相比其他转速工况，在 1900r/min 转速工况下回收功率、扬程及效率的预测精度高。整体看来，不同转速工况下，极小流量及极大流量工况下的预测误差较大，其原因在于本书拟合的扬程及回收功率关于流量的二次回归方程数据库中流量的范围为 $[0.3Q_b, 1.4Q_b]$。

表 4.9　不同转速下回收功率、扬程及效率的最大、最小误差对比

误差	2400r/min	1900r/min	1400r/min	900r/min
回收功率最大预测误差（%）	12.03	10.56	−10.76	9.81
回收功率最小预测误差（%）	0.79	0.43	−0.11	−1.41
扬程最大预测误差（%）	3.38	3.42	16.35	−24.24
扬程最小预测误差（%）	0.90	−0.02	0.73	−0.93
效率最大预测误差（%）	20.97	−8.02	−32.40	20.95
效率最小预测误差（%）	−0.34	−0.72	−0.12	−3.03

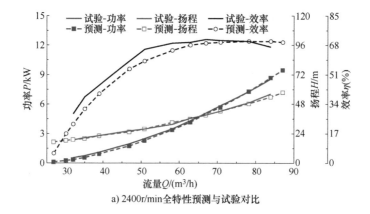

a) 2400r/min全特性预测与试验对比

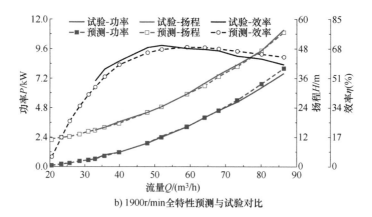

b) 1900r/min全特性预测与试验对比

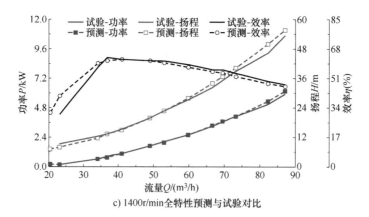

c) 1400r/min全特性预测与试验对比

图 4.9　不同转速下液力透平全工况下的特性预测结果与试验对比

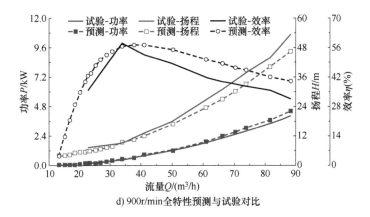

d) 900r/min全特性预测与试验对比

图 4.9　不同转速下液力透平全工况下的特性预测结果与试验对比（续）

4.3　典型工况下液力透平内部的流动耗散评估

为揭示液力透平在有效运行流量工况下的获能机理，有必要对其水力耗散及主要流域部件内的流动特性进行研究。本书基于拟涡能耗散理论对液力透平典型工况下的流动耗散特性进行定量研究，通过拟涡能耗散产生位置及其局部流动特性，揭示液力透平流动耗散的形成原因。

4.3.1　拟涡能流动耗散理论

流体在运动过程中，由于流动耗散使得部分机械能会不可逆地转换为内能。如不考虑流动介质温度的变化，在低雷诺数情况下，流体的动能会由于边界壁面的黏性作用而产生耗散；高雷诺数流动区域则会由于不稳定流动导致流体的动能不可逆地转化为内能。为揭示涡量与流体动能耗散之间的联系，可采用涡量表示流体的动能[118]

$$E = \int \boldsymbol{u} \cdot (\boldsymbol{r} \times \boldsymbol{\omega}) \, \mathrm{d}u \qquad (4.30)$$

式中，$\boldsymbol{u}$ 是速度（m/s）；$\boldsymbol{r}$ 是单位流体中心与动能源场的距离矢量；$\boldsymbol{\omega}$ 是涡量（s^{-1}）。

单位体积流体动能随时间的变化率可表示为

$$\frac{\mathrm{d}E}{\mathrm{d}t} = \frac{\mathrm{d}}{\mathrm{d}t} \int \frac{1}{2} \rho \, |u|^2 \mathrm{d}u \qquad (4.31)$$

式中，ρ 是流质密度（$\mathrm{kg/m^3}$）。

假定流动介质为水，且不考虑流体压缩性的影响，N-S 方程为

$$\frac{\mathrm{d}\boldsymbol{u}}{\mathrm{d}t} = f - \frac{1}{\rho}\nabla\boldsymbol{p} + \frac{\mu}{p}\nabla^2\boldsymbol{u} \tag{4.32}$$

式中，f 是体积力（N）；p 是压力（Pa）；μ 是流质的动力黏度（Pa·s）。

结合式（4.30）和式（4.32）且不考虑体积力的影响，动能变化率可写为

$$\frac{\mathrm{d}E}{\mathrm{d}t} = -\int \boldsymbol{u}\,\nabla\boldsymbol{p}\mathrm{d}\boldsymbol{u} - \mu\int \boldsymbol{u}\cdot(\nabla\times\boldsymbol{\omega})\mathrm{d}\boldsymbol{u} + \mu\int \boldsymbol{u}\cdot[\nabla(\nabla\cdot\boldsymbol{u})]\mathrm{d}\boldsymbol{u} \tag{4.33}$$

式（4.33）右边第 1 项化成面积分后，在无穷远处 $\boldsymbol{p}\sim\boldsymbol{p}_\infty + O(\boldsymbol{r}^{-3})$ 为 0，因此 $\int \boldsymbol{u}\,\nabla\boldsymbol{p}\mathrm{d}\boldsymbol{u} = 0$。式（4.33）右边第 2 项可写成

$$\mu\int \boldsymbol{u}\cdot(\nabla\times\boldsymbol{\omega})\mathrm{d}\boldsymbol{u} = \mu\int \nabla\cdot(\boldsymbol{\omega}\times\boldsymbol{u})\mathrm{d}\boldsymbol{u} + \mu\int \boldsymbol{\omega}\cdot\boldsymbol{\omega}\mathrm{d}\boldsymbol{u} \tag{4.34}$$

式（4.34）右边第 1 项化为面积分后，当 $\boldsymbol{r}$ 趋近于无穷时，其值为 0。

此外，对于不可压缩介质，有 $\nabla\cdot\boldsymbol{u} = 0$。因此，式（4.33）可化简为

$$\frac{\mathrm{d}E}{\mathrm{d}t} = -\int \mu\,|\boldsymbol{\omega}|^2\mathrm{d}\boldsymbol{u} \tag{4.35}$$

可以看出，由于流动中存在由旋涡耗散引起的不可逆损失，使得 $\mu\,|\boldsymbol{\omega}|^2$ 恒大于 0。在黏性条件且无外部输入能量的情况下，流体动能随时间不断减少，其流动能量耗散与流质的动力黏度及内部涡量大小直接相关。正如北京大学吴介之教授所说：在不可压缩黏性流动中，涡量既引起流体的全部受扰动动能，又导致其机械能的全部耗散[121,122]。

将 $\Omega = \mu\,|\boldsymbol{\omega}|^2$ 定义为局部拟涡能耗散率，对于不可压缩流体，Ω 可表示为

$$\Omega = \mu\left[\left(\frac{\partial w}{\partial y} - \frac{\partial v}{\partial z}\right)^2 + \left(\frac{\partial u}{\partial z} - \frac{\partial w}{\partial x}\right)^2 + \left(\frac{\partial v}{\partial x} - \frac{\partial u}{\partial y}\right)^2\right] \tag{4.36}$$

在湍流中，Ω 由局部时均拟涡能耗散率（Ω_{ave}）及局部脉动拟涡能耗散率（Ω_{flu}）之和组成，Ω_{ave} 及 Ω_{flu} 计算公式分别为

$$\Omega_{\mathrm{ave}} = \mu\left[\left(\frac{\partial \overline{w}}{\partial y} - \frac{\partial \overline{v}}{\partial z}\right)^2 + \left(\frac{\partial \overline{u}}{\partial z} - \frac{\partial \overline{w}}{\partial x}\right)^2 + \left(\frac{\partial \overline{v}}{\partial x} - \frac{\partial \overline{u}}{\partial y}\right)^2\right] \tag{4.37}$$

$$\Omega_{\mathrm{flu}} = \mu\left[\left(\frac{\partial w'}{\partial y} - \frac{\partial v'}{\partial z}\right)^2 + \left(\frac{\partial u'}{\partial z} - \frac{\partial w'}{\partial x}\right)^2 + \left(\frac{\partial v'}{\partial x} - \frac{\partial u'}{\partial y}\right)^2\right] \tag{4.38}$$

由于数值计算中选用的 DES 湍流模型是基于 SST $k\text{-}\omega$ 模型的，流场中的瞬态信息被平均处理，因此，Ω_{flu} 无法直接通过数值计算结果获取。Kock 和 Herwig 等[123]指出，湍流中的瞬态损失量与计算所采用的湍流模型密切相关，在不考虑温度变化影响的情况下，局部瞬态流动损失与湍流模型中的湍流涡黏

频率 ω 和湍流动能 k 直接相关，采用式（4.39）对 Ω_{flu} 进行估算，即

$$\Omega_{\text{flu}} \approx 0.09\rho\omega k \tag{4.39}$$

由于在数值计算中壁面附近的流动采用壁面函数进行处理，而式（4.36）无法对壁面区域的拟涡能进行计算。为评估壁面区域流动引起的能量耗散，本书采用 Hou 等[124] 提出的方法评估壁面区域的局部拟涡能耗散率（Ω_{wall}），计算公式如下

$$\Omega_{\text{wall}} = \tau v \tag{4.40}$$

式中，τ 是壁面剪切应力（Pa）；v 是壁面流动相对速度（m/s）。

通过对 Ω_{ave}、Ω_{flu} 体积积分及对 Ω_{wall} 面积分，可得流场中的总拟涡能耗散功率 P_{total}。

$$P_{\text{ave}} = \int_0^V \Omega_{\text{ave}} \, dV \tag{4.41}$$

$$P_{\text{flu}} = \int_0^V \Omega_{\text{flu}} \, dV \tag{4.42}$$

$$P_{\text{wall}} = \int_0^S \Omega_{\text{wall}} \, dS \tag{4.43}$$

$$P_{\text{total}} = P_{\text{ave}} + P_{\text{flu}} + P_{\text{wall}} \tag{4.44}$$

式中，P_{ave} 是平均拟涡能耗散功率（kW）；P_{flu} 是脉动拟涡能耗散功率（kW）；P_{wall} 是壁面拟涡能耗散功率（kW）。

4.3.2　拟涡能耗散功率的计算与验证

由能量守恒定律可知，在不考虑温度变化的情况下，计算流域进、出口的总压损失可得到液力透平内各部件的能量耗散，蜗壳、腔体等静止部件内的流动耗散功率（L_{sta}）等于其进、出口流质所含总功率差值，见式（4.45）；而叶轮的流动耗散功率（L_{ror}）等于其进、出口流质所含总功率减去输出轴功率，见式（4.46）；总流动耗散功率（L_{total}）等于液力透平输入总功率减去输出轴功率，见式（4.47）。

$$L_{\text{sta}} = \int_{\text{in}} p_{\text{Tot}} \, d\dot{m} - \int_{\text{out}} p_{\text{Tot}} \, d\dot{m} \tag{4.45}$$

$$L_{\text{ror}} = \int_{\text{in}} p_{\text{Tot}} \, d\dot{m} - \int_{\text{out}} p_{\text{Tot}} \, d\dot{m} - T\pi n/60 \tag{4.46}$$

$$L_{\text{total}} = \rho g Q H - T\pi n/60 \tag{4.47}$$

式中，p_{Tot} 是流体质点的总压；$\dot{m}$ 是质量流量；n 和 T 分别为叶轮的转速和扭矩。

尽管总压降损失计算（total pressure evaluation，TPE）方法结果准确，但该

方法不能确定流域内能量耗散的具体发生位置，而通过 CFX-POST 内的自定义变量（user defined variables，UDV）功能可以直观地显示拟涡能耗散在各流域内的分布情况，有助于深入揭示由不稳定流动引发的能量耗散现象。为验证基于拟涡能耗散理论评估流动耗散的准确性，对叶轮非稳态计算最后一个周期内的外特性进行平均处理，选取平均值所对应时刻的计算结果文件进行分析，不同工况下采用两种方法对液力透平水力部件内的能量损失计算结果对比如图 4.10 所示。可

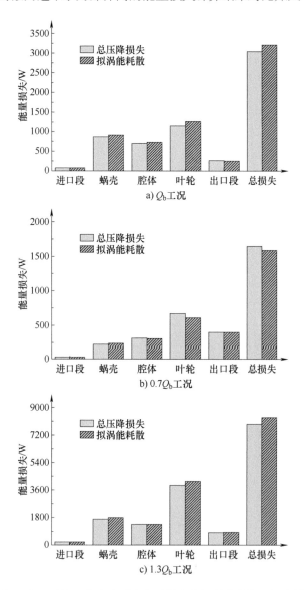

图 4.10　不同工况下采用两种方法对液力透平水力部件内的能量损失计算结果对比

以看出，基于拟涡能耗散理论的流动耗散计算（enstrophy loss evaluation，ELE）方法对液力透平在不同工况下各水力部件内的能量损失计算结果与总压降损失计算结果基本一致，Q_b、$0.7Q_b$、$1.3Q_b$ 工况下拟涡能耗散的计算误差分别为 5.43%、−3.69%、5.32%。相比之下，ELE 方法对于旋转部件流动耗散的预测准确度相对较低，其原因可能与脉动及壁面拟涡能功率估算公式的精度有关，但总体看来，将该方法用于评估液力透平的流动耗散具备可行性。

表 4.10 所示为不同工况下水力部件流动耗散占比情况对比，可以看出，不同工况下叶轮既是液力透平能量回收的主要部件也是损失占比最大的部件。Q_b 及 $1.3Q_b$ 工况下水力部件流动耗散占比由大到小分别为：叶轮、蜗壳、腔体、出口管、进口段；$0.7Q_b$ 工况下水力部件流动耗散占比由大到小分别为：叶轮、出口管、腔体、蜗壳、进口段。相比于其他工况，$0.7Q_b$ 工况下出口管内的流动耗散占比明显增大，其形成原因将在下文详细阐述。

表 4.10　不同工况下水力部件流动耗散占比情况对比　　（单位：%）

工况	进口段	蜗壳	腔体	叶轮	出口管
Q_b 工况	2.55	28.09	22.53	39.06	7.76
$0.7Q_b$ 工况	1.88	14.74	19.36	38.63	25.39
$1.3Q_b$ 工况	2.13	21.31	16.33	50.04	10.19

为评估拟涡能耗散功率的不同组成成分对于不同水力部件内流动损失的影响权重，图 4.11 对比了不同工况下各水力部件内 P_{ave}、P_{flu}、P_{wall} 占比情况。Q_b 工况下：P_{flu} 在进口段、叶轮、出口管内占主导，占比均大于 60%，特别是对于出口管，由于受到上游叶轮及腔体内不稳定流动的共同影响，内部的 P_{flu} 占比高达 71.85%。腔体和蜗壳内的流动耗散主要受 P_{flu} 和 P_{wall} 共同影响，但 P_{wall} 占比大于 P_{flu}。由于其余水力部件内流动相较于进口段更加复杂，而 P_{ave} 主要受流质黏性的影响，因此，除进口段外其他水力部件内的 P_{ave} 占比很小且均小于 3%。

其他工况下不同部件内的 P_{total} 成分占比规律基本与 Q_b 工况一致，但偏设计工况下叶轮的 P_{flu} 占比明显提高。结合图 2.20 可以推测出 $1.3Q_b$ 工况下叶轮内旋涡尺度更大，内部湍流脉动更剧烈，从而提高了 P_{flu} 占比；而 $0.7Q_b$ 工况下存在于压力面的旋涡稳定性相对较差，也使得 P_{flu} 占比增加。由第 2 章理论分析可知，$1.3Q_b$ 工况下出口管内 P_{flu} 占比增加的原因，可能是该工况下流质流出叶轮出口时具有与叶轮旋转方向相反的圆周速度分量，此时出口管内壁附近流质自身的离心力减小，从而降低了出口管的壁面剪切力。同理，$0.7Q_b$ 工况下流质流出叶轮出口时具有与叶轮旋转相同的圆周速度分量从而导致离心力增加，进而提高了该工况下的 P_{wall} 占比。

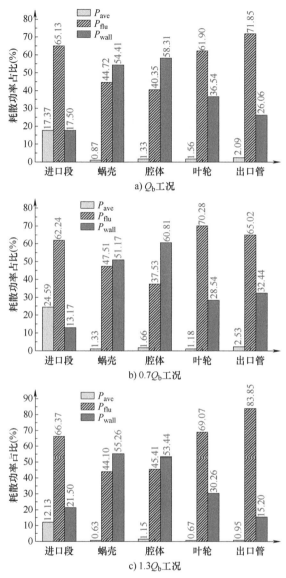

图 4.11　不同工况下各水力部件内 P_{ave}、P_{flu}、P_{wall} 占比情况

4.3.3　拟涡能耗散率分布与流动特性关联性分析

1. Q_b 工况下拟涡能耗散率分布与分析

本节通过分析 Ω 和 Ω_{wall} 在不同水力部件内的分布情况，并结合耗散峰值所对应的局部主要流动特征，探究 Q_b 工况下液力透平主要流动耗散部件（叶轮、

蜗壳、腔体、出口管）内拟涡能耗散发生位置及原因。

图 4.12 所示为 Q_b 工况下不同叶栅截面内的 Ω 及流线分布对比，为便于不同工况结果对比，对 Ω 进行无量纲处理（Ω/Ω_{max}，其中 Ω_{max} 为该工况下水力部件内最大局部拟涡能耗散率）。总体看来，Q_b 工况下，不同叶栅内 Ω 峰值的分布位置基本一致，主要位于吸力面的前缘下游及叶片尾缘附近。叶栅 0.2 截面靠近叶轮后盖板，其流线分布较为均匀，特别是叶轮中段及其下游未出现明显的大尺度旋涡，在吸力面的前缘下游存在由于流动分离引起的小尺度旋涡，隔舌下游对应 I_3、I_4 流道内吸力面 Ω 相对较小，其原因在于这两流道对应于蜗壳的第 7、8 截面处的出流相对更稳定；叶片尾缘处存在局部 Ω 峰值集中现象，从对应的局部流线分布可以看出，来自于相邻流道内吸力面和压力面的流线在叶片尾缘处汇集，在尾缘处形成形态类似圆柱绕流后部的旋涡，从而引起该处的 Ω 变大。叶栅 0.5 截面受到前、后盖板边界层扰动较少，其流动发展更为充分；由于该截面进口入流负冲角引发的吸力面旋涡致使对应位置的 Ω 也较大，因此相比于叶栅 0.2 截面，该截面叶片尾缘处的 Ω 峰值集中面积更大且形状更不规律。叶栅 0.8 截面靠近叶轮前盖板，相比于其他两个截面，该截面内流线分布情况更为复杂，流线在尾缘汇聚现象不明显且部分流道出口处存在回流，回流形成的旋涡会占据整个流道，导致该截面内的 Ω 峰值面积大于其他截面。

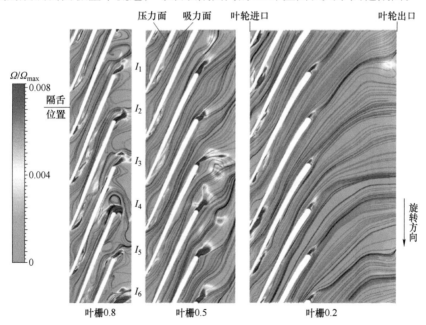

图 4.12 Q_b 工况下不同叶栅截面内的 Ω 及流线分布对比

图 4.13 所示为 Q_b 工况下叶轮的 Ω_{wall} 及壁面剪切应力（τ）的分布情况，为便于对比不同工况结果，对 Ω_{wall} 进行无量纲处理（$\Omega_{wall}/\Omega_{mw}$），其中 Ω_{mw} 为该工况下最大壁面拟涡能耗散率。叶片上的 Ω_{wall} 峰值主要集中于叶轮喉部对应位置的吸力面和压力面上，这是由于叶轮流道从进口到出口面积逐渐缩小，使得流体在喉部处的相对速度增加。前盖板的 Ω_{wall} 峰值在 6 个流道内的分布情况基本一致，Ω_{wall} 主要分布在叶片吸力面的前段（与叶片位置 1 对应）并逐渐扩张到整个流道，在出口处存在回流导致 Ω_{wall} 较小。后盖板的 Ω_{wall} 峰值分布位置与前盖板较为一致但未占据整个流道，此外，在出口锥体处也存在较大的 Ω_{wall}。

由式（4.40）可知，Ω_{wall} 由壁面剪切应力（τ）和相对速度（v）共同决定。对比 τ 和 Ω_{wall} 可以发现：两者分布位置在叶轮壁面基本一致，但 τ 在叶片表面的峰值明显高于同位置的 Ω_{wall}。由此可以推断出叶轮前、后盖板上的 τ 对于其 Ω_{wall} 的影响相对较大，而叶片表面的 τ 对于其 Ω_{wall} 的影响相对较小。

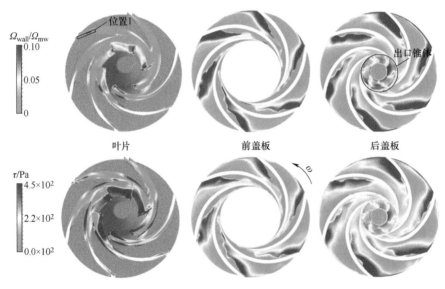

图 4.13　Q_b 工况下叶轮的 Ω_{wall} 及壁面剪切应力（τ）的分布情况

图 4.14 所示为 Q_b 工况下蜗壳截面 1~8 内的 Ω 及速度方向分布情况，为便于观察，速度大小已标准化处理。在蜗壳基圆圆周方向截面内，Ω 的峰值主要分布在近壁面附近及蜗壳与叶轮前后盖板的交界面处，前一部分是由大速度梯度引起的耗散，而后一部分则是由介质对前、后盖板前缘的流动冲击引起的耗散。通过速度方向可以发现，从截面 2 开始，靠近截面顶部壁面处会形成一对旋向相反的旋涡，旋涡位置由非对称分布发展为对称分布，旋涡形态也会以非

对称椭球→对称圆形→对称椭球的规律变化；两个旋涡与壁面会形成局部低速区，从而导致局部速度梯度及 Ω 增大。由于截面 1 的过流面积小且流动形态也更为复杂，因此局部的旋涡发展不充分。此外，通过速度方向可以看出，Q_b 工况下蜗壳各截面与叶轮交界处的回流现象不明显，但前、后腔交界面内存在明显回流现象使得局部的 Ω 提高。

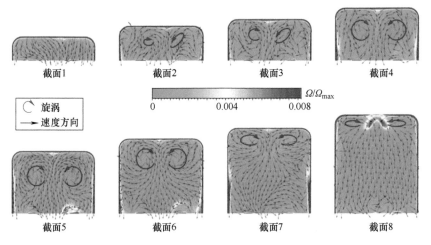

图 4.14　Q_b 工况下蜗壳截面 1~8 内的 Ω 及速度方向分布情况

图 4.15 所示为 Q_b 工况下蜗壳轴向 3 个不同截面内的 Ω 及速度方向分布情况，整体看来，3 个截面内速度分布均匀，Ω 的峰值位于蜗壳壁面及隔舌前缘附近。为探究隔舌前缘处存在 Ω 峰值的原因，分别截取各截面该局部的流线分布情况进行分析。$z=0$ 截面作为蜗壳对称面，由蜗壳收缩段及截面 8 的流质交汇于隔舌前缘处并形成一对旋向相反的旋涡，致使形成局部流动低速区从而增大此处的速度梯度；对于 $z=\pm13.5\text{mm}$ 截面，隔舌前缘处流线形态则相对更加复杂，此区域也是交汇形成的低速区，但此时刻尚未形成大尺度旋涡。总体看来，Q_b 工况下蜗壳内流动相对稳定，流动特征及 Ω 特性基本呈现出以 $z=0$ 截面对称分布。

图 4.16 所示为 Q_b 工况下蜗壳的 Ω_{wall} 分布情况，可以看出，Ω_{wall} 的峰值主要集中在蜗壳喉部及出口附近壁面处，隔舌对应壁面处和蜗壳轴对称中心的 Ω_{wall} 明显较低。Ω_{wall} 的峰值是由蜗壳收缩段及小面积截面内壁面相对流体速度及剪切应力增大引起的。结合图 4.15 中的速度分布情况可以推测出，低 Ω_{wall} 区域与局部相对低速区对应。此外，蜗壳基圆圆周方向上存在一圈相对低速区且其在截面 2 附近开始偏离 $z=0$ 截面，这种现象与图 4.14 中所示的非对称椭球形旋涡分布特性有关。

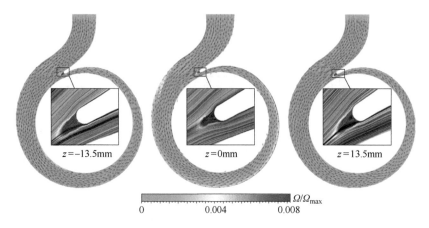

Ω/Ω_{max}

0　　　0.004　　　0.008

图 4.15　Q_b 工况下蜗壳轴向 3 个不同截面内的 Ω 及速度方向分布情况

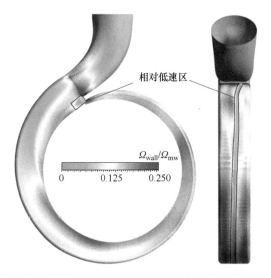

相对低速区

$\Omega_{wall}/\Omega_{mw}$

0　　0.125　　0.250

图 4.16　Q_b 工况下蜗壳的壁面区域 Ω_{wall} 分布情况

图 4.17 所示为 Q_b 工况下前、后腔体及部分出口管内的 Ω 分布情况，Ω 峰值主要集中于前、后腔口环间隙及其下游，其原因是高压流体通过口环间隙时速度大且在出口处形成射流从而使得 Ω 增加。由于本书未考虑平衡孔对流场特性的影响，后腔内流体处于 "流动滞止区"，因此后腔内的 Ω 相对较低；来自前腔的高压高速射流会扰乱出口管内的流动从而引起两者交界面附近的 Ω 出现峰值，但其余位置的 Ω 相对较低。从流线分布情况可以发现，腔体内流动非常复杂，主要原因在于腔体与蜗壳直接相连，在叶轮前后盖板旋转作用下，高压

高速流体在腔体内不对外做功从而形成尺度不一的旋涡；出口管内流线分布较为均匀，但靠近壁面附近存在明显旋涡，这可能是前腔间隙射流对管内主流的扰动引起的。

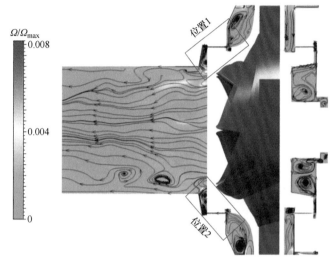

图 4.17　Q_b 工况下前、后腔体及部分出口管内的 Ω 分布情况

　　为进一步分析前腔口环间隙上下游的局部拟涡能耗散率及流动特性，图 4.17 中位置 1、2 局部放大图如图 4.18 所示。相比于叶轮内的旋涡等不稳定流动引起的 Ω，前腔内旋涡由于相对流动速度低，因此不会明显提高 Ω。前腔内的损失主要由近壁面附近的大速度梯度所致。前腔口环间隙出口射流会使下

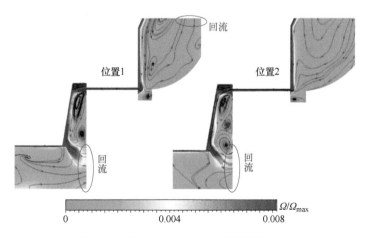

图 4.18　图 4.17 中位置 1.2 的局部放大图

游腔体形成一对旋向相反的旋涡，由于前腔间隙泄漏流所蕴含的能量比出口管内主流更大，因此其对主流冲击后还会向叶轮内低压区进行回流。总体看来，前腔口环间隙下游的流动特性及 Ω 分布情况基本一致。对于前腔口环间隙上游，前腔内不同圆周位置内的流动特征不同，通过流线可以发现在位置 1 处明显存在回流，而在位置 2 处回流现象不明显，这种现象和图 2.22 相似，即腔体作为轴对称的结构，在 Q_b 工况下其圆周方向上的流动特性也不完全一致，其原因与蜗壳水力结构有关。

图 4.19 所示为 Q_b 工况下腔体及部分出口管的 Ω_{wall} 分布情况。由于未考虑平衡孔对流场的影响，前腔间隙处的 Ω_{wall} 明显大于后腔及出口管，这是由口环间隙内高速流动产生的强剪切应力引起的。后腔的 Ω_{wall} 整体较为均匀，后腔与蜗壳交界面附近出现 6 个明显的 Ω_{wall} 峰值，峰值个数与叶轮流道个数相同且位置一致，但每个峰值的面积并不相同，其原因可能与叶轮进口回流特性有关，回流使局部流速变大且每个叶轮流道内的回流特性也不尽相同。出口管的 Ω_{wall} 峰值主要集中在前腔交界面附近，也呈现出 6 个明显的峰值区域。

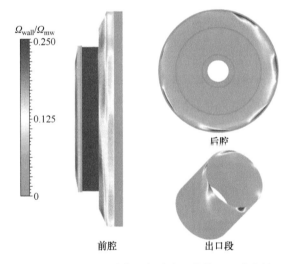

图 4.19 Q_b 工况下腔体及部分出口管的 Ω_{wall} 分布情况

通过对液力透平主要流域在 Q_b 工况下的拟涡能耗散特性及流动特性进行研究，可以发现即使在 Q_b 工况下，液力透平流动及流动损失分布特性也是非常复杂的。液力透平内局部拟涡能耗散率与流动特性密切相关，旋涡、回流、流动冲击等不稳定流动引起的当地速度梯度变化会增大 Ω，而 Ω_{wall} 主要由相对流速及壁面剪切应力共同决定。

相比于 Q_b 工况，液力透平在有效运行流量区间内两个极限流量（$0.7Q_b$ 和 $1.3Q_b$）工况下的效率相对更低。为揭示不同工况下液力透平流动损失及流动特性的异同，下面对偏设计工况下主要流动耗散部件内的拟涡能耗散特性进行分析。

2. $0.7Q_b$ 工况下拟涡能耗散率分布与分析

图 4.20 所示为 $0.7Q_b$ 工况下不同叶栅截面内的 Ω 及流线分布对比，与 Q_b 工况不同，$0.7Q_b$ 工况下，Ω 的峰值主要分布在流道进口靠近压力面附近，此外，在叶片尾缘处的 Ω 也存在峰值集中现象，但影响面积比 Q_b 工况小；从流线分布看，3 个叶栅面内的流线分布明显不同且形成的旋涡数明显多于 Q_b 工况，叶栅截面越靠近前盖板则流动越复杂；由于 I2 流道靠近蜗壳隔舌，其叶轮进口处 Ω 峰值占据面积更大且靠近压力面的流线更扭曲。对于叶栅 0.5 截面，从叶轮进口处流线分布情况可以看出，靠近压力面的 Ω 峰值主要是由正冲角入流条件引起的回流及流动分离造成的，吸力面附近流动稳定，未出现明显的流动分离现象。此外，在叶片尾缘处存在明显的回流现象，以 I5 流道为例，来自 I4 流道压力面的高压液流绕过叶片尾缘回流到其相邻的吸力面附近，这部分回流会与 I5 流道内的主流相汇，从而在吸力面附近形成局部旋涡。相比之下，由于叶栅 0.8 截面靠近前盖板，其流动非常复杂，特别是在流道出口附近及其下游分布有尺度不一的旋涡，旋涡尺度会影响 Ω 的分布。例如，在大尺度旋涡 A

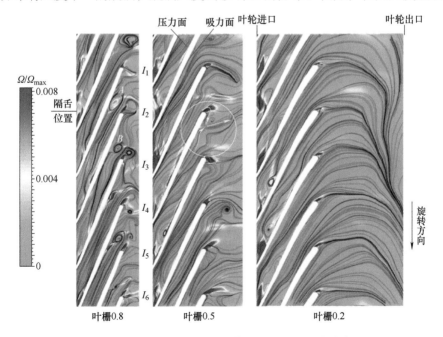

图 4.20　$0.7Q_b$ 工况下不同叶栅截面内的 Ω 及流线分布对比

的涡核处存在 Ω 峰值，但 Ω 在小尺度旋涡 B 的涡核处峰值不明显。叶栅 0.2 截面相较于其他两截面旋涡数更少，相邻两流道的流体交汇于叶片尾缘处并往下游发展，其叶轮出口附近的流线明显朝叶轮旋转方向扭曲。

图 4.21 所示为 $0.7Q_b$ 工况下叶轮的 Ω_{wall} 分布情况，由前一小节可知，Ω_{wall} 主要是由壁面表面相对流速及剪切应力共同决定，因此在相同无量纲标尺的衡量标准下，叶轮的 Ω_{wall} 峰值分布位置基本与 Q_b 工况相同，但 $0.7Q_b$ 工况下 Ω_{wall} 的峰值影响区域更大。叶片的 Ω_{wall} 峰值主要集中于吸力面的前中段及叶片喉部靠近后盖板附近，其主要原因在于该工况下吸力面的入流条件相对较好，局部流速大引起 Ω_{wall} 峰值增加；前盖板的 Ω_{wall} 峰值主要集中于进口边及吸力面附近，随着流道面积逐渐缩小，流速变大，Ω_{wall} 也出现积聚现象；后盖板的 Ω_{wall} 峰值主要集中于进口边、吸力面附近及出口锥体壁面处，但由于后盖板曲率半径大，并未出现 Ω_{wall} 峰值。

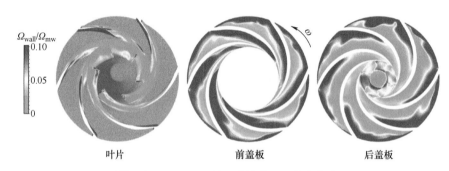

图 4.21　$0.7Q_b$ 工况下叶轮的 Ω_{wall} 分布情况

图 4.22 所示为 $0.7Q_b$ 工况下出口管不同截面内的 Ω 及流线分布情况，Ω 主要分布在出口管入口及其近壁面附近，通过流线分布情况可以推测出其存在的主要原因：一是 $x=0$ 截面内流线扭曲严重，特别是在靠近叶轮出口锥体附近明显存在回流，从而导致出口管入口附近的 Ω 存在峰值；此外，入口处还受到来自前腔的高速射流的作用，射流对主流的冲击形成的局部旋涡也会增大入口附近的 Ω。二是 $0.7Q_b$ 工况下叶轮出流含有与叶轮旋转方向相同的速度分量，因此在壁面附近存在大速度梯度从而导致壁面附近的 Ω 存在峰值；此外，出口管内流体的高速旋转增加了内壁附近流质自身的离心力从而引起 Ω_{wall} 增加，两种效应叠加下导致该工况下出口管内流动耗散激增。各垂直于流线方向的截面内只存在一个大尺度旋涡，旋涡内 Ω 值较低，随着截面远离出口管进口，旋涡中心的位置也会发生变化，但流线旋向始终与叶轮转动方向一致。

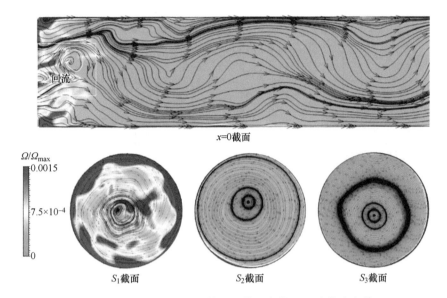

图 4.22　$0.7Q_b$ 工况下出口管不同截面内的 Ω 及流线分布情况

图 4.23 所示为 $0.7Q_b$ 工况下出口管的 Ω_{wall} 分布情况，Ω_{wall} 的峰值主要分布在出口管的入口壁面附近，随着远离入口，Ω_{wall} 逐渐降低。为便于观察入口附近的 Ω_{wall} 分布情况，图 4.23b 所示为出口管入口附近壁面沿圆周方向的展开图，图中横坐标表示圆周方向角度，纵坐标表示与入口 z 轴的距离。可以看出，与 Q_b 工况类似，出口管入口圆周方向上存在 6 个明显的 Ω_{wall} 峰值区域，这部分 Ω_{wall} 峰值主要是受到叶片前缘堵塞效应影响，前腔内沿圆周方向存在 6 个速度相对较高的射流，从而影响下游部件的 Ω_{wall} 分布。图 4.23c 所示为沿 z 轴方向不同位置的圆周截线 Ω_{wall} 的分布情况，从曲线上可以发现截线 1 上的 Ω_{wall} 存在明显的波动，随着截线远离入口，Ω_{wall} 的波动幅值逐渐衰减。

图 4.24 所示为 $0.7Q_b$ 工况下腔体内 Ω 及 Ω_{wall} 的分布情况。Ω 的分布位置基本与 Q_b 工况一致，从前腔局部放大图可以发现，来自前腔口环间隙的高速射流对前腔壁面附近的流动影响很大，近壁面处速度梯度过大会提高腔体局部的 Ω，前后腔体内分布着尺度不一的旋涡，但由于腔体内相对流动速度低，使得由低强度旋涡产生的 Ω 相对较低。前腔的 Ω_{wall} 分布位置与 Q_b 工况基本一致。前、后腔的 Ω_{wall} 占比大的主要原因：一是前腔口环间隙导致的高速射流会提高局部及其下游的壁面相对速度和剪切应力，从而促进了 Ω_{wall} 的增大；二是在叶轮前后盖板作用下，腔体内流体具有较强的旋转速度，进而提高了 Ω_{wall}。

图 4.25 所示为 $0.7Q_b$ 工况下蜗壳不同截面内 Ω 及 Ω_{wall} 的分布情况。整体看

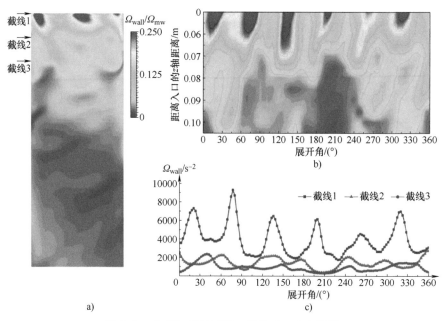

图 4.23　$0.7Q_b$ 工况下出口管的 Ω_{wall} 分布情况

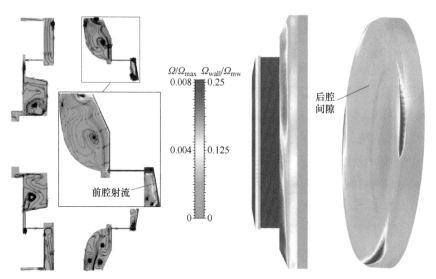

图 4.24　$0.7Q_b$ 工况下腔体内 Ω 及 Ω_{wall} 的分布情况

来，大部分过流截面内 Ω 分布位置与 Q_b 工况相同，但最大区别是截面 1 与叶轮
交界位置存在较大范围的 Ω 峰值区域，从流动方向可以看出，此部分 Ω 主要是
由局部回流引起的。此外，蜗壳各截面内旋涡位置、形态变化规律也基本与 Q_b
工况相同。由于蜗壳在该工况下损失占比相对较小且 Ω_{wall} 的分布位置也基本与

Q_b 工况相同，因此本节不对该工况下 Ω_{wall} 的形成原因进行赘述。

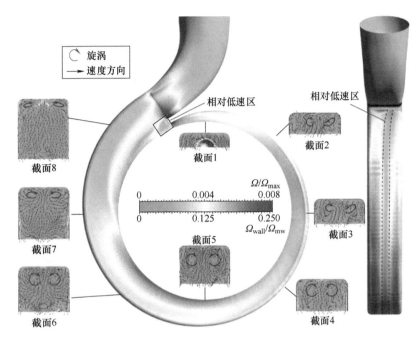

图 4.25　$0.7Q_b$ 工况下蜗壳不同截面内 Ω 及 Ω_{wall} 的分布情况

3. $1.3Q_b$ 工况下拟涡能耗散率分布与分析

图 4.26 所示为 $1.3Q_b$ 工况下不同叶栅截面内 Ω 及流线分布对比，相比于 Q_b 及 $0.7Q_b$ 工况，叶栅内的 Ω 峰值分布范围更广。对于叶栅 0.8 截面，Ω 峰值位置主要分布在流道内及叶片尾缘附近。在流道内，从流线方向上看，Ω 峰值区域边界起于吸力面旋涡核心附近，终结于叶片喉部；从垂直于流线方向上看，部分 Ω 峰值区域几乎占据了整个流道。在叶片尾缘附近，相邻两流道间的回流现象有所减少。从流线分布情况看，流道间的旋涡数明显多于其他工况且旋涡尺度也明显更大。对于叶栅 0.5 截面，Ω 的峰值分布位置与叶栅 0.8 截面基本一致，但叶片尾缘及其下游的 Ω 明显增强，在来流冲击下，压力面的前缘形成一小范围回流区域，而且在同一流道内吸力面形成了大尺度旋涡。叶片尾缘处的 Ω 峰值分布方向与叶轮转动方向相反，相邻两流道间的流线在叶片尾缘下游交汇并朝与叶轮旋转相反的方向运动。随着叶栅截面靠近后盖板，大部分流道内的 Ω 峰值不再占据整个流道，仅有靠近蜗壳隔舌的 I_2 流道内的 Ω 峰值面积较大，与之相邻的 I_1、I_3 流道内的旋涡堵塞现象得到缓解。在叶栅 0.2 截面内，能够更为明显观察到叶轮出口处流线积聚且方向与其旋转方向相反的现象。

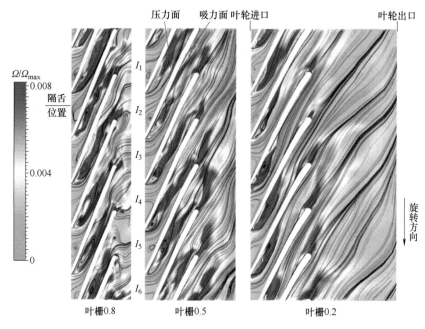

图 4.26 1.3Q_b 工况下不同叶栅截面内 Ω 及流线分布对比

图 4.27 所示为 1.3Q_b 工况下叶轮 Ω_{wall} 的分布情况，整体看来，1.3Q_b 工况下 Ω_{wall} 的峰值分布区域最大，但分布位置基本与 Q_b 工况一致。随着流量增大，壁面相对速度也增加，从而增加了叶轮的 Ω_{wall}。此外，由于流量变化引起的叶片进口入流条件的变化也使叶轮的 Ω_{wall} 发生改变，以后盖板为例，大流量下进口冲角减小，入流对压力面的冲击点位于 Ω_{wall} 峰值的边界附近（圆圈内），冲击引起向入口方向的回流及向出口方向的加速流动，此外，吸力面大尺度旋涡占据流道从而导致流动冲击点下游压力面周围的 Ω_{wall} 增加。

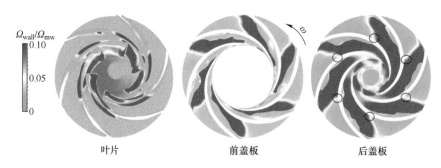

图 4.27 1.3Q_b 工况下叶轮 Ω_{wall} 的分布情况

图 4.28 所示为 $1.3Q_b$ 工况下蜗壳内不同过流截面内 Ω 及 Ω_{wall} 的分布情况。从同一量纲评价标准下的 Ω 分布情况看，其分布规律基本与其他工况一致。但相较 $0.7Q_b$ 工况，$1.3Q_b$ 工况下蜗壳与叶轮交界面处的回流现象有所减弱。该工况下蜗壳过流截面内的 Ω 主要位于壁面附近。此外，蜗壳过流截面面积与其内部旋涡形态的对应关系也基本与 Q_b 工况一致。Ω_{wall} 的峰值位置与 Q_b 工况基本一致，但在叶片运动的影响下，蜗壳出口与叶片前缘交界面处明显出现 6 个峰值位置。$1.3Q_b$ 工况下截面 2 附近壁面圆周方向相对低速区面积更大且呈现出无规则形状，这与其他工况明显不同，结合图 4.26 可以推测出其形成原因是该时刻下 I_1 流道堵塞效应有所减弱从而降低了所对应位置前、后腔的过流质量。

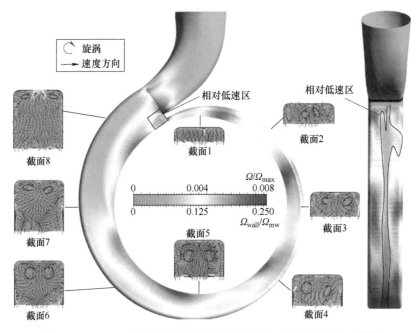

图 4.28　$1.3Q_b$ 工况下蜗壳内不同过流截面内 Ω 及 Ω_{wall} 的分布情况

图 4.29 所示为 $1.3Q_b$ 工况下腔体内 Ω 及 Ω_{wall} 的分布情况，通过与其他工况结果对比可以发现，$1.3Q_b$ 工况下腔体内 Ω 呈现以下特点：①Ω 峰值分布位置基本与其他工况一致，从流线分布情况来看，后腔内基本处于封闭循环流状态，但前腔射流的存在会引起前腔前盖板内壁附近的 Ω 增加；②与 Q_b 工况相似，后腔壁面存在 6 个明显峰值区域，且其位置与蜗壳出口圆周方向 Ω_{wall} 低值区对应，即在回流与主流的共同作用下会增加后腔局部 Ω_{wall}，其中后腔壁面处的区域 A 与蜗壳截面 2 附近的无规则低速区位置对应。

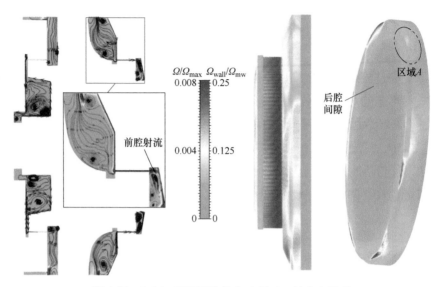

图 4.29 $1.3Q_b$ 工况下腔体内 Ω 及 Ω_{wall} 的分布情况

图 4.30 所示为 $1.3Q_b$ 工况下出口管不同截面内的 Ω 及流线分布情况，对于 $x=0$ 截面，Ω 的峰值主要分布在出口管入口附近，出口管内流线整体分布较为均匀，仅在进口靠近叶轮前盖板附近出现小面积回流，而在出口管中、下游未出现明显的回流及流线扭曲现象。从垂直于流向的截面看，Ω 峰值主要分布在近壁面及涡核外径附近，随着截面远离出口管进口，旋涡数逐渐减少，而且 Ω 峰值所占区域也快速缩小，但由于 S_2 截面内旋涡尺度较大且涡核靠近管壁，从而导致局部 Ω 增加。S_3 截面内 Ω 峰值分布明显减小，从 $x=0$ 截面内流线分布可以看出，在 S_3 截面及其下游的流动也变得更为平稳。与其他工况明显不同的是，S_1 截面、S_2 截面、S_3 截面中心附近的旋涡流线旋向与叶轮旋向相反，这种现象与该工况下叶轮出口存在与圆周速度相反的旋转分量有关。此外，根据旋涡处流线方向可以看出，S_1 截面中心旋涡流线从外向旋涡中心发展，随着截面远离出口管进口，截面中心的旋涡流线变为从旋涡中心向外发展。

图 4.31 所示为 $1.3Q_b$ 工况下出口管的 Ω_{wall} 分布情况，相比于其他工况，该工况下 Ω_{wall} 峰值区域明显缩小且主要分布在进口壁面附近，从图 4.11 也可以看出，该工况下壁面拟涡能耗散功率占比仅为 15.20%，相比于 $0.7Q_b$ 及 Q_b 工况分别低 17.24%、10.86%，其原因与叶轮的出口圆周速度分量大小及方向密切相关。从图 4.31b 所示壁面圆周展开图可以看出，由前腔射流导致进口边存在 6 个 Ω_{wall} 峰值区域，相比于 $0.7Q_b$ 工况，Ω_{wall} 峰值区域在圆周方向均匀性变差，

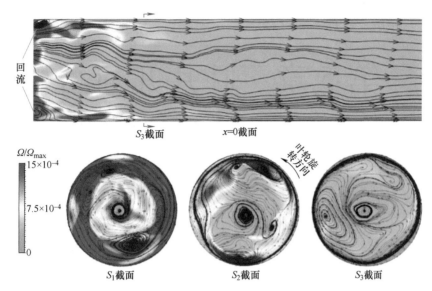

图 4.30　$1.3Q_b$ 工况下出口管不同截面内的 Ω 及流线分布情况

Ω_{wall} 沿轴线方向逐渐减小。图 4.31c 所示为轴线方向不同位置截线上的 Ω_{wall} 分布情况，可以发现，前腔射流使得截线 1 处的 Ω_{wall} 在圆周方向上的变化具有明显周期性，当截线位置远离进口边，前腔射流对其影响变小且周期性减弱。

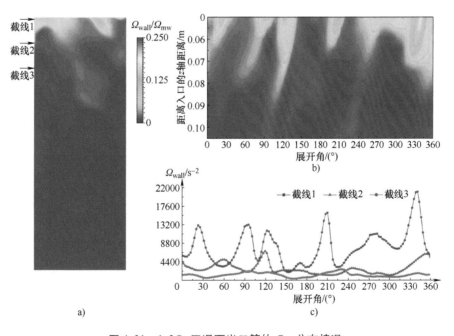

图 4.31　$1.3Q_b$ 工况下出口管的 Ω_{wall} 分布情况

第5章 叶片几何结构对于液力透平能量回收特性的影响

　　叶轮不仅是液力透平能量回收的主要部件之一，也是液力透平内流动特性最复杂、流动损失最多的过流部件。因此，如何采取有效的方法对其不稳定流动进行抑制以提高运行稳定性及提高液力透平有效工作区间效率成了近些年来研究的重点。目前，对于不稳定流动控制的方法主要包括主动控制和被动控制两种。主动控制是通过一定的手段增加流体现有的动能，从而抑制或推迟发生流动分离等不稳定流动的情况，常见的主动控制手段包括：吹/吸气流动控制、循环控制、合成射流等。被动控制是通过改变不稳定流动区域局部的压力梯度、边界条件等措施以达到控制流动的目的，常见的被动控制手段包括：优化绕流部件尺寸参数、使用涡流发生器、使用微型流体扰动器等。由于被动控制相比主动控制不需要额外为流体提供能量且设计、安装成本较低，近年来已广泛应用于叶轮的性能优化设计中。

　　座头鲸胸鳍前缘处分布的凸起结节如图5.1所示，这种特殊的结构使其相比于其他大型海洋生物在捕食和游动中更加灵活。近年来，国内外众多研究者将这种仿生结构应用于翼型、风机、涡轮叶片、冲浪板等产品的设计中[125-130]，这种新型结构相比传统的平滑前缘具有更好的减阻和推迟分离失速的作用。由前文分析可知，叶片前缘对叶轮的入流特性影响很大，受这种"结节效应"启发，本章将正弦形结节结构应用到液力透平叶片前缘上，探究叶片前缘几何结构对于液力透平性能的影响。

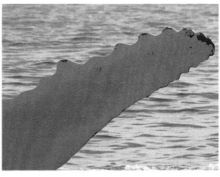

图 5.1　座头鲸胸鳍前缘处分布的凸起结节

5.1　叶片前缘的结构优化设计

通过张照煌等[131]的研究结果可知，座头鲸胸鳍前缘结节形状类似于正弦曲线，对叶片原始前缘进行优化，前缘形状采用正弦曲线驱动，其中正弦曲线见式（5.1）。图 5.2 所示为 3 种不同波长的正弦结节前缘叶轮与原始前缘叶轮的三维模型对比，其中正弦结节前缘（sinusoidal tubercle leading edge）简称 STLE，原始前缘（original leading edge）简称 OLE。3 种叶片前缘结节所对应的正弦曲线驱动参数见表 5.1。为保持结节振幅不变，使 STLE 叶轮与 OLE 叶轮外

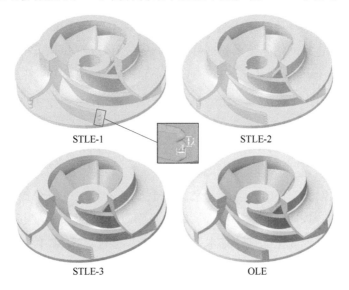

图 5.2　3 种不同波长的正弦结节前缘叶轮与原始前缘叶轮的三维模型对比

径相等，通过调整结节波长和初始相位来得到不同结节数目的叶片前缘结构，表 5.1 中 STLE-1、STLE-2、STLE-3 的结节数目分别为 3、4、5。

$$y = A\sin\left(\frac{2\pi}{\lambda}x + \phi\right) \qquad (5.1)$$

式中，A 是结节振幅；λ 是结节波长；ϕ 是初始相位。

表 5.1　3 种叶片前缘结节所对应的正弦曲线驱动参数

参数	STLE-1	STLE-2	STLE-3
A/mm	1	1	1
λ/mm	5	3.6	3
$\phi/(°)$	108	230	18

为揭示 STLE 结构对液力透平流动特性及运行稳定性的影响，本章对 STLE-1 型叶轮在液力透平的典型工况下进行了数值模拟研究。

5.2　叶片前缘结节结构对液力透平内部流动特性的影响

5.2.1　前处理及结果验证

对 STLE-1 型叶轮进行结构化网格划分，采用 O 形网格划分法对近壁面网格进行加密。为保证叶片前缘结节处的网格质量，对叶片宽度方向上的网格也进行加密处理，进行网格无关系验证后确定叶轮的计算模型网格数为 2846513 个，Q_b 工况下的平均 $y+$ 值为 6.83，STLE-1 型叶片壁面网格如图 5.3 所示。用 STLE-1 型叶轮网格模型替换液力透平装配体中的原始叶轮网格模型，在 ANSYS-CFX 软件中进行数值求解，求解前处理设置与前文所述一致。

图 5.4 所示为 STLE-1 型液力透平水力性能数值计算结果与试验对比，相比于试验结果，Q_b 工况下数值计算对扬程、效率、回收功率的预测误差分别为 4.12%、3.17% 及 7.53%。整体看来，由于本书未考虑机械摩擦损失的影响，全工况下数值计算对液力透平扬程、效率及回收功率的预测结果数值略大于试验结果，但随流量变化的规律基本一致。因此，通过对 STLE-1 型叶轮在液力透平典型工况下数值模拟结果进行分析，可以揭示 STLE 结构对于其运行效率及稳定性的影响。

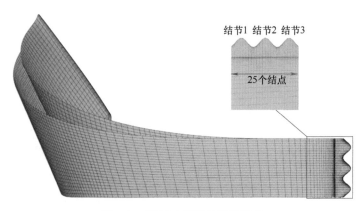

图 5.3 STLE-1 型叶片壁面网格

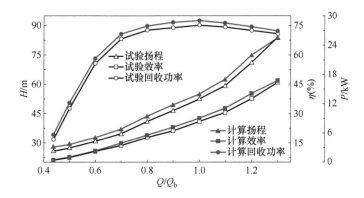

图 5.4 STLE-1 型液力透平水力性能数值计算结果与试验结果对比

5.2.2 叶片前缘结节结构对流动分离特性的影响

为进一步探究 STLE-1 型叶片对吸力面因流动分离而形成大尺度旋涡的抑制机理，通过对 Q_b 及 $1.3Q_b$ 工况下叶片表面流谱分布情况进行研究，结合叶片附近的流动特征，揭示 STLE 结构对于叶片表面流动分离特性的影响。

图 5.5 所示为 Q_b 工况 $0T$ 时刻下 STLE-1 型叶片 B_1 吸力面摩擦力线及其流谱分布，与 OLE 叶片相比，吸力面的前段流动分离及回流区域消失，但在叶片后段靠近前盖板处仍存在由回流引起的流动分离现象。从流谱特征分布图中可以看出，吸力面上流动分离的类型主要为鞍点-螺旋分离点式及鞍点-分离结点式两种。整体看来，STLE 结构能够改善该工况下吸力面的前、中部流动特性，但对于叶片尾部处的流动影响较小。该时刻下，吸力面鞍点和结点的总数均为

12 个，欧拉示性数为 0，符合摩擦力线奇点的拓扑法则。

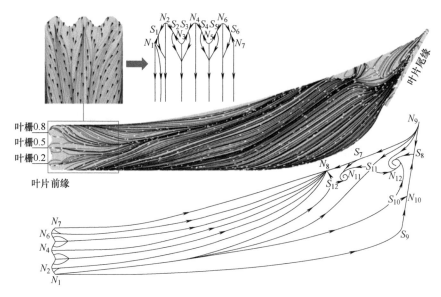

图 5.5　Q_b 工况 0T 时刻下 STLE-1 型叶片 B_1 吸力面摩擦力线及其流谱分布

从吸力面前部的摩擦力线及其流谱图可以看出，STLE-1 型叶片前缘在来流冲击作用下，其波峰和波谷处的流动方向沿流线方向且附着在叶片表面，叶片波峰及波谷前缘处均形成附着结点，在波峰与波谷中间处形成鞍点并按背离波峰对称线的方式向相邻波谷处的附着线靠近。由于图 5.3 所示结节 1 和结节 3 在前、后盖板壁端效应的影响下，流动方向受到限制，起源于鞍点 S_1 和 S_6 的流线向波峰处的附着线靠近。从局部流谱图中可以发现，该工况下 STLE-1 型叶片 B_1 吸力面的流谱特征基本以叶栅 0.5 截面对称分布，由于叶片前缘鞍点与附着结点的存在能够向吸力面前部的边界层内进行动量输运，提高了边界层内的动能，从而抑制了该工况下吸力面大尺度旋涡及回流现象的发生。

图 5.6 所示为 Q_b 工况 0T 时刻下 STLE-1 型叶片 B_1 压力面摩擦力线及其流谱分布，整体看来，摩擦力线方向未发生大尺度扭曲，除前缘波谷下游小范围外，摩擦力线均附着在叶片表面。从整体流谱分布情况看，压力面表面不存在附着/分离结点，相比于 OLE 叶片，STLE 结构能使 Q_b 工况下压力面的附着点朝叶片入口处移动，位于前缘的波峰处。回流主要发生在叶片前缘波谷下游区域，起源于鞍点 S_1、S_6、S_7、S_8 的回流线会在前缘波谷位置产生分离。该时刻下，压力面的鞍点和结点的总数均为 11 个，欧拉示性数为 0。

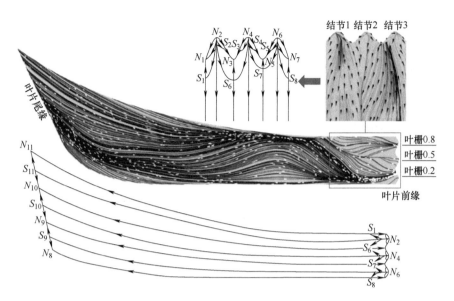

图 5.6 Q_b 工况 $0T$ 时刻下 STLE-1 型叶片 B_1 压力面摩擦力线及其流谱分布

从压力面前部的摩擦力线及其流谱图可以看出，除前缘波谷下游小范围内摩擦力线断开外，其余位置的摩擦力线基本附着在叶片表面且方向保持一致。压力面的分离结点位于前缘波谷处，起源于 N_2、N_4 和 N_6 的附着线分别交汇形成鞍点 S_6 和 S_7。由图 2.23 可知，Q_b 工况下压力面靠近后盖板处的流动更为顺畅，而结节 2 和结节 3 形成的波谷受后盖板附近的流动影响更大，从而导致鞍点 S_7 的位置相比于鞍点 S_6 更靠近前缘波谷。

图 5.7 所示为 Q_b 工况 $0T$ 时刻下 STLE-1 型叶片 B_1 两侧流道不同叶栅截面内速度矢量图，可以看出，在不同叶栅截面内，压力面和吸力面的前、中段壁面附近的速度方向基本与叶片平行，仅在叶栅 0.8 截面内吸力面尾部存在较为明显的回流现象，回流与主流的交汇点与螺旋分离点 N_{12} 位置一致。从速度矢量大小看，在 STLE 结构的影响下，吸力面前缘附近的速度明显增加且方向与叶片壁面基本一致，结合前文分析可知，这部分射流能够增大吸力面壁面附近流体的动能，使得流体能在壁面保持附着状态，降低了吸力面大尺度旋涡及局部回流带来的流动耗散，从而提高了液力透平在该工况下的效率。

图 5.8 所示为 $1.3Q_b$ 工况 $0T$ 时刻下 STLE-1 型叶片 B_1 吸力面摩擦力线及其流谱分布，与 OLE 型叶片相比，吸力面的前部和尾部靠近前盖板处回流区域明显减少，吸力面中、尾部的摩擦力线分布较为均匀。从流谱分布情况来看，分别起源于附着点 N_{11} 的回流线与起源于附着点 N_4 的附着线再交汇形成鞍点 S_{11}，

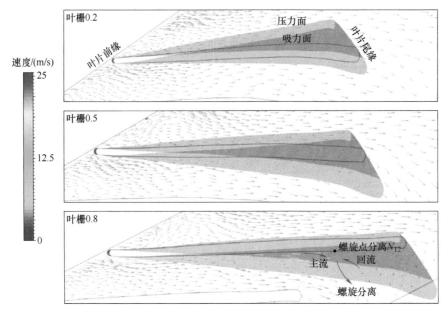

图 5.7　Q_b 工况 0T 时刻下 STLE-1 型叶片 B_1 两侧流道不同叶栅截面内速度矢量图

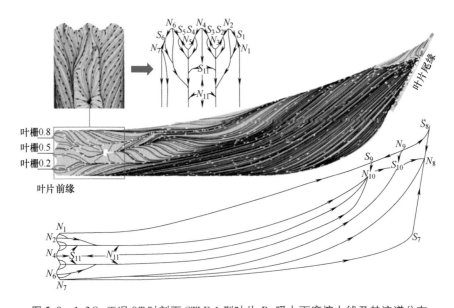

图 5.8　1.3Q_b 工况 0T 时刻下 STLE-1 型叶片 B_1 吸力面摩擦力线及其流谱分布

　　仅形成局部小范围回流区。在吸力面的尾部靠近前盖板处回流与主流交汇形成分离结点 N_{10} 且表面未出现螺旋分离点。该时刻下，吸力面鞍点和结点的总数均为 11 个，欧拉示性数为 0，符合摩擦力线奇点的拓扑法则。该工况下吸力面前缘波峰和波谷处的摩擦力线和奇点分布规律与 Q_b 工况一致，但由于负冲角入流条件下不可避免地在吸力面上会形成附着点，由于 STLE 结构的作用使附着点的位置朝前缘方向移动，从而缩小了回流区域的影响范围，抑制了大尺度旋涡的形成。此外，在前、后盖板的约束作用下，图 5.3 所示结节 1 和结节 3 处的有效冲角有所增加，因此其下游受附着点 N_{11} 的影响较小。

图 5.9 所示为 $1.3Q_b$ 工况 $0T$ 时刻下 STLE-1 型叶片 B_1 压力面摩擦力线及其流谱分布，从摩擦力线分布情况来看，回流影响区域比 OLE 型叶片小，回流与来自前缘的附着流交汇形成一条明显的分离线。从整体流谱分布情况来看，压力面流动分离主要是由回流引起的，分离模式为鞍点-分离结点式分离及附着结点-分离结点式分离，例如起源于鞍点 S_{10} 的分离线 $S_{10}N_4$ 终结于分离结点 N_4。该时刻下压力面鞍点和结点的总数均为 10 个，欧拉示性数为 0。该工况下压力面前缘波峰和波谷处的摩擦力线和奇点分布规律与 Q_b 工况明显不同，在负冲角的影响下，叶片前缘的附着结点不再位于前缘处而往下游移动，起源于附着结点 N_8 和 N_9 的附着线交汇于结节 2 波峰下游形成鞍点 S_9，前缘波峰处为分离结点，波谷处为鞍点，STLE-1 型叶片前缘的压力面为回流区。

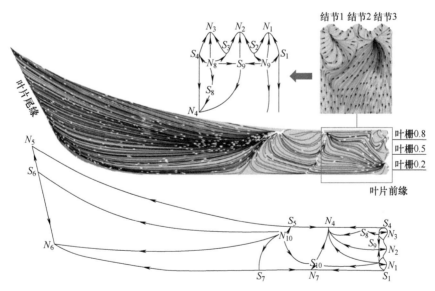

图 5.9 $1.3Q_b$ 工况 $0T$ 时刻下 STLE-1 型叶片 B_1 压力面摩擦力线及其流谱分布

图 5.10 所示为 $1.3Q_b$ 工况 $0T$ 时刻下 STLE-1 型叶片 B_1 两侧流道不同叶栅截面内的速度矢量图，与图 3.13 相比，不同叶栅截面内的速度分布更为均匀，

在 STLE 结构的影响下，吸力面附近的速度矢量方向基本与叶片壁面一致，仅在叶栅 0.5 截面内存在由附着结点 N_{11} 引起的小范围回流现象。对于叶栅 0.8 截面，在入流冲击的影响下，压力面上形成附着结点 N_{10}，并由该点处回流引发了上游分离结点 N_4 处的流动分离现象；对于叶片尾缘，回流与主流交汇形成在分离结点 N_{10} 处的流动分离，但在此处未形成大尺度旋涡。从叶片壁面附近的速度矢量分布情况看，STLE 结构能够改善 $1.3Q_b$ 工况下叶轮流道内流动特性的原因如下：一是前缘结节下游压力面存在附着结点 N_8 和 N_9 限制了由于流动冲击导致回流的影响范围；二是该工况下吸力面前缘的附着效应与 Q_b 工况具有类似效果，也能够增加吸力面近壁面处流体的动能，从而抑制因回流而产生的大尺度旋涡。在以上两种因素的共同作用下，STLE-1 型液力透平的回收效率在 $1.3Q_b$ 工况下大幅提升。

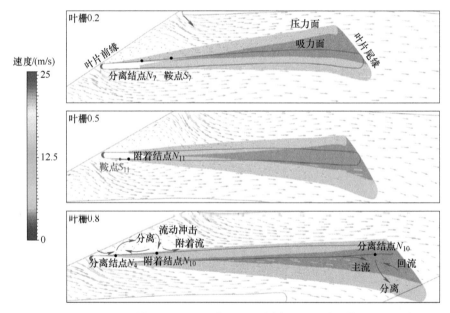

图 5.10　$1.3Q_b$ 工况 $0T$ 时刻下 STLE-1 型叶片 B_1 两侧流道不同叶栅截面内的速度矢量图

为进一步揭示 STLE 型叶轮吸力面表面附着流动的形成机理，对沿叶轮型线方向上不同位置流道内的流向涡分布情况进行分析。图 5.11 所示为 Q_b 工况下两种叶轮不同流道内的流向涡对比，其中 S 表示流线方向上的不同位置。由右手螺旋判定准则可知，在 STLE 结构的作用下，在前缘波峰两侧形成一对旋向相反的流向涡且呈正旋、反旋交替分布，这种"下洗"作用使近壁面处的流体动能增加，从而抑制流动分离的发生；由图 5.5 可知，前缘波谷处也存在附着点，因此，在附着流和相邻两侧波峰对旋涡的影响下，波谷下游的流动也能保持附着状态。随着 S 远离进口，对旋涡影响范围呈现出先增大后减小的趋势，当 S 大于 0.075 后，近壁面附近的流动平稳，对旋流向涡的强度也逐渐减小。OLE 型叶轮吸力面上，在大尺度回流涡的影响下，靠近前盖板处形成一处正旋流向涡，局部近壁面流体被该旋涡"卷起"从而导致流动分离。随着 S 远离叶轮进口，该正旋流向涡的强度呈现出先增大后减小的趋势。流体在前、后盖板的约束下，两种叶轮盖板近壁面处也存在流向涡且影响范围基本一致，其中后盖板壁面处为正旋流向涡，前盖板壁面处为反旋流向涡，随着 S 远离叶轮进口，这两部分流向涡强度逐渐减小。

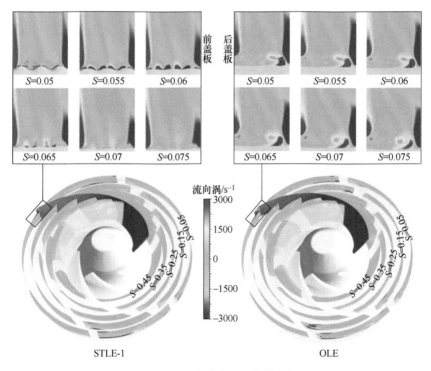

图 5.11　Q_b 工况下两种叶轮不同流道内的流向涡对比

1.3Q_b 工况下两种叶轮不同流道内的流向涡对比如图 5.12 所示，整体看来，STLE-1 型叶轮沿流线方向上不同位置截面内的流线涡分布情况及变化规律与 Q_b 工况基本一致，但涡量强度更大。在 1.3Q_b 工况下，由 STLE 结构生成的流向对旋涡能够向吸力面近壁面处的流体输送动能，从而抑制大尺度旋涡的形成。OLE 型叶轮沿流线方向上不同位置截面内的流线涡分布情况与 Q_b

工况明显不同，结合图 4.27 分析可知，以 $S = 0.055$ 截面为例，在区域 A 处存在大尺度回流涡，局部流速低，因此流向涡量强度较小，但在大尺度旋涡上边界靠近前、后盖板处存在两处明显流向涡，其中正旋流向涡靠近前盖板，反旋流向涡靠近后盖板。随着截面远离叶轮进口，流向涡的强度也逐渐增加。

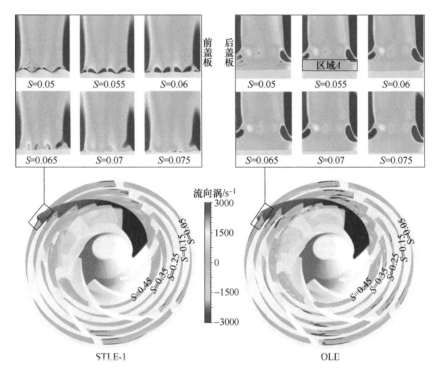

图 5.12 $1.3Q_b$ 工况下两种叶轮不同流道内的流向涡对比

5.2.3   叶片前缘结节结构对压力脉动特性的影响

从前文分析可知，STLE 结构能够改善叶轮进口的入流条件，抑制吸力面回流及大尺度旋涡的形成，从而降低叶轮内的流动损失，提高液力透平效率。为探究液力透平流场改善后对其运行稳定性的影响，本节对 STLE-1 型液力透平在典型工况下的压力脉动特性进行研究。

图 5.13 所示为 STLE-1 型叶轮内监测点在不同工况下压力脉动频域图及主频幅值变化率。STLE-1 型叶轮内不同位置的压力脉动主频成分相比 OLE 型叶轮（见图 3.48）更具有规律性且均为 $6f_n$，说明 STLE 结构抑制了叶轮内大尺度旋

涡的形成，从而减小了旋涡演化对局部压力脉动的影响。STLE-1 型叶轮内的压力脉动主频幅值随着流量增大而提高，但相比于 OLE 叶轮，不同工况下叶轮内各监测点的压力脉动主频幅值均有所降低，$0.7Q_b$、Q_b、$1.3Q_b$ 工况下的最大降幅分别为 29.8%、23.3%、61.1%。

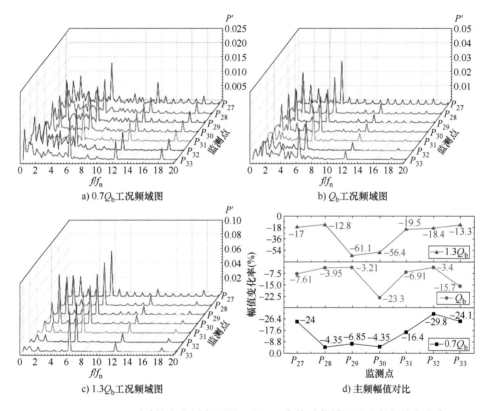

图 5.13　STLE-1 型叶轮内监测点不同工况下压力脉动频域图及主频幅值变化率

图 5.14 所示为 STLE-1 型蜗壳内监测点在不同工况下的压力脉动频域图及主频幅值变化率。不同工况下蜗壳不同位置监测点的压力脉动主频均为 $6f_n$，主频幅值随流量增大而增加。相比于 OLE 模型（见图 3.48），STLE-1 型蜗壳内监测点在 $0.7Q_b$、Q_b、$1.3Q_b$ 工况下的压力脉动主频幅值最大降幅分别为 7.08%、8.43%、11.11%。叶片前缘 STLE 结构导致蜗壳内压力脉动幅值下降的原因如下：一是改善了叶轮的入流状态，由回流及旋涡引起的蜗壳出口过流面积减小的现象有所缓解，从而降低了蜗壳内的压力脉动；二是由于 STLE 结节的波谷降低了叶片的有效外径，使得叶片前缘与蜗壳隔舌的动静干涉作用所产生的压力脉动有所减小。

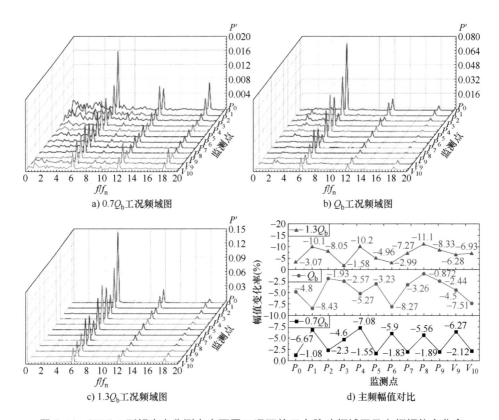

图 5.14 STLE-1 型蜗壳内监测点在不同工况下的压力脉动频域图及主频幅值变化率

图 5.15 所示为 STLE-1 型出口管内监测点在不同工况下压力脉动频域图及
主频幅值变化率。由于出口管上游叶轮内由大尺度旋涡引起的压力脉动得到抑
制，因此不同工况下 STLE-1 型出口管内的压力脉动主频成分相比于 OLE 模型

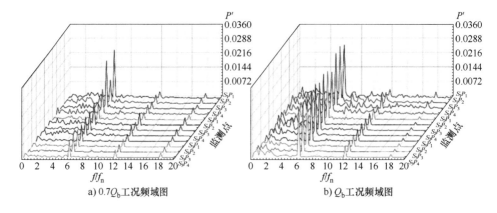

图 5.15 STLE-1 型出口管内监测点在不同工况下压力脉动频域图及主频幅值变化率

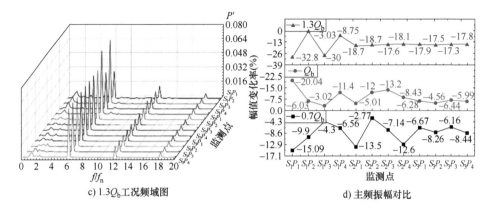

c) 1.3Q_b工况频域图   d) 主频振幅对比

图 5.15　STLE-1 型出口管内监测点在不同工况下压力脉动频域图及主频幅值变化率（续）

更为一致（见图 3.48）且均为 6f_n。随着流量的增大，出口管内各监测点的压力脉动主频幅值也增加，但相比之下，Q_b 工况下不同截面内的主频幅值更为接近。相比于 OLE 模型，STLE-1 型出口管内监测点在 0.7Q_b、Q_b、1.3Q_b 工况下的压力脉动主频幅值最大降幅分别为 15.09%、20.04%、32.84%，特别地，在 1.3Q_b 工况下，截面 S_2 及其下游的压力脉动主频幅值降幅比较一致且大于 17%，有效地改善了大流量工况下液力透平下游的压力脉动特性。

5.2.4　叶片前缘结节结构对能量回收特性的影响

图 5.16 所示为典型工况下 STLE-1 型与 OLE 型液力透平不同部件的拟涡能耗散功率及部件损失占比情况，从拟涡能耗散功率来看，STLE-1 型叶轮能够有效降低液力透平的总拟涡能耗散功率，其中在 Q_b、0.7Q_b 及 1.3Q_b 工况下降幅分别为 11.12%、15.69% 及 16.20%。从各部件损失来看，除进口段外，各工况下 STLE-1 型液力透平内水力部件的拟涡能耗散功率相比 OLE 型有所降低，特别是叶轮内的损失明显降低。由于叶轮内损失降低幅值较大，使得蜗壳及腔体内的损失占比相对上升，但总体看来，STLE-1 型液力透平在各工况下部件的损失占比规律与 OLE 型液力透平相比未发生改变，叶轮依然是液力透平流动耗散最大的部件。

图 5.17 所示为典型工况下 STLE-1 型叶栅 0.5 截面内 Ω 及流线分布情况，通过与第 4 章所述 OLE 叶轮对比可以发现，各工况下的 Ω 峰值产生位置未发生改变，但 Ω 峰值区域明显减小，特别是改善了 1.3Q_b 工况下叶栅内的 Ω 分布情况。从流线分布情况看，采用 STLE 结构能够极大地改善叶轮的入流条件，与

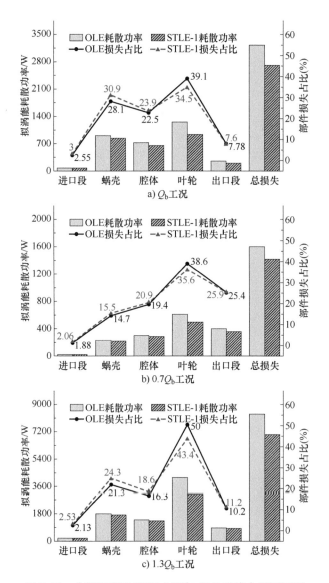

图 5.16 典型工况下 STLE-1 型与 OLE 型液力透平不同
部件的拟涡能耗散功率及部件损失占比情况

OLE 叶轮相比，$0.7Q_b$ 工况下压力面处的旋涡消失，Q_b 及 $1.3Q_b$ 工况下吸力面
也未出现大尺度旋涡，旋涡消失后使得叶轮流道的通过性变好从而降低了叶轮内
的流动损失。此外，在 $1.3Q_b$ 工况下 STLE-1 型叶轮压力面的前部仍存在由于流动
冲击而引起的局部回流，这是由大流量工况下叶轮缺少入口调节装置导致的负冲
角入流条件引起的，但由于回流速度较低而未引起对应位置的 Ω 出现峰值。

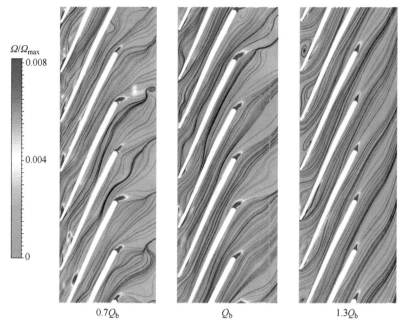

Ω/Ω_{max}

0.008

0.004

0

0.7Q_b Q_b 1.3Q_b

图 5.17　典型工况下 STLE-1 型叶栅 0.5 截面内 Ω 及流线分布情况

图 5.18 所示为典型工况下 STLE-1 型叶轮 Ω_{wall} 的分布情况，相比于 OLE 型

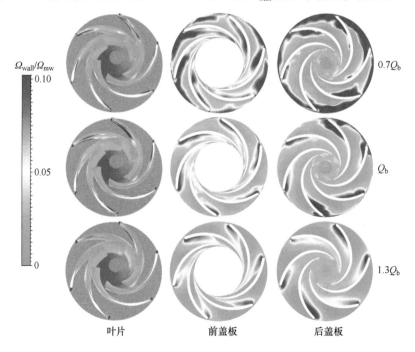

$\Omega_{wall}/\Omega_{mw}$

0.10

0.05

0

0.7Q_b

Q_b

1.3Q_b

叶片　　　　　　前盖板　　　　　　后盖板

图 5.18　典型工况下 STLE-1 型叶轮 Ω_{wall} 的分布情况

叶轮，STLE-1 型叶轮壁面在 3 种工况下的 Ω_{wall} 分布位置更为一致且 Q_b 及 $1.3Q_b$ 工况下的 Ω_{wall} 峰值区域大幅度减小，主要集中在叶片吸力面的前部及前、后盖板的对应区域。由于 Q_b 及 $1.3Q_b$ 工况下叶轮吸力面处的大尺度旋涡消失，使得 STLE-1 型叶轮在这两种工况下叶片喉部壁面处未出现 Ω_{wall} 峰值。

整体看来，通过采用 STLE 结构能够降低叶轮内的流动耗散，特别是能够抑制大流量工况下吸力面大尺度旋涡的形成，从而改善其流动特性，这也是 STLE-1 型液力透平在 $1.3Q_b$ 工况下效率大幅提升的根本原因。

5.3 叶片前缘的结构对液力透平能量回收特性影响的试验分析

采用快速成型技术对叶轮进行造型，打印材料为 Lasty-R 类 ABS 的立体光造型树脂，该材料具有优秀的可加工性能及耐温性能，固化后的材料强度可以满足叶轮在不同工况下较长时间的运行要求，STLE 型叶轮与 OLE 型叶轮的实体模型对比如图 5.19 所示。

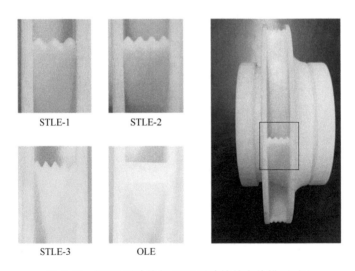

STLE-1　　　　STLE-2

STLE-3　　　　OLE

图 5.19 STLE 型叶轮与 OLE 型叶轮的实体模型对比

对改型后的 STLE 型叶轮完成性能试验测试，为便于对照，扬程 H、回收功率 P 分别采用式（5.2）和式（5.3）进行无量纲处理。图 5.20 所示为不同波长的 STLE 型叶轮与 OLE 型叶轮能量回收能力对比。整体看来，叶片前缘采用结节结构不会改变原液力透平的水力特性变化趋势，而且高效点也未发生偏离，

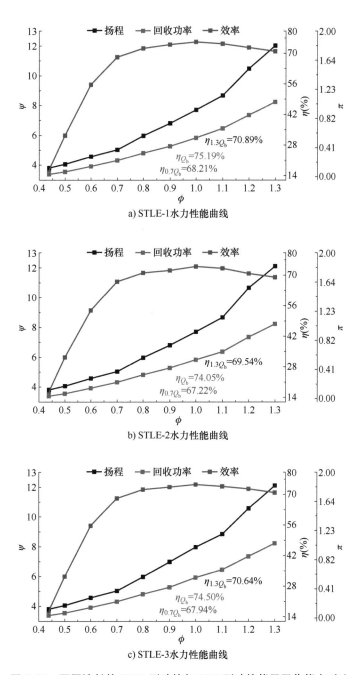

a) STLE-1水力性能曲线

b) STLE-2水力性能曲线

c) STLE-3水力性能曲线

图 5.20   不同波长的 STLE 型叶轮与 OLE 型叶轮能量回收能力对比

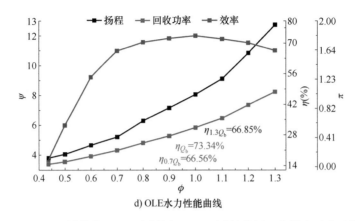

d) OLE水力性能曲线

图 5.20　不同波长的 STLE 型叶轮与 OLE 型叶轮能量回收能力对比（续）

均在流量为 78.3m³/h 处达到最高效率。从扬程曲线上看，STLE 型叶轮相比
OLE 型叶轮在相同流量工况下扬程更低，说明 STLE 型叶轮可以降低液力透平
内的水力损失；从回收功率曲线上看，STLE 型叶轮与 OLE 型叶轮在相同流量
工况下回收功率基本相同，因此，采用 STLE 型叶轮有助于提升液力透平在全
工况下的效率。相比之下，STLE-1 型叶轮对效率提升效果最好，$0.7Q_b$、Q_b 和
$1.3Q_b$ 工况下的增幅分别为 2.48%、2.52% 和 6.04%。整体看来，3 种 STLE 型
叶轮对于液力透平效率提升的有效程度从大到小排序为：STLE-1 > STLE-3 >
STLE-2。

$$\psi = \frac{gH}{n^2 D^2} \tag{5.2}$$

$$\xi = \frac{P}{\rho n^3 D^5} \tag{5.3}$$

式中，D 是叶轮外径（m）；ρ 是流体密度（kg/m³）。

　　由试验结果可知，采用 STLE 型结构的叶轮相比于原始叶轮在 Q_b 及 $0.7Q_b$
工况下对液力透平效率的提升幅度为 2% ~ 3%，但在 $1.3Q_b$ 工况下效率提升更
为显著。初步分析其原因如下：一是与 Doshi 等[132] 采用叶片前缘倒圆角优化方
式的原理类似，由于 STLE 结构表面过渡较为平缓，因此有助于减小来流对于
叶片前缘的冲击损失；二是与蔡畅等[133-134] 对仿座头鲸鳍肢前缘凸起翼型研究
结果类似，翼型前缘结节结构能够改善翼型在大攻角工况下的失速特性，本书
设计的 STLE 结构有助于提高叶轮在大流量工况下能量回收的能力。

Chapter 6

第6章 液力透平形式对于液力透平能量回收特性的影响

在化工、海水淡化等行业中，过程流体通常具有压力高、流量大等特点。因此，采用多级泵反转作液力透平不失为一种性价比高的能量回收装置。本章对多级液力透平进行了数值模拟与试验研究，同时，考虑到多级液力透平系统的高度复杂性，对多级液力透平进行了内部流动及能量损失规律分析，并研究了其压力脉动特性。研究结果可以为多级液力透平系统的结构及性能优化提供参考。

6.1 多级液力透平多工况下的内部流动特性

6.1.1 物理模型及网格

针对浙江理工大学流体传输系统技术国家地方联合工程实验室中的多级液力透平进行研究，该多级液力透平在泵工况下的型号为 D12-25，泵设计工况下的流量、扬程分别为 12.5m³/h，125m。多级液力透平全流场模型如图 6.1 所示，由引水室、出水室、前腔、后腔、平衡盘、叶轮和导叶等组成。使用 ICEM 软件构建所有流体域的六面体网格，并通过细化边界网格方法（RBM）增加壁面附近的网格节点。为了测试网格敏感性，Q_b 工况下网格节点数对多级液力透平外特性的影响如图 6.2 所示。当网格节点数大于 1078 万时，多级液力透平效率波动小于 0.5%。因此，为了反映多级液力透平的湍流细节以及节省计算资源，使用网格节点总数为 10785025 的网格进行进一步的数值研究。多级液力透平的网格及局部网格细节如图 6.3 所示。

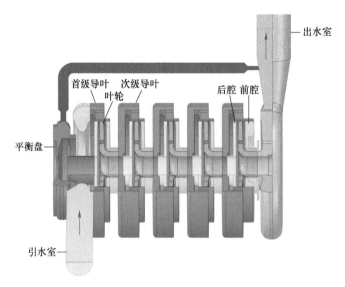

图 6.1　多级液力透平全流场模型

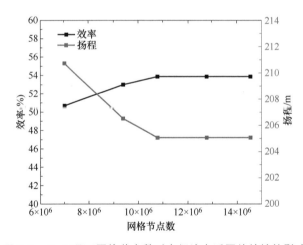

图 6.2　Q_b 工况下网格节点数对多级液力透平外特性的影响

为了分析网格的敏感性，获得了用于计算的网格的离散化误差数据，见表 6.1。其中，r_{21} 是第 2 套网格与第 1 套网格的数目比值；r_{32} 是第 3 套网格与第 2 套网格的数目比值；$\varphi_1 / \varphi_2 / \varphi_3$ 分别是对应网格下多级液力透平内的流动特性参数；φ_{ext}^{21} 是流动特性参数的外推值；e_a^{21}、e_{ext}^{21} 分别是近似相对误差和外推相对误差；GCI_{fine}^{21} 是精细网格收敛指数。计算得到扬程系数和效率系数的数值误差分别为 1.87% 和 1.06%，网格的离散化误差足够小，可以确保计算的准确性。

表 6.1　用于计算的网格的离散化误差数据

参数	扬程	效率
r_{21}/r_{32}	1.106/1.156	1.106/1.156
$\varphi_1/\varphi_2/\varphi_3$	203.01/202.46/201.49	54.01/53.87/53.59
p	1.647	2.654
$\varphi_{\text{ext}}^{21}$	206.65	54.94
e_a^{21}	0.27%	0.26%
e_{ext}^{21}	1.76%	1.69%
GCI_{fine}^{21}	1.87%	1.06%

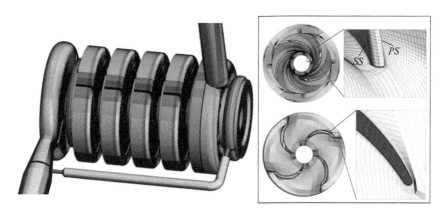

图 6.3　多级液力透平的网格及局部网格细节

6.1.2　数值计算结果验证

多级液力透平试验测试系统如图 6.4 所示。试验系统由数据采集系统、增压泵、测试部分、控制阀、压力传感器、电磁流量计、水箱、变频器等组成。增压泵提供高压流体驱动多级液力透平。多级液力透平进出口压力由压力传感器 1 和 2 测量，流量由电磁流量计测量。入口压力和流量可以通过调节控制阀 1 的开度来改变。通过弹性联轴器，多级液力透平直接连接电涡流测功机（ECD），如图 6.4b 所示。通过控制 ECD 的负载，多级液力透平可以在不同的流速下保持相同的转速。测试装置的量程范围和精度见表6.2。

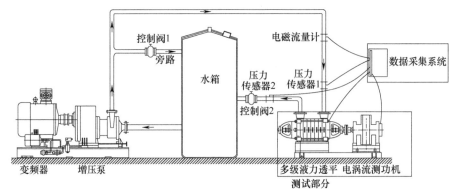

a) 多级液力透平试验平台示意图

b) 多级液力透平及电涡流测功机

图 6.4　多级液力透平试验测试系统

表 6.2　测试装置的量程范围和精度

测试装置	量程范围	精度（%）
电磁流量计	2.121~106m³/h	±0.3
压力传感器 1	0~5MPa	±0.2
压力传感器 2	0~2.5MPa	±0.2
扭矩传感器	0~70N·m	±0.3
转速传感器	0~13000r/min	±0.01

多级液力透平性能测试的试验过程如下：首先，在测试前关闭控制阀 1 和 2，用真空法将管道内的空气排出。为防止多级液力透平失控，在启动增压泵之

前将 ECD 调整到最大吸收功率。调节控制阀 2 全开，启动增压泵。随后，慢慢调整 ECD 的扭矩，使转速稳定在 2900r/min。记录此时多级液力透平的流量、进、出口压力和回收功率，此时流量达到系统的最大值。最后，同时调整控制阀 1 和 2 的开度和 ECD 的扭矩，使多级液力透平的流入压力和转速不变，则可以得到不同流量下多级液力透平特性的变化。

不同流量条件下多级液力透平的扬程 H、回收功率 P 和效率 η 计算方式为

$$H = \frac{p_1 - p_2}{\rho g} \tag{6.1}$$

$$P = \frac{2\pi n T}{60} \tag{6.2}$$

$$\eta = \frac{P}{\rho g Q H} \times 100\% \tag{6.3}$$

图 6.5 所示为液力透平水力特性计算结果与试验结果对比。总体来看，计算结果与试验结果整体趋势一致，观察到计算结果与试验结果略有偏差，这可能是由于机械损失和部分容积损失在计算中没有考虑到，导致计算效率比试验效率更高一些；而模拟出口压力比试验值更大，导致计算扬程比试验扬程更小一些。偏设计工况下，计算结果与试验结果偏差较大，效率最大偏差为 10.8%。设计工况下，计算结果与试验结果偏差较小。根据多级液力透平在不同流量条件下的性能结果，发现多级液力透平的高效范围较窄，特别是在部分负荷流动条件下，效率明显下降。在过载流量情况下，效率下降相对平缓，回收功率和扬程随着流量的增加而增加。

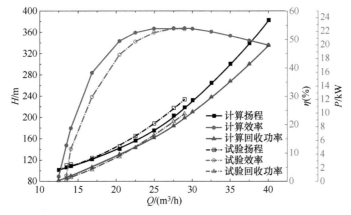

图 6.5　液力透平水力特性计算结果与试验结果对比

图 6.6 所示为多级液力透平外特性随转速的变化曲线。随着转速下降，回收功率和扬程也下降。扬程和回收功率随流量的变化趋势相同，在不同转速下扬程和回收功率随流量的增大而增大。回收功率在大流量下差异更大，扬程在小流量下差异较大。图 6.6c 所示为多级液力透平在不同转速下的效率变化趋势，整体走势都是先上升后降低，在小流量工况下降较快，在大流量工况下降缓慢。对于试验结果，最高效率点的大小和对应的流量随着转速的降低而降低。总体来看，多级液力透平的有效工作区域也会随着转速的降低而减小。

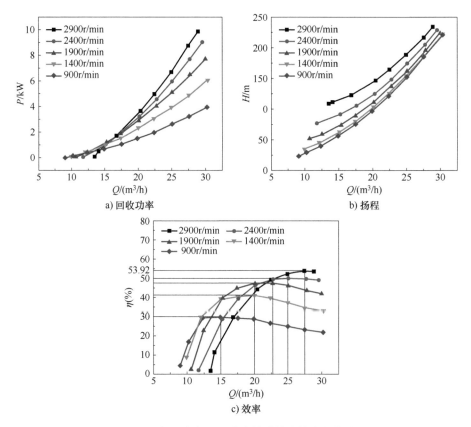

图 6.6　多级液力透平外特性随转速的变化曲线

6.1.3　多级液力透平的内部流动级间特性分析

为了研究多级液力透平内部流动的不稳定性，采用确定性流动分析方法对非定常速度场进行确定性分解。可以在数值上对泵内各种不稳定性因素进行分离，提供水力损失的来源信息，以便对泵内流动结构有更深入的了解。确定性分析的基础理论如下[135-136]：

引入时间平均算子

$$\overline{u}_i(r,\theta,z) = \frac{1}{T_B}\int_0^{T_B}\tilde{u}_i(r,\theta,z,t)\,\mathrm{d}t \approx \frac{1}{N}\sum_{n=1}^N \tilde{u}_i(r,\theta,z,t) \qquad (6.4)$$

式中，T_B 是叶片通过周期；N 是一个叶片通过时间的总时间步数；r、θ、z 是柱坐标位置；$\tilde{u}_i$ 是非定常雷诺时均速度场。叶轮机械内的非稳态速度场 $\tilde{u}_i$ 可以被分解为一个定常分量 $\overline{u}_i$（时间平均项）和一个由湍流和周期性波动影响的非定常分量。本书中数值结果是通过非定常雷诺时均方程计算而得，其非稳态环境下已经不存在湍流波动。因此，非定常分量去除了湍流波动后剩下完全确定的周期性波动（确定性波动）u_i'，即

$$u_i'(r,\theta,z,t) = \tilde{u}_i(r,\theta,z,t) - \overline{u}_i(r,\theta,z) \qquad (6.5)$$

进一步地，在绝对参考系中观察到的确定性波动或流动不稳定是叶栅流道中速度梯度切向变化的结果。也就是说，绝对参考系中流速随时间的变化是由相对参考系中角度梯度的周向变化造成的[137]，在数学上表示为

$$\frac{\partial}{\partial t} = -\Omega\frac{\partial}{\partial\theta} \qquad (6.6)$$

式中，Ω 是角速度。

然而，式（6.6）只有在相对参考系内的速度完全稳定的情况下才完全成立，相当于导叶和叶轮叶片之间的速度场没有相互影响。因此，为了处理实际的流动不均匀性，在分析中考虑了一个额外项来表示两个参考系之间的相互作用。添加到确定性激励的周期性波动中，表示为

$$u_i'(r,\theta,z,t) = u_i''^{(R)}(r,\theta-\Omega t,z) + \hat{u}_i(r,\theta,z,t) \qquad (6.7)$$

式中，$u_i''^{(R)}$ 是相对参考系下的空间波动量，反映流场参数的空间分布不均匀性；$\hat{u}_i$ 是导叶和叶轮之间相互作用下的纯非定常项。$u_i''^{(R)}$ 是由相对参考系下的时间平均流动和独立于参考系的轴对称速度分量 $\tilde{u}_i^{(axi)}$ 之间的差值计算得到的

$$u_i''^{(R)}(r,\theta-\Omega t,z) = \overline{u}_i^{(R)}(r,\theta-\Omega t,z) - \tilde{u}_i^{(axi)}(r,z) \qquad (6.8)$$

式中，$\tilde{u}_i^{(axi)}$ 是通过把时间平均速度 $\overline{u}_i^{(R)}$ 进行节距平均（或周向平均）获得的。考虑到相对参考系的空间不均匀性是绝对参考系中不稳定的来源，如Leboeuf[138] 所推导，转子中与轴对称流动的空间偏差 $u_i''^{(R)}$ 在定子中产生不稳定，可以通过沿着叶轮通道的角度延伸引入额外的圆周平均（节距平均）进行消除。

$$\tilde{u}_i^{(\text{axi})}(r,z) = \frac{1}{\lambda} \int_{\theta_0}^{\theta_0 + \frac{2\pi}{B}} H\overline{u}_i(r,\theta,z)\,\mathrm{d}\theta \approx \frac{1}{N_\theta} \sum_{n=1}^{N_\theta} \tilde{u}_i(\theta_n) \tag{6.9}$$

式中，λ 和 H 是考虑叶片切向厚度的函数；B 是叶片数量；N_θ 是时间步长；θ_0 是某时刻下的角度位置；θ_n 是某时间步长下的角度位置。使用上述方法进行非定常流场数据分析时，还需要根据 $\theta_{\text{abs}} = \theta_{\text{rel}} + \Omega t$ 把相对参考系下的参数转化为绝对参考系下的参数（其中 θ_{abs} 是某绝对坐标系下的角度位置，θ_{rel} 是相对坐标系下的角度位置）。图 6.7 所示为整体速度框架和平均过程与相对参考系的关系示意图。

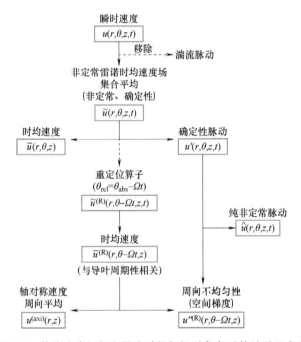

图 6.7　整体速度框架和平均过程与相对参考系的关系示意图

综上所述，多级泵作液力透平由非稳态雷诺时均方程求解得到的速度场被分解为 3 个分量，第 1 项是速度场的时间平均速度；第 2 项是相对参考系下的空间波动量；第 3 项是纯时间项，表示叶轮导叶间的相互干涉作用，被认作一个完全非线性的项。

$$\tilde{u}_i(r,\theta,z,t) = \overline{u}_i(r,\theta,z) + u_i''^{(\text{R})}(r,\theta - \Omega t,z) + \hat{u}_i(r,\theta,z,t) \tag{6.10}$$

根据数值计算结果，多级泵作液力透平在不同工况下各级的压降变化如图 6.8 所示，参考 Stel 等[139]对多级电潜泵的级间特性比较方法，各级的压降 Δp 由 5 级的平均压降值 Δp_{avg} 无量纲化，图中虚线表示各级的压降值与平均压降值相匹配的条件，即 $\Delta p / \Delta p_{avg} = 1$。从图 6.8 中可以看出，所有流量下 1 级的压降值都要高于平均压降值，其偏离平均值 Δp_{avg} 的多少在很大程度上取决于流量的大小。从 2 级到 5 级，所有流量下的压降值都要略小于平均值，其中 5 级结果会更接近于平均值。显然，仅使用多级泵作液力透平的单级流动情况不足以进行流场分析和性能评估，而 2 级和 5 级的压力分布情况相似，故本书取多级液力透平的 1 级和 2 级进行后续研究分析。

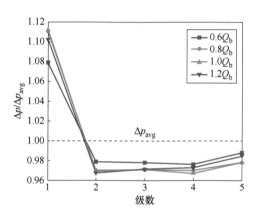

图 6.8　多级泵作液力透平在不同工况下各级的压降变化

　　叶轮作为液力透平能量回收的主要部件，叶片压力面和吸力面的压差驱动着叶轮的旋转，叶片表面的压力分布特性决定了叶轮回收能量的能力。不同工况下叶轮轴向中间截面的压力分布如图 6.9 所示，为了更清楚地表示 2 级部件的压力分布，在不同流量下使用了不同的等高线。正如向心式液力透平那样，由于流体的能量传递到叶片上，压力的大小从叶轮的进口到出口不断减小。液力透平状态下正导叶的扩散段部分起到转换压能为动能的作用，逐渐缩小的正导叶通道将稳定的压能转化为相对不稳定的动能，使正导叶通道出口压力小于进口压力。不同流量下叶轮内压力变化趋势相差较大，$0.8Q_b$ 流量下，叶片压力面的前缘小范围内局部压力较高，这可能与局部存在低速旋涡有关，随着流量的增大，叶片前缘高压区域消失。正导叶叶片尾缘位置存在小范围局部低压区域。

　　为进一步探究不同工况下叶片表面的压力分布特性，不同工况下 1 级和 2 级叶轮叶栅中间截面的叶片表面压力分布如图 6.10 所示。纵坐标为无量纲化压力系数，横坐标为叶片流线位置，0 表示叶片进口，1 表示叶片出口。2 级叶轮叶片表面压力下降较 1 级平缓，随着流量的增大，流线位置在（0～0.5）区间

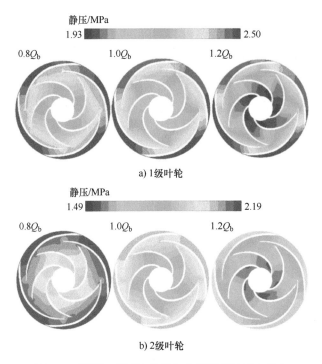

图 6.9　不同工况下叶轮轴向中间截面的压力分布

内 1 级叶轮压力面与吸力面间的压差会大于 2 级叶轮，说明在此区间内 1 级叶轮回收功率能力要优于 2 级叶轮。在 2 级叶轮叶片前缘处可以观察到小范围逆压分布，该位置的压力上升表明压力侧出现回流。两级叶轮的叶片尾缘处（流线位置为 0.95~1）压力分布情况都较为复杂，出现明显的压力骤降，产生尾缘涡流[140]。2 级叶轮前缘吸力面压力显著高于压力面压力，这是由 2 级叶轮进口处不充分流动造成的[141]。

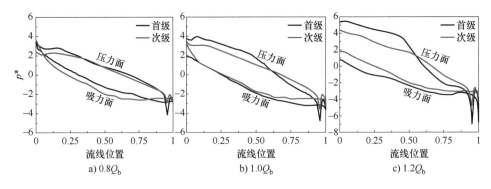

图 6.10　不同工况下 1 级和 2 级叶轮叶栅中间截面的叶片表面压力分布

如 Yang 等[142] 在研究中的发现，液力透平在运行时叶轮中水力损失占总损失的 50% 以上。离心泵最初设计时并没有考虑其在液力透平工况下的性能，因此泵的一些几何参数并不一定能很好地适用于在液力透平工况下运行。相比于泵工况，液力透平工况下的流动特性会变得更加复杂。图 6.11 所示为不同工况下叶轮叶栅中间截面的流线分布情况对比，对于液力透平来说，即使在最佳效率点，在叶轮流道中仍会产生大尺度轴向涡旋[82]。从图 6.11 中可以看出，2 级叶轮流线分布稍好于 1 级叶轮。在各流量工况下，流道的压力面附近基本都存在旋涡，在流体冲击下，压力面的前、中部存在明显的流动分离现象。在偏设计工况下，其流线分布则更加紊乱。

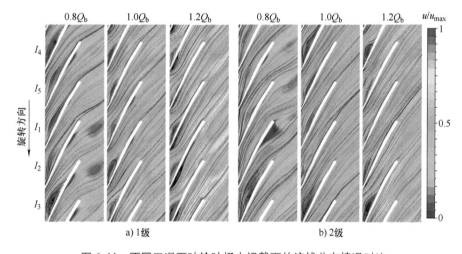

图 6.11　不同工况下叶轮叶栅中间截面的流线分布情况对比

多级泵作液力透平中叶轮进口的流动条件决定了流场的分布特征和能量回收能力，尽管叶轮作为旋转部件是几何中心对称的，但从图 6.11 中可以看出，叶轮不同流道内的流场分布情况并不完全一致。不同工况下叶轮各流道内的流量差异如图 6.12 所示，从图中可以看出，1 级叶轮各流道的流量偏离较为严重。其中 $0.8Q_b$ 流量下 I_4 流道的最大流量偏差比超过了 -30%。随着流量的增大，不同流道内的流量分布差异值在减小。相对 1 级叶轮而言，2 级叶轮各流道的流量分布则较为均匀，各流量下最大偏差比均发生在 I_4 流道内，且最大偏差比较低（接近 -16%）。$1.0Q_b$ 工况下叶轮不同流道内的流量分布最均匀。

依据上述讨论，可以了解到 1 级和 2 级叶轮进口的入流条件差异较大。下面部分将运用确定性流动分析对叶轮进口速度场进行分解，研究不同流量下的

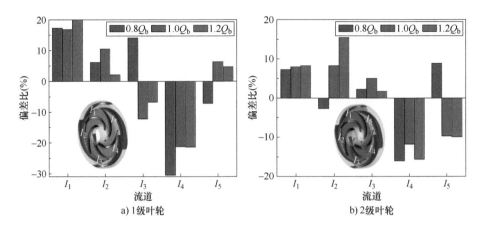

图 6.12 不同工况下叶轮各流道内的流量差异

相对流动结构，观察流量是如何对叶轮通道的不同流型产生影响的，以分析叶轮叶片通过期间的非稳态流动。

对叶轮进口位置上的径向速度进行无量纲化处理，无量纲化使得各结果之间的比较更具代表性，径向速度用每个流量下相关联的特征径向速度来计算，其参考值对应于典型通流

$$\overline{\overline{u}}_r = Q/\pi d_2 b_2 \tag{6.11}$$

图 6.13 和图 6.14 所示分别为不同工况下 1 级和 2 级叶轮进口处的无量纲化径向速度分布。叶轮进口环面沿圆周方向展开成平面，旋转方向为从左往右，两图中还指示了叶片的压力面和吸力面及叶轮的前、后盖板位置，正导叶的尾缘位置在图中用蓝色虚线表示。结果表明了在不同工况下叶轮进口处的流动不均匀性，以及流体是如何被堵塞的。显然多级液力透平叶轮进口处速度分布并不均匀，在 1 级叶轮中向后盖板移动，而在 2 级叶轮中是向前盖板移动的。然而无导叶单级离心泵作液力透平的叶轮进口处则会显示出良好的均匀性[8]。由于正导叶流道内的引导作用，在正导叶尾缘位置后沿叶轮旋转方向约20°处会出现很高的负径向速度。径向速度值从一个叶片的吸力面到正导叶作用位置前连续减少，经正导叶作用后又骤增，然后到前一个叶片的压力面继续连续减少。在各流量条件下，叶轮后盖靠近叶片压力面附近会存在流动再循环区域（正径向速度），叶片吸力面附近存在着狭窄的高负径向速度分布，在 2 级叶轮中会尤为狭窄。这些区域的形成是由于在高流量下来流的入射角大，流体被引向叶片的吸力面，且在压力面附近造成小的回流，在 $0.8Q_b$ 工况下也有类似的影响。低流量下的来流入流角很小，因此流体被引向叶片的压力面。很高的正径向速

度分布出现在叶轮后盖板，这种流动偏差会在所有叶轮叶片的压力面，特别是靠近后盖板一侧，造成显著的回流。

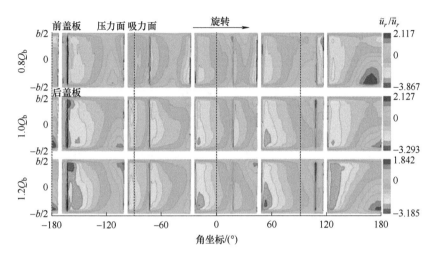

图 6.13　不同工况下 1 级叶轮进口处的无量纲化径向速度分布

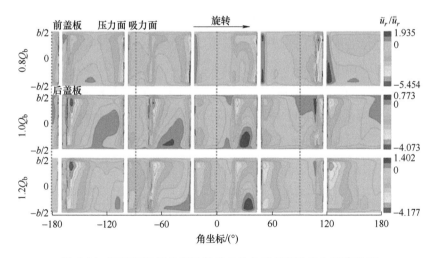

图 6.14　不同工况下 2 级叶轮进口处的无量纲化径向速度分布

图 6.15 所示为不同工况下叶轮进口处的轴对称通流对比，图中 $u_r^{(axi)}/\overline{u}_r$ 为叶轮进口通量的无量纲表达。两级叶轮都有相似趋势：在最高效率点下，流体在叶轮进口处的轴对称流动分布偏设计工况更好；前盖板处的速度周向平均值要高于后盖板处，在 2 级叶轮前盖板处会获得较 1 级叶轮更高的速度周向平均值。在多级泵作液力透平的情况下，液体经过导叶引导后进入叶轮，叶轮各流

道间速度分布的对称性会较单级泵作液力透平更好。对于单级蜗壳式离心泵，高压液体通过蜗壳后直接进入叶轮，流出蜗壳中的液体并非均匀的、轴对称的。因此，进入叶轮中的液体缺乏稳定性并影响液力透平的整机性能，在一定程度上反映了多级泵在泵和液力透平两种模式间效率下降的程度要低于单级泵。

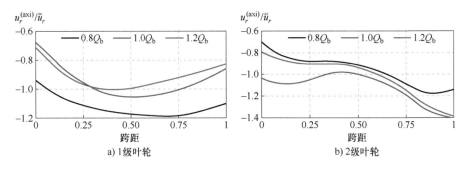

图 6.15   不同工况下叶轮进口处的轴对称通流对比

进口速度的变化影响着液力透平叶轮内的动量传递。图 6.16 和图 6.17 所示分别为 1 级和 2 级叶轮进口中间位置的时均径向速度，给出了不同流量条件下时均径向速度沿周向的变化规律。其中，蓝色线表示正导叶尾缘位置，$\bar{u}_r / \bar{u}_r$ 是叶轮进口时均速度的无量纲表达。从两图中可以看出在 $0.8Q_b$ 工况下的时均径向速度正负波动较大，特别是在 2 级叶轮中速度波动更为剧烈，在 $1.0Q_b$ 和 $1.2Q_b$ 工况下叶轮进口的时均径向速度变化规律一致。如前文所述，叶片在经过正导叶之后径向速度会骤增，并伴随着部分的流量堵塞效应。

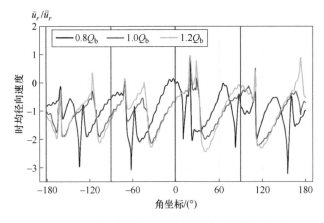

图 6.16   1 级叶轮进口中间位置的时均径向速度

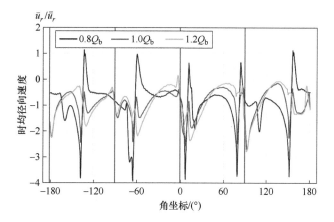

图 6.17　2 级叶轮进口中间位置的时均径向速度

　　由于空间梯度的周期性，图 6.18 只显示了 1 级叶轮和 2 级叶轮进口处叶栅中两个叶距的速度分量，表示空间梯度的不均匀性，图中 $u_r''^{(R)}/\bar{u}_r$ 为空间速度脉动的无量纲表示。由于之前已经减去轴对称通流，消除了壁面区域中边界层的影响，增强了径向速度梯度的表示。与前面所展示的部分一样，图 6.18 中对应于叶轮径向进口的环面已被展开并绘制成平面，此速度分量表示由于叶片的通过而导致的径向速度的振荡。

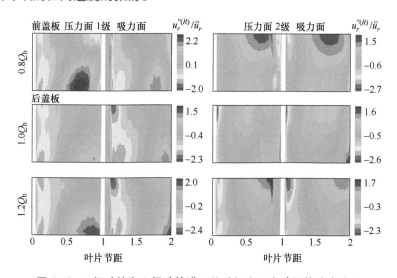

图 6.18　1 级叶轮和 2 级叶轮进口处叶栅中两个叶距的速度分量

　　显然，多级液力透平运行在偏设计工况下，叶轮进口处的速度波动较为剧烈，相比于 2 级叶轮，1 级叶轮的速度波动更为强烈。这一现象与叶轮进口前的导叶结构有关，1 级叶轮的导叶不含反导叶，其正导叶与引水室直接连接，而 2 级叶轮的导叶含有反导叶，反导叶流道结构增强了流体的预旋，叶轮利用的动能会增加。可以看出，随着流量的增大，叶片吸力面很高的负波动区域在节距方向上变得越来越宽，在 1 级叶轮中尤其明显。高的正波动值主要集中在 1 级叶轮的压力面附近靠近后盖板处，相反，在 2 级叶轮中，高的正波动值则主要集中在叶片压力面附近靠近前盖板区域。多级液力透平运行在最佳工况下，叶轮进口的尾迹效应较弱，随着流量的减少，叶轮进口的尾迹会变厚。偏设计工况下，由于尾迹造成的空间梯度突变，会使水力效率受到振荡而下降。高流量下 1 级叶轮进口处并没有产生较大的波动，且 2 级叶轮进口处的正负波动较小，仅分别在叶片的压力面靠近前盖板处和吸力面靠近后盖板处出现了小范围的高波动区域，说明 2 级叶轮运作的稳定性要优于 1 级叶轮。

图 6.19 和图 6.20 所示分别为 1 级叶轮和 2 级叶轮进口面的中间截面处径向速度的纯非定常波动量。图中纵轴为该分量在叶片上随时间变化的情况；T_B 为叶片通过周期；t 为转动时间；$\hat{u}_r/\bar{u}_r$ 为纯非定常脉动项的无量纲表示。从图中可以看出，动静参考系间相互作用的纯非定常波动量随着叶片通过时间并无明显变化，且由前面可知叶轮进口的尾迹效应并不明显，说明径向导叶式多级泵作液力透平的叶轮和导叶之间的动静干涉作用较弱。而不含导叶的单级泵作液力透平时在叶轮进口处会有明显的尾迹效应，该尾迹效应会使叶轮动静干涉作用加强，从而使蜗壳内的压力脉动幅值增加，影响单级液力透平的稳定运行[31]。因此多级泵作液力透平叶轮的动静干涉现象要弱于单级液力透平。

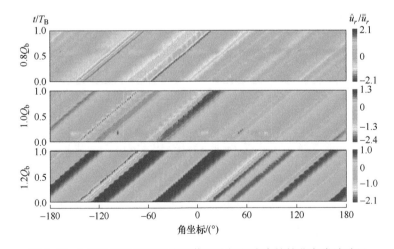

图 6.19　1 级叶轮进口面的中间截面处径向速度的纯非定常波动量

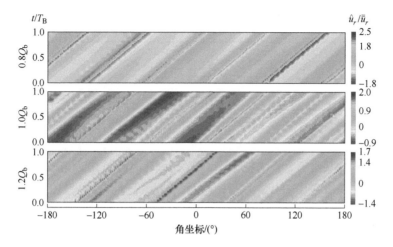

图 6.20　2 级叶轮进口面的中间截面处径向速度的纯非定常波动量

6.2　多级液力透平多工况下的能量回收特性

6.2.1　熵产耗散理论

熵产（entropy generation rate，EGR）是伴随各种能量转换过程中的不可避免的耗散效应[97,98]。根据热力学第二定律，一个实际的不可逆过程，总是会伴有熵产。对于离心泵中的流动，在忽略传热的情况下，边界层内的黏性力会使流体机械能不可逆地转化为内能，引起熵产；高雷诺数区的湍流脉动也会引起水力损失，产生熵产[143-146]。因此，从热力学的角度来看，离心泵内流体流动的能量耗散可以用熵产进行评估。

对于牛顿流体而言，层流中质点的熵产可以用式（6.12）来计算

$$\dot{S}_D''' = \frac{\mu}{T}\left\{2\left[\left(\frac{\partial u}{\partial x}\right)^2 + \left(\frac{\partial v}{\partial y}\right)^2 + \left(\frac{\partial w}{\partial z}\right)^2\right] + \left[\left(\frac{\partial v}{\partial x}+\frac{\partial u}{\partial y}\right)^2 + \left(\frac{\partial w}{\partial x}+\frac{\partial u}{\partial z}\right)^2 + \left(\frac{\partial v}{\partial z}+\frac{\partial w}{\partial y}\right)^2\right]\right\}$$

（6.12）

湍流中，质点的熵产生成率 $\dot{S}_D'''$ 可以由两部分计算得到，一部分是时均运动引起的熵产，一部分是速度脉动引起的熵产。计算公式如下

$$\dot{S}_D''' = \dot{S}_{\overline{D}}''' + \dot{S}_{D'}'''$$

（6.13）

式中，$\dot{S}_{\overline{D}}'''$ 是由平均速度产生的熵产；$\dot{S}_{D'}'''$ 是由脉动速度产生的熵产。

由平均速度产生的熵产可以由式（6.14）计算

$$\dot{S}_{\overline{D}}''' = \frac{\mu}{T}\left\{ 2\left[\left(\frac{\partial \overline{u}}{\partial x} \right)^2 + \left(\frac{\partial \overline{v}}{\partial y} \right)^2 + \left(\frac{\partial \overline{w}}{\partial z} \right)^2 \right] + \left[\left(\frac{\partial \overline{v}}{\partial x} + \frac{\partial \overline{u}}{\partial y} \right)^2 + \left(\frac{\partial \overline{w}}{\partial x} + \frac{\partial \overline{u}}{\partial z} \right)^2 + \left(\frac{\partial \overline{v}}{\partial z} + \frac{\partial \overline{w}}{\partial y} \right)^2 \right] \right\}$$

(6.14)

由脉动速度产生的熵产由式（6.15）计算[98]

$$\dot{S}_{D'}''' = \frac{\mu}{T}\left\{ 2\left[\left(\frac{\partial u'}{\partial x} \right)^2 + \left(\frac{\partial v'}{\partial y} \right)^2 + \left(\frac{\partial w'}{\partial z} \right)^2 \right] + \left[\left(\frac{\partial v'}{\partial x} + \frac{\partial u'}{\partial y} \right)^2 + \left(\frac{\partial w'}{\partial x} + \frac{\partial u'}{\partial z} \right)^2 + \left(\frac{\partial v'}{\partial z} + \frac{\partial w'}{\partial y} \right)^2 \right] \right\}$$

(6.15)

由于在 RANS 数值计算方法中，其湍流脉动速度是由 ε 方程来体现的，而没有求得脉动速度量，因此无法直接由脉动量的偏微分计算得到 $\dot{S}_{D'}'''$。根据 Kock 和 Herwig 等[147-148]提出的方法，由压力脉动产生的熵产 $\dot{S}_{D'}'''$ 可由式（6.16）计算

$$\dot{S}_{D'}''' = \frac{\rho \varepsilon}{T}$$

(6.16)

研究发现，由于流体黏度的影响，壁面附近较大的速度梯度引起了强烈的壁面效应。而且，时均熵产和脉动熵产的积分区域不包括靠近壁面的核心区域，导致熵产计算结果会产生误差。根据 Hou 等[124]的研究，壁面处的熵产 $\dot{S}_{w}'''$ 可以由式（6.17）得出

$$\dot{S}_{w}''' = \frac{\tau \cdot v}{T}$$

(6.17)

式中，τ 是壁面剪切力；v 是靠近壁面的第一个网格的速度。

整个流场的总熵产则可利用质点熵产的体积分和壁面熵产的面积分求得

$$\dot{S}_{\overline{D}} = \int_V \dot{S}_{\overline{D}}''' \mathrm{d}V$$

(6.18)

$$\dot{S}_{D'} = \int_V \dot{S}_{D'}''' \mathrm{d}V$$

(6.19)

$$\dot{S}_{w} = \int_S \dot{S}_{w}''' \mathrm{d}S$$

(6.20)

$$\dot{S} = \dot{S}_{\overline{D}} + \dot{S}_{D'} + \dot{S}_{w}$$

(6.21)

通过上述公式可利用数值模拟方法对液力透平全流场进行数值计算，并且对计算结果进行后处理，对熵产公式编写 UDF（用户自定义函数）程序，在 CFX-POST 后处理计算结果时导入 UDF 程序求得任意质点的熵产，以及流场的总熵产，以此来分析流动过程中的能量损失分布，进而评估液力透平的能量回收特性以及各个过流部件的性能。

6.2.2 多级液力透平能量耗散特性分析

由于多级液力透平部件过多，先将多级部件合在一起进行分析比较，后续再进行单级部件分析。图 6.21 所示为不同工况下各部件的体积平均熵产的变化情况。总体而言，多级液力透平系统的能量损失在较低流量工况下变化平稳，并随着流量的增加而增加。而大流量工况下能量损失增加明显。图 6.21 表明，随着流量逐渐增大，多级液力透平的熵产曲线斜率明显增加。当流量大于 $20\mathrm{m^3/h}$ 时，出水室和引水室的熵产无明显变化，前、后泵腔和平衡盘的熵产随着流量的增大而缓慢增加。叶轮和导叶为多级液力透平系统能量损失的主要集中部分，其中叶轮处的能量损失更为集中。Q_b 条件下不同部件的能量损失密度按降序排序为：叶轮、导叶、前腔、后腔、平衡盘、出水室和引水室。

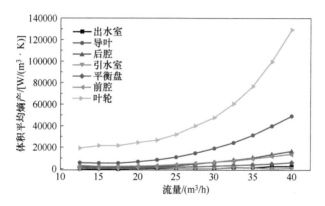

图 6.21 不同工况下各部件的体积平均熵产的变化情况

为了评估每个部件的总能量损失，图 6.22 所示为不同工况下各个部件的总熵产分布直方图。结果表明，尽管叶轮的体积平均熵产是最大的，但是在 $25\mathrm{m^3/h}$ 之后导叶的总熵产超过叶轮，说明小流量工况下叶轮的流动损失较导叶更大。在流量大于 $25\mathrm{m^3/h}$ 后，导叶内的流动损失更大。同样，出水室和平衡盘的总熵产变化不明显，且较前、后腔变化更小。总体来看，多级液力透平系统的整体能量损失由叶轮和导叶主导，而且叶轮和导叶的主导作用随着流量的增大而逐渐增强。

由式（6.21）可知，熵产主要分为以下 3 种：黏性耗散产生的时均熵产 $S_\mathrm{pro,\overline{D}}$、湍流耗散产生的脉动熵产 $S_\mathrm{pro,D'}$ 和边界层效应产生的壁面熵产 $S_\mathrm{pro,W}$。为了研究不同工况下的熵产构成，每种类型的熵产成分占比如图 6.23 所示。结果

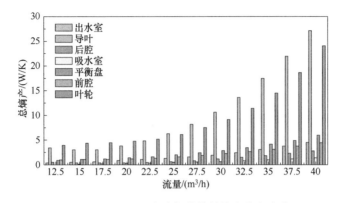

图 6.22　不同工况下各个部件的总熵产分布直方图

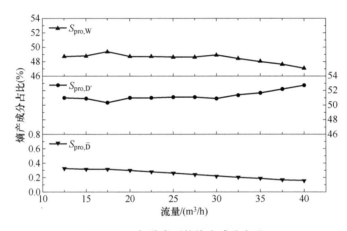

图 6.23　每种类型的熵产成分占比

表明：时均熵产仅占 0.16% ~ 0.33%，熵产主要由脉动熵产和壁面熵产组成。因此，湍流耗散和壁面摩擦是透平内产生不可逆能量损失的主要因素。随着流量的增大，各熵产成分占比在 Q_b（27.5m³/h）工况附近更为平稳，但流量大于 Q_b 后，壁面熵产占比逐渐减小，脉动熵产占比逐渐增加。

图 6.24 所示为不同工况下多级液力透平系统中各单级部件的体积平均熵产 $\dot{S}_D'''$ 的差异。从图 6.24a 中可以看出，1 级导叶的 $\dot{S}_D'''$ 明显高于其他几级导叶，这是因为 1 级导叶直接与引水室相接，且无反导叶存在，所以产生的能量损失强度明显高于其他几级导叶，其余导叶的 $\dot{S}_D'''$ 没有明显差异。图 6.24b 所示为各级叶轮在不同流量工况下的 $\dot{S}_D'''$ 变化情况，在小流量工况下 1 级叶轮的 $\dot{S}_D'''$ 略小于其余叶轮，而大流量工况下 1 级叶轮的 $\dot{S}_D'''$ 增长更快。而对于单级部件中的前、后腔

（见图 6.24c、d），后腔的 $\dot{S}_{D}^{'''}$ 随着流量变化呈先减小后增长的趋势，前腔则呈先平稳后快速增长的趋势。1 级前腔和 1 级后腔的 $\dot{S}_{D}^{'''}$ 都明显高于其他几级前腔和后腔，这也是由于 1 级导叶没有反导叶而产生的入流条件差导致的，其余几级后腔的 $\dot{S}_{D}^{'''}$ 没有明显差异。5 级前腔的 $\dot{S}_{D}^{'''}$ 更小，这是由于 5 级前腔与出水室相接，流动更加平稳。整体来看，多级液力透平系统的能量损失主要受叶轮和导叶影响，而前、后腔对于液力透平系统的流动损失影响较为有限。

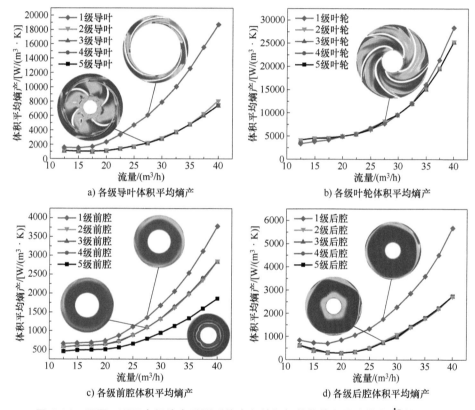

图 6.24　不同工况下多级液力透平系统中各单级部件的体积平均熵产 $\dot{S}_{D}^{'''}$ 的差异

为了定量分析多级液力透平系统中不同部件对整体能量损失的贡献，图 6.25 所示为不同工况下各部件熵产在多级液力透平系统中的占比。由于多级液力透平不同级数下部件都大致相同，所以先将不同级数部件结合起来分析计算总熵产，后续再进行单级部件的分析。从图 6.25 中可以看出，不同级数叶轮和导叶的熵产结合计算，在所有流动条件下，熵产占总熵产的 69.1%～73%。相比于总熵产，叶轮和导叶的占比相对稳定。在低流量条件下，叶轮处的熵产占比相对较大，但随着流量的增加，熵产占比逐渐减小，然后趋于稳定。出水室的熵产占比随着流量的增加而稳定。对于前腔和后腔，熵产约占总熵产的 10.2%~13.6%，并且随着流量的增加，熵产占比略有减少。前、后腔熵产占比在流量上升过程中趋于稳定，前腔的熵产占比缓慢降低，而后腔的熵产占比增加。当流量增大时，平衡盘处的熵产占比随流量的增大而逐渐减小。在低流量条件下，引水室和出水室处的熵产占比非常小，可以忽略不计。总体而言，多级液力透平的总熵产由叶轮和导叶主导。

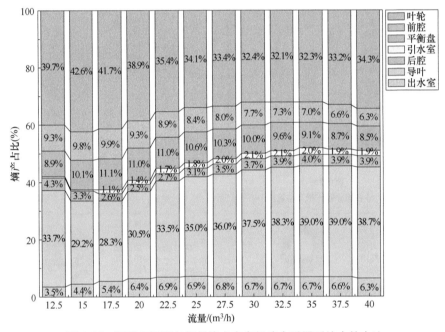

图 6.25　不同工况下各部件熵产在多级液力透平系统中的占比

图 6.26 所示为多级液力透平内各部件在不同工况下的熵产占比。从图 6.26a 中可以看出在小流量工况下，5 级导叶的熵产占比最小，随着流量的增加熵产占比也逐渐增加，随后稳定，而其他几级导叶的熵产占比基本相同，这是由于 1 级导叶与引水室蜗壳相接，并不存在反导叶，而其他几级导叶都含有正反导叶，结构基本一致。1 级导叶在低流量时熵产占比较小，但在流量为 22.5m³/h 时其熵产与其余导叶基本相同。图 6.26b 所示为各级叶轮的熵产占比，由于各级叶轮的结构都是相同的，因此各级叶轮的熵产占比差别大不。1 级叶轮为进水的叶轮，与导叶相同，在小流量工况下其熵产占比较小。前、后腔的熵产占比如图 6.26c、d 所示。前腔的各级熵产占比较为一致，而 1 级后腔与其余几级后腔的熵产占比具有较大的差异，这可能是受到 1 级导叶没有反导叶的影响，与引水口蜗壳直接相连导致 1 级后腔的熵产占比较大。

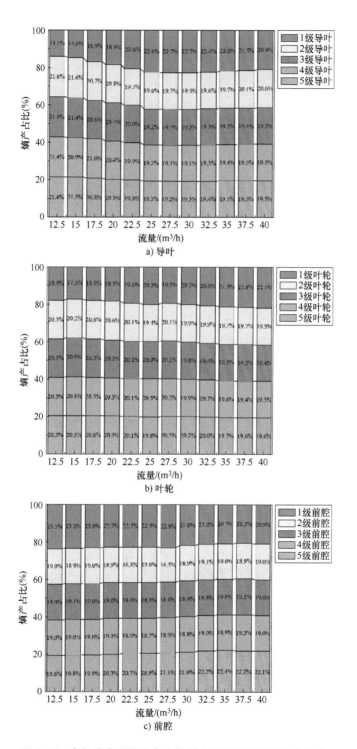

图 6.26　多级液力透平内各个部件在不同工况下的熵产占比

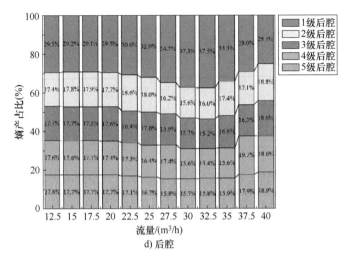

d) 后腔

图 6.26 多级液力透平内各个部件在不同工况下的熵产占比（续）

图 6.27 所示为 Q_b 工况下不同级数内各水力部件的总熵产对比，可以看出，前、后腔及导叶内的总熵产从进口到出口逐渐下降，不同级数内叶轮总熵产基本保持不变。不同级数内的总熵产主要存在于导叶和叶轮中，后腔的总熵产最小。

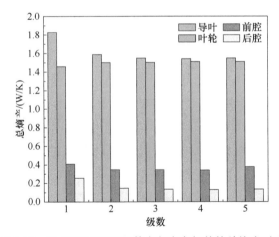

图 6.27 Q_b 工况下不同级数内各水力部件的总熵产对比

6.3 内部流动与能量回收特性的关联性分析

采用 Pearson（皮尔逊）相关系数和 P 值来评估水力损失与熵产的相关性。Pearson 相关系数的公式表示如下

$$\rho = \frac{\text{cov}(X, Y)}{\sigma_X \sigma_Y} \tag{6.22}$$

式中，$\text{cov}(X, Y)$ 是 X 和 Y 的协方差；σ_X 和 σ_Y 分别是 X 和 Y 的标准差。

将 Pearson 相关系数和 P 值的标准列于表 6.3 和表 6.4 中。P 值代表样本之间的差异，是由抽样误差引起的概率，P 值小于 0.01 表示两个参数相互影响的概率极大。

表 6.3　Pearson 相关系数的标准

Pearson 相关系数范围	相关性
0.8~1.0	极强
0.6~0.8	强
0.4~0.6	中等
0.2~0.4	弱
0.0~0.2	极弱

表 6.4　P 值的标准

P 值范围	显著程度
0.01~0.05	明显
<0.01	非常明显

图 6.28 所示为不同工况下 1 级叶轮和 5 级叶轮不同叶栅展开面的体积熵产生率（VEPR）和流线的分布。在低流量条件下，VEPR 主要分布在叶片的后缘，结合流线可以看出，流线在后盖板附近比较均匀。在跨距为 0.5 时，叶片压力面出现回流涡，在前盖板附近有大量的回流涡。5 级叶轮与 1 级叶轮 1 相比，有一个相对均匀的流线分布。在设计工况下，流线更加均匀，VEPR 的分布主要集中在叶片后缘和叶片吸力面。1 级叶轮 1 的回流涡旋出现在跨距为 0.5 的截面内，5 级叶轮几乎没有回流涡旋。在大流量工况下，VEPR 分布主要集中在叶片后缘和叶片吸水面，许多小的回流涡旋出现在叶片后缘。随着流速的增加，熵产会迅速增长，导致更大的能量损失。

图 6.29 所示为设计工况下 1 级、中间级和 5 级叶轮的 VEPR 和速度流线的分布，其中图 6.29a~c 分别显示了 1 级、2 级和 5 级叶轮横截面上的 VEPR 分布，图 6.29d~e 分别显示了 1 级、2 级和 5 级叶轮上流线的分布。1 级叶轮的流线型比较复杂，叶片的所有压力面都存在涡流。中间级叶轮底部的流线逐渐平

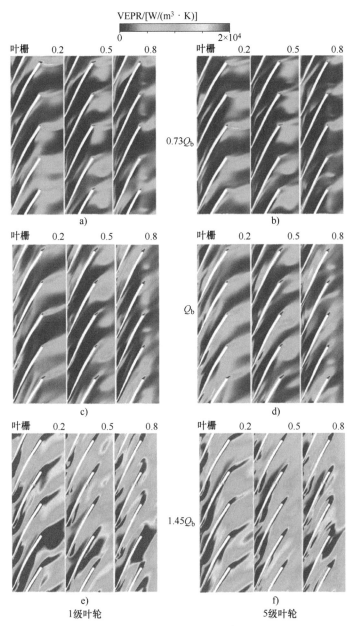

图 6.28 不同工况下 1 级叶轮 1 和 5 级叶轮不同叶栅
展开面的体积熵产生率（VEPR）和流线的分布

滑，叶轮顶部和左右两侧仍存在涡流。5 级叶轮的涡流略有减小，流线更加平滑。1 级、2 级和 5 级叶轮的 VEPR 分布相似，但不同级数叶轮内的流线图更为多样，其中 VEPR 较大的区域也具有较高的相对速度。

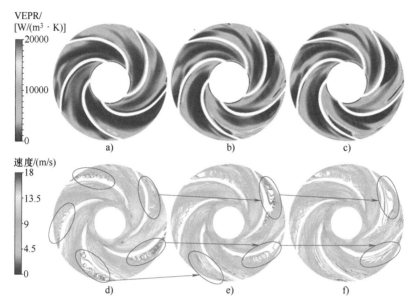

图 6.29　设计工况下 1 级、中间级和 5 级叶轮的 VEPR 和速度流线的分布

壁面熵产（WEPR）与壁面摩擦分布密切相关。为了研究 WEPR 和壁面摩擦力分布之间的关系，如式（6.23）所示定义表面摩擦系数 τ'。图 6.30 所示为 1 级、3 级和 5 级叶轮的 WEPR 和表面摩擦系数的分布。WEPR 和表面摩擦系数的相关性分析如图 6.31 所示。结果表明，表面摩擦系数的分布与 WEPR 密切相关，P 值始终小于 0.01，表明 WEPR 与其表面摩擦系数有非常显著的相关性。

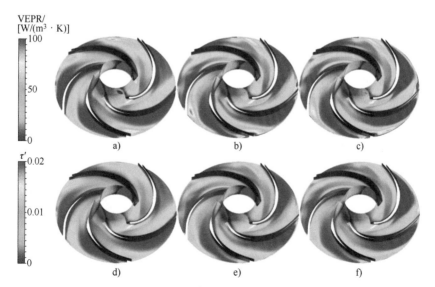

图 6.30　1 级、3 级和 5 级叶轮的 WEPR 和表面摩擦系数的分布

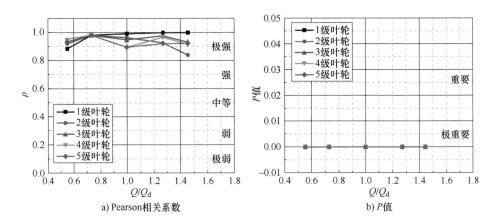

a) Pearson相关系数 b) P值

图 6.31　WEPR 和表面摩擦系数的相关性分析

$$\tau' = \frac{\tau}{0.5\rho u^2} \tag{6.23}$$

式中，τ 是切应力。

　　1 级、3 级和 5 级导叶的 VEPR 和速度流线分布如图 6.32 所示。VEPR 主要存在于正导叶处，并在导叶前缘达到峰值。反导叶存在较低的熵产值，而没有用于缓冲作用的反导叶的 1 级导叶具有更大的熵产分布，导致比 3 级和 5 级导叶更大的能量损失。3 级和 5 级导叶熵产的分布相似。从流线图可以看出，在正导叶叶片处存在更大的相对速度，而在导叶进口处出现流动涡流。此外，冲击现象出现在前缘区域附近，这些区域的 VEPR 相对较高。

　　图 6.33 所示为 Q_d 下 1 级、3 级和 5 级叶轮的涡核分布，Q 准则用于识别涡核结构，其中 Q 准则的等值面为 $Q^* = 0.03$，熵产生产率（EPR）用于着色。比较不同级叶轮的涡核时，首级叶轮受到流体的直接冲击，叶片前缘与导叶交界处的涡带最长。涡带之间的相互作用导致涡核结构发生变化，使流场不稳定。从 3 级叶轮到 5 级叶轮，叶片前缘的涡带长度缩短，流场稳定性提高。

　　各级叶轮水力损失的耗散效应和熵产各分量之间的相关性如图 6.34 所示。该图显示，在所有流动条件下，$S_{\mathrm{pro},\bar{D}}$ 与耗散效应有极强的相关性，而其余分量的相关性较弱。事实上，$S_{\mathrm{pro},\bar{D}}$ 仅占 S_{pro} 的一小部分，而 $S_{\mathrm{pro},D'}$ 和 $S_{\mathrm{pro},W}$ 更能体现出熵产与耗散效应的相关性。对于前两级叶轮，在 Q_d 工况下 $S_{\mathrm{pro},D'}$ 和 S_{pro} 呈现出的相关性较高；而后 3 级叶轮在较高流量工况下 $S_{\mathrm{pro},D'}$ 和 S_{pro} 呈现出的相关性更高。总体而言，$S_{\mathrm{pro},\bar{D}}$ 与耗散效应之间的相关性最强，而其余熵产分量与耗散效应之间的相关性较弱或更低。

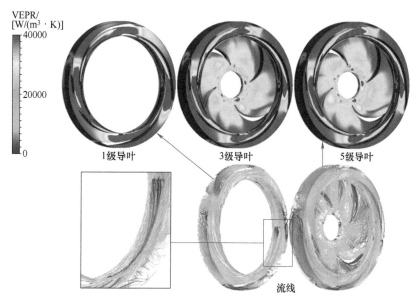

图 6.32　1 级、3 级和 5 级导叶的 VEPR 和速度流线分布

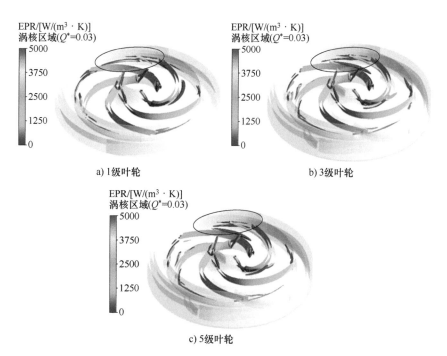

a) 1 级叶轮

b) 3 级叶轮

c) 5 级叶轮

图 6.33　Q_d 下 1 级、3 级和 5 级叶轮的涡核分布

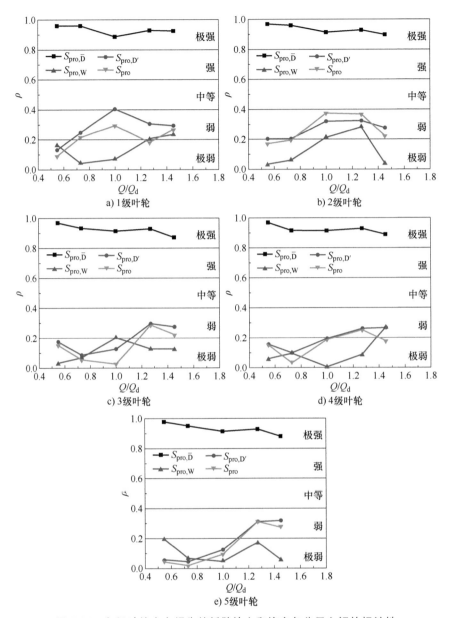

图 6.34　各级叶轮水力损失的耗散效应和熵产各分量之间的相关性

图 6.35 所示为各级叶轮输送效应与熵产各分量之间的相关性。该图表明，$S_{\text{pro},\bar{D}}$ 的相关性更稳定，并在中等相关附近稳定。前两级叶轮中各分量的相关性在 Q_{d} 工况时较高，而后 3 级叶轮在弱相关性附近稳定。每个分量的变化在叶轮的每一级都有所不同，这反映了多级液力透平中流动的高度复杂性，这需要进一步研究。

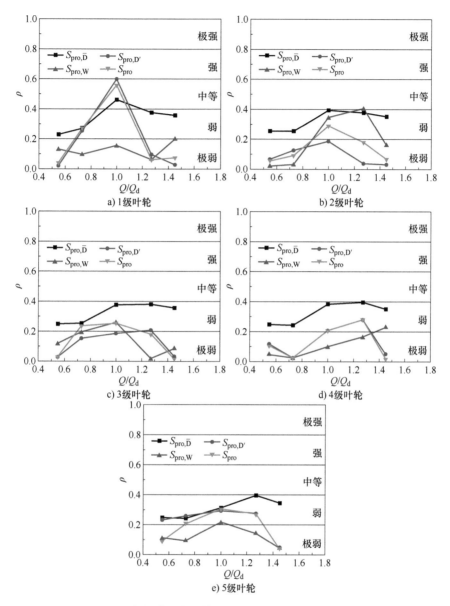

图 6.35 各级叶轮输送效应与熵产各分量之间的相关性

图 6.36 所示为各级导叶耗散效应与熵产之间的相关性。在各级导叶中 $S_{\mathrm{pro},D'}$ 在各个工况中均呈现极强的相关性，其余分量随着工况变化呈现较大的波动。1 级导叶中 $S_{\mathrm{pro},D'}$ 和 S_{pro} 处于强相关附近，$S_{\mathrm{pro},\bar{D}}$ 处于中等相关附近，而 $S_{\mathrm{pro},W}$ 则呈现较弱的相关性。在 2 级叶轮中，$S_{\mathrm{pro},D'}$ 存在最大的相关性，其余分量的相关性随流量变化呈先增大后减小的趋势，此时 $S_{\mathrm{pro},W}$ 存在较强的相关性。

后 3 级叶轮存在相同的变化趋势，除了 $S_{pro,D'}$ 其余分量在不同工况下存在较大的波动。

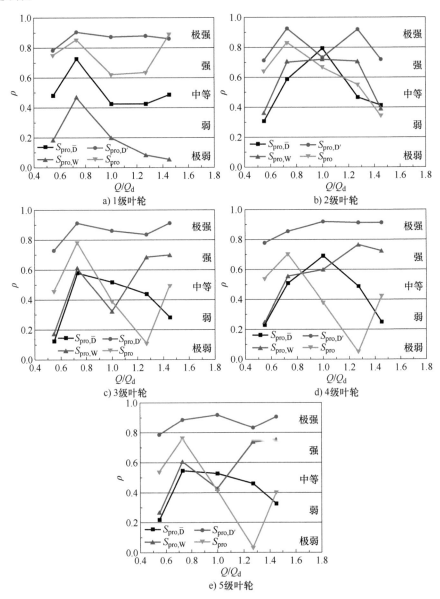

图 6.36　各级导叶耗散效应与熵产之间的相关性

图 6.37 所示为各级导叶输送效应与熵产之间的相关性，不同工况下各熵产分量存在较大的波动情况。在 1 级导叶中，$S_{pro,\bar{D}}$ 存在强烈的相关性，总熵产的相关性除了 2 级导叶外均存在相似的变化规律，后 4 级导叶中的 $S_{pro,W}$ 在各工况

下均处于强相关附近，$S_{pro,D'}$ 则随着流量的变化与输送效应的相关性越来越高。多级液力透平的高度复杂性导致了各工况下的巨大差异，还需进一步研究。

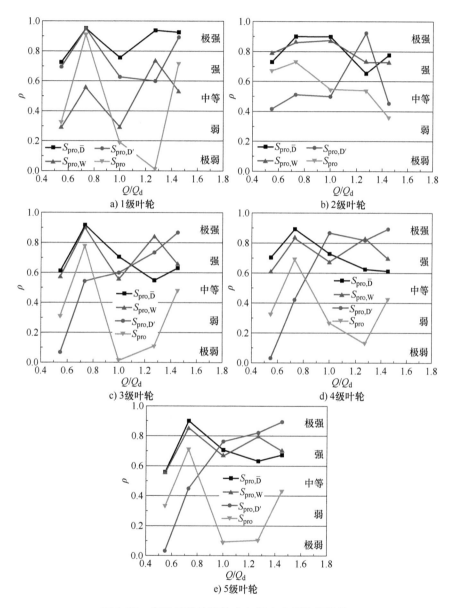

图 6.37　各级导叶输送效应与熵产之间的相关性

第7章 工业液力透平
能量回收特性
实例分析

Chapter 7

由于离心泵反转作液力透平具有产品性价比高、交货时间短、安装维护费用低等优点，目前已经广泛应用于石油化工、海水淡化等场合。本书针对我国液力透平龙头企业的典型产品进行数值计算分析，该公司是一家面向石油天然气、石油化工、煤化工等领域的客户，按客户需求定制安全可靠、节能高效的高压、高温、高速、耐磨的泵、汽轮机及成套产品的企业，具有较为丰富的工业液力透平应用及设计经验。本章通过对该公司3台不同类型的工业液力透平进行内部流动特性分析，为产品的进一步性能优化及运行调控提供参考。

7.1 悬臂式单级工业液力透平能量回收特性分析

工业应用中，把中心线安装、具有单独轴承箱承受施加在泵轴上的力的卧式泵统称为OH 2型离心泵，该泵型安装在底座上且由挠性联轴器连接到其驱动机上。单级离心泵主要应用于石油化工、煤加工、海水淡化、造纸等行业的一般工位。本节针对一台比转速为38.54的悬臂式单级离心泵反转作工业液力透平的能量回收特性进行分析，该液力透平已成功应用在安徽某化工集团有限公司。液力透平在实际运行过程中的常态参数：压力介质为富 H_2S 的甲醇溶液，介质温度为$-33.05℃$，介质密度为$953kg/m^3$，可用流量 Q 为 $115.0m^3/h$，可用扬程 H 为 $190.4m$，运行转速 n 为 $2985r/min$，回收效率 η 为 57%，回收功率 P

为 32.4kW。安装成功后，该液力透平实际运行中每小时能回收的功率约为
32.4kW，该液力透平一年运行时间约为 8400h，计算可得共能节约的电约为
272.2MW·h，按工业电费每度 1 元估算，一年可节省电费 27.2 万元。

7.1.1 物理模型

悬臂式单级工业液力透平的全流场水力模型及主要监测截面如图 7.1 所示，
由进口管、隔舌、蜗壳、叶轮、叶轮间隙、口环间隙、前腔、后腔、出口管等
组成。为更加真实反映液力透平内部流动特征，全流场水力模型中包含叶轮平
衡孔和出口管内的破涡器。

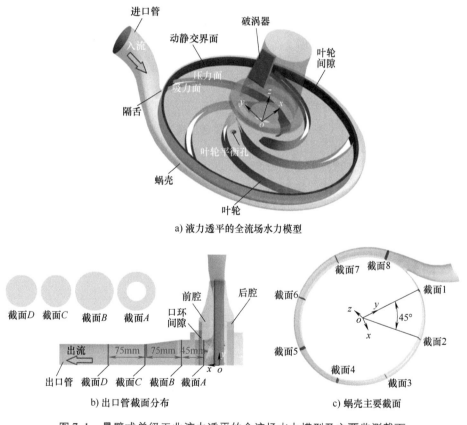

a) 液力透平的全流场水力模型

b) 出口管截面分布

c) 蜗壳主要截面

图 7.1 悬臂式单级工业液力透平的全流场水力模型及主要监测截面

7.1.2 网格划分及敏感性分析

液力透平主要部件模型网格如图 7.2 所示，由于本章研究的液力透平叶轮

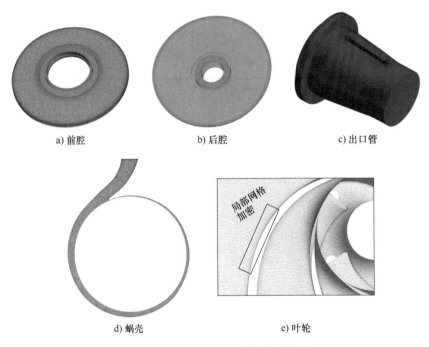

a) 前腔　　　　　　　　b) 后腔　　　　　　　　c) 出口管

d) 蜗壳　　　　　　　　　　e) 叶轮

图 7.2　液力透平主要部件模型网格

流道扭曲及蜗壳具有特殊的非对称结构，因此采用具有良好的网格适应性的非结构网格对叶轮和蜗壳进行网格划分。为更加准确地捕捉壁面附近的流动现象，对壁面处的网格进行边界层加密处理，使其 $y+$ 值满足湍流模型要求。采用相同网格划分方法建立 8 套不同数量的网格，网格数为 $1.63\times10^6 \sim 7.01\times10^6$ 个。选取 Q_b 工况下扬程作为评估指标，研究网格数对于扬程的影响，如图 7.3 所示。

可以看出，随着网格数的增加，扬程也下降，当网格数大于 5.31×10^6 个后，液力透平扬程变化的波动范围不超过 0.5%。结合对数值预测精度和实际计算能力的综合考虑，初步选取第 7 套网格作为后续计算网格，其网格数为 6.14×10^6 个。

采用网格收敛指数

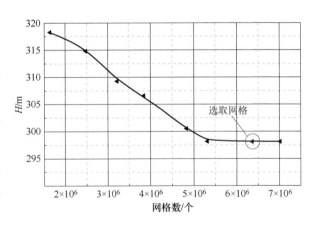

图 7.3　网格数对于扬程的影响

（GCI）方法进一步验证网格无关性，该方法由 Roache 提出，美国机械工程师学会流体工程部推荐使用该方法验证网格数对于数值模拟结果的准确性的影响[149-150]。选取 N_1、N_2、N_3 3 组不同数量的网格进行研究，网格数分别为 6.35×10^6 个、3.84×10^6 个和 1.63×10^6 个。选取 Q_b 工况下液力透平的扬程和扭矩来评估网格离散误差，结果见表 7.1，其中 r_{21}、r_{32} 为网格细化指数；φ_1、φ_2、φ_3 为不同网格对应的参数值；φ_{ext}^{21} 为参数外推值；p 为级数；e_a^{21} 为近似相对误差；e_{ext}^{21} 为外推相对误差；GCI_{fine}^{21} 为精细网格收敛指数。可以看出，扬程和扭矩的近似相对误差（e_a^{21}）、外推相对误差（e_{ext}^{21}）和精细网格收敛指数（GCI_{fine}^{21}）均低于 1%，表明选取 N_1 套网格可以保证计算准确性。因此，本章选取网格数为 6.35×10^6 个的网格进行研究，液力透平各部件的网格信息见表 7.2。

表 7.1　扬程和扭矩的离散误差计算

参数	r_{21}	r_{32}	φ_1	φ_2	φ_3	φ_{ext}^{21}	p	e_a^{21}	e_{ext}^{21}	GCI_{fine}^{21}
H/m	1.291	1.301	298.055	299.540	303.242	296.099	2.212	0.498%	0.660%	0.821%
$T/(N\cdot m)$	1.291	1.301	292.992	294.243	295.701	291.135	2.016	0.427%	0.638%	0.792%

表 7.2　液力透平各部件的网格信息

部件	网格数/个	$y+$值	最差网格质量
进口管	0.311×10^6	12.4	0.91
蜗壳	1.241×10^6	32.1	0.37
叶轮	2.541×10^6	34.7	0.31
叶轮间隙	0.126×10^6	10.4	0.88
前腔	0.624×10^6	25.3	0.72
后腔	0.664×10^6	27.8	0.74
出口管	0.844×10^6	16.4	0.83

注：网格质量为 0~1，网格质量为 1 时为最好。

7.1.3　数值计算结果验证

为验证数值计算结果的准确性，在该公司搭建液力透平水力性能测试试验台，如图 7.4 所示。图 7.4a 所示为液力透平试验示意图，试验台为闭式试验台，由储水罐、控制阀、增压泵、信号采集装置、计算机、压力表、电磁流量

计、电涡流测功机、液力透平和连接管路等组成。图7.4b所示为液力透平实物
图。测试系统中的增压泵为液力透平运转提供动力，电涡流测功机吸收液力透
平回收的能量。电涡流测功机与液力透平通过弹性联轴器直联且两者的同轴度
小于0.1mm，电涡流测功机的实时转速、转矩等数据会同步存储在其配套的软
件中。通过协同调节电涡流测功机、主管路和旁路的控制阀可以完成不同工况
下液力透平的水力性能试验。压力表、电磁流量计和扭矩仪的测量精度分别为
±0.2%、±0.1%和±0.05%。

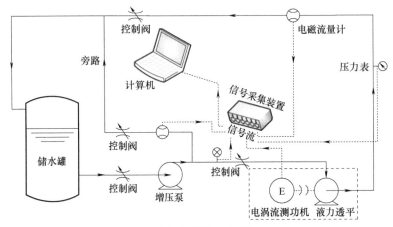

a) 液力透平试验台示意图

b) 液力透平实物图

图7.4　液力透平水力性能测试试验台

　　图7.5所示为液力透平扬程和效率随流量变化的数值模拟与试验结果对比。
可以看出，数值模拟预测得到的液力透平水力性能随流量的变化趋势基本与试

验结果一致，随着流量的增大，液力透平的扬程也增加，而效率呈现出先增加后下降的趋势。该液力透平的最高效率点处的流量、扬程和效率分别是160m³/h、298.05m 和70.47%。数值模拟预测的效率最大、最小误差分别为5.05%、1.80%，扬程最大、最小误差分别为5.58%，2.88%。值得注意的是，扬程和效率的最大误差均产生于小流量（60m³/h）工况处，而扬程和效率的最小误差均产生于最佳工况点处。因此，数值模拟的准确性与液力透平的内部流动特性密切相关，流动特性越复杂，预测精度越低。但总体看来，采用数值模拟方法对液力透平在全工况下水力性能的预测误差均低于6%，表明本书对悬臂式单级工业液力透平采用的数值计算策略是较为可靠的。

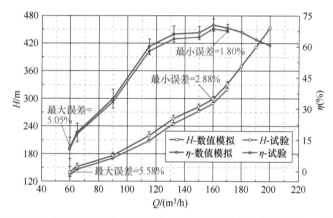

图 7.5　液力透平扬程和效率随流量变化的数值模拟与试验结果对比

7.1.4　压力脉动特性分析

为了得到悬臂式单级工业液力透平的压力脉动特性，在叶片表面（$L_1 \sim L_3$）、蜗壳（$V_1 \sim V_{10}$）、出口（$C_1 \sim C_4$）分别设置了压力脉动监测点，压力脉动监测点的布置如图 7.6 所示。

由于瞬态计算的初始周期结果不稳定，本书取最后 10 个周期数据，对各个监测点的压力脉动频域特性进行分析，并选择其中一个周期对时域特性进行分析。

图 7.7 所示为不同工况下叶轮中间流道各监测点的压力脉动特性。从图 7.7a、c 和 e 可以看出，叶轮中间流道各监测点的压力脉动随着时间变化波形不稳定、周期性不明显，且 $1.25Q_b$ 工况时规律性较差，说明高流量工况时叶轮出口流动较为剧烈。从图 7.7b、d 和 f 可以看出不同工况下的压力脉动波形并

不稳定，压力脉动频率较为复杂，但是不同工况频率成分基本一致，均为整倍轴频，且 $1.25Q_b$ 工况下的峰值是设计工况的 2.3 倍。

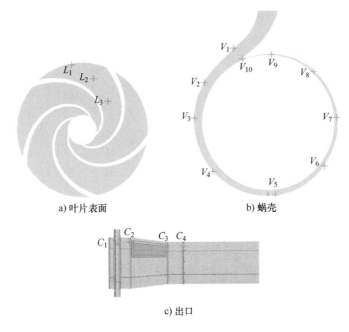

a) 叶片表面   b) 蜗壳

c) 出口

图 7.6   压力脉动监测点的布置

表 7.3 列出了设计工况下蜗壳各监测点的压力脉动峰峰值，可以看出在入口和蜗壳隔舌处的压力脉动峰峰值较大，隔舌处监测点最大达到 0.286，进口监测点次之，蜗壳下部的峰峰值较小。

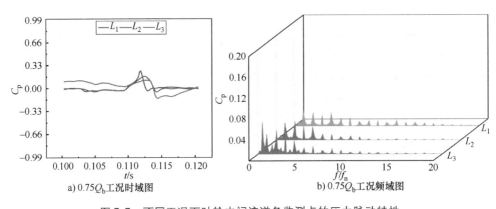

a) $0.75Q_b$ 工况时域图   b) $0.75Q_b$ 工况频域图

图 7.7   不同工况下叶轮中间流道各监测点的压力脉动特性

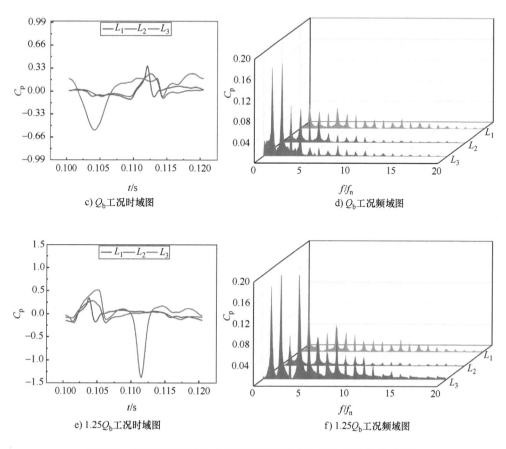

c) Q_b工况时域图

d) Q_b工况频域图

e) 1.25Q_b工况时域图

f) 1.25Q_b工况频域图

图 7.7　不同工况下叶轮中间流道各监测点的压力脉动特性（续）

表 7.3　设计工况下蜗壳各监测点的压力脉动峰峰值

测点	峰峰值	测点	峰峰值
V_1	0.2570	V_6	0.157
V_2	0.0680	V_7	0.118
V_3	0.1190	V_8	0.158
V_4	0.1060	V_9	0.165
V_5	0.0720	V_{10}	0.286

取蜗壳进口、隔舌和周向监测点 V_1、V_3、V_5、V_7 和 V_{10}，分析不同工况下

蜗壳各监测点的时域和频域图，探究蜗壳的压力脉动特性。

图 7.8 所示为不同工况下蜗壳各监测点的压力脉动特性。从图 7.8a、c 和 e 中可以看出，蜗壳各监测点的压力脉动在旋转周期内呈现周期性变化，波形较为稳定，都呈 5 个波峰和 5 个波谷，等于叶片数目，说明叶片的旋转对蜗壳流道内压力有着周期性影响。相比于最佳流量工况，蜗壳和进口处监测点的压力脉动幅值随着流量的增大增幅较大，其他监测点的压力脉动幅值在偏设计工况时都有所增加。图 7.8b、d 和 f 展示了不同流量下蜗壳各监测点压力脉动的频域特性，可以看出 $0.75Q_b \sim 1.25Q_b$ 的压力脉动主要受动静干涉的影响，各监测点的压力脉动主频均为 1 倍叶频。进口和隔舌处的监测点 V_1 和 V_{10}，主频幅值较高，随着流量的增大，主频幅值也有所增加。V_3 和 V_5 处于低压力脉动强度区域，因此压力脉动主频幅值较低。

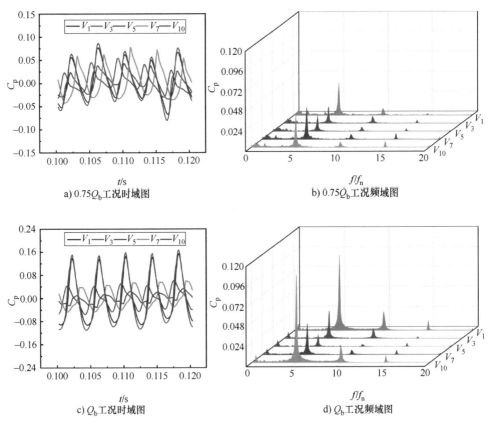

图 7.8 不同工况下蜗壳各监测点的压力脉动特性

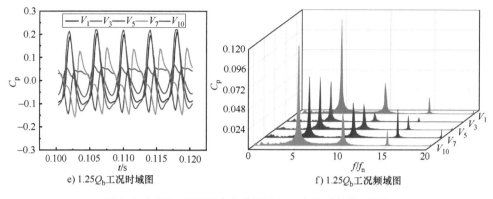

e) 1.25Q_b工况时域图   f) 1.25Q_b工况频域图

图 7.8 不同工况下蜗壳各监测点的压力脉动特性（续）

图 7.9 所示为不同工况下出口各监测点的压力脉动特性。从时域图中可以看出，C_1 和 C_2 有一点的周期性，随着流量的增加波形趋于稳定。C_3、C_4 由于出口处的隔板，使得动静干涉没有影响到监测点，没有周期性规律。从频域图中可以看出，不同工况下的压力脉动波形并不稳定，随着流量的增加 C_1 和 C_2 监测点的峰值频率增大，且越来越复杂，主要是由于流量越大叶轮和蜗壳的动静干涉作用越强烈。

图 7.10 所示为不同工况下蜗壳 $Z=0$m 平面的压力脉动强度云图。蜗壳隔舌及附近小面积过流断面的局部压力脉动强度较高，右侧较小面积过流截面在高流量工况下的压力脉动强度较大。正如图 7.8 的频域图显示的主频幅值较高，说明隔舌和小面积过流断面受动静干涉影响严重。不同工况下压力变化趋势基本一致，随着蜗壳过流断面减小，压力也逐渐降低从而转化流体的动能。压力脉动强度随着流量的增大而增大。

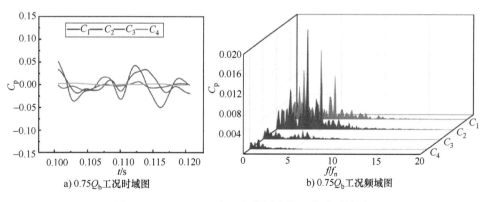

a) 0.75Q_b工况时域图   b) 0.75Q_b工况频域图

图 7.9 不同工况下出口各监测点的压力脉动特性

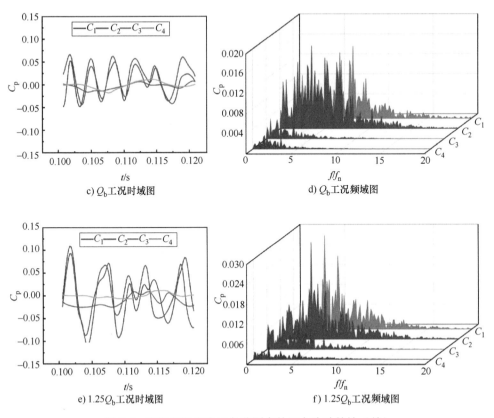

c) Q_b工况时域图

d) Q_b工况频域图

e) $1.25Q_b$工况时域图

f) $1.25Q_b$工况频域图

图 7.9　不同工况下出口各监测点的压力脉动特性（续）

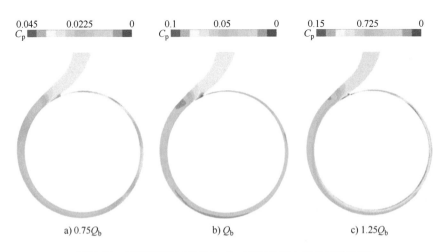

a) $0.75Q_b$

b) Q_b

c) $1.25Q_b$

图 7.10　不同工况下蜗壳 $Z=0\mathrm{m}$ 平面的压力脉动强度云图

然而，从图 7.11 可以看出，在不同工况下叶轮中间叶栅的压力脉动强度相差较大，偏小工况下叶轮吸力面的前缘小范围局部压力较高，中间流道也出现部分高压区域，可能与存在局部低速旋涡有关。在 Q_b 工况和偏大工况下高压区主要集中在叶轮中间流道，且延伸到叶轮前缘吸力面附近，从叶轮进口到出口，叶轮流道内压力沿流动方向递减变化较为平缓，这可能是动静干涉作用减弱的结果。

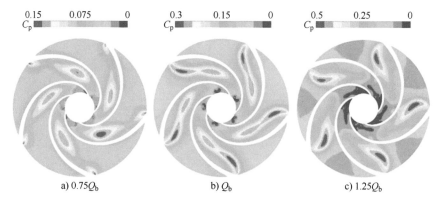

a) $0.75Q_b$ b) Q_b c) $1.25Q_b$

图 7.11　不同工况下叶轮中间叶栅的压力脉动强度云图

图 7.12 所示为不同工况下出口 $y=0\text{m}$ 平面的压力脉动强度，整体来看，出口处的高压区域主要集中在与叶轮出口交界处，随着流量的增大高压区域逐渐增大，这可能是由于大流量工况下动静干涉作用较大造成的。

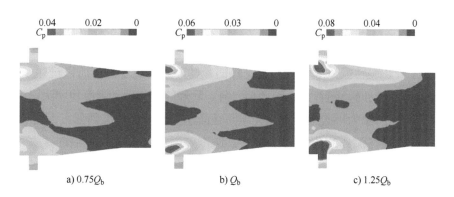

a) $0.75Q_b$ b) Q_b c) $1.25Q_b$

图 7.12　不同工况下出口 $y=0\text{m}$ 平面的压力脉动强度云图

图 7.13 所示为不同工况下出口不同截面上的压力脉动强度云图，整体来看截面 A、B 上的压力脉动强度较高，这是由于这两个平面靠近叶轮出口，流体产生了强烈的动静干涉作用导致的。而随着流量的增加，各个截面压力脉动高

强度区域的面积也增大。

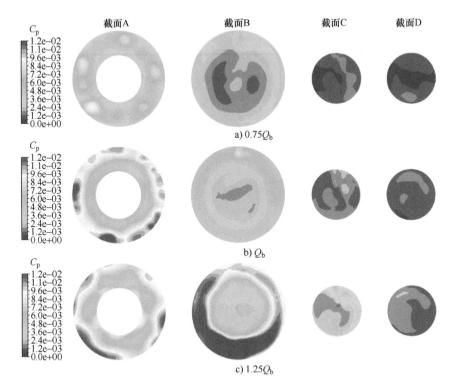

图 7.13　不同工况下出口不同截面上的压力脉动强度云图

图 7.14 所示为不同工况下前、后腔在 $x = 0\mathrm{m}$ 截面上的压力脉动强度云图，整体来看，在叶轮泄漏流的作用下，前、后腔的外侧产生了较大的压力脉动，而平衡孔之间的流动也导致在后腔的内侧有小区域的高强度压力脉动。这两个区域都是叶轮旋转流体泄漏流动的交界面，动静干涉更加激烈所以产生了更强的压力脉动。同时，随着流量的增加，前、后腔的压力脉动强度也增大。

图 7.15 所示为不同工况下蜗壳中间截面速度流线及 Q 准则分布，由于蜗壳为静部件，显然流线的分布状况较好，速度随蜗壳过流面积收缩而逐渐增大。旋涡集中在隔舌位置和过流断面收缩段，相应的监测点的主频也表现出较高的幅值。随着流量的增大，旋涡朝着过流断面面积增大的方向发展。图 7.16 所示为不同工况下叶轮中间截面速度流线及 Q 准则分布，可以看出，低流量时截面上出现较大的轴向涡，出现流动分离现象，随着流量的增大，叶轮压力面旋涡有所改善，吸力面仍然存在较多旋涡。叶片前缘出现小范围局部高强度涡。中间流道局部存在旋涡，随着流量的增大，中间流道旋涡强度有所增强，结合

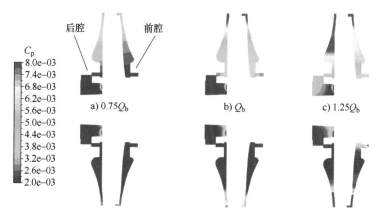

图 7.14　不同工况下前、后腔在 $x=0\mathrm{m}$ 截面上的压力脉动强度云图

图 7.11 和图 7.7 可以发现，对应的压力脉动强度云图中间流道高压区域也逐渐增强，中间流道监测点的主频也表现出较高的幅值，且频率成分基本都在叶频上，说明叶轮在受高压流体的驱动下，叶片前缘位置主要受蜗壳-叶轮之间的动静干涉作用。结合图 7.11 和图 7.15 可以发现，叶轮内大尺度旋涡会主导局部的压力波动，影响其压力脉动特性。

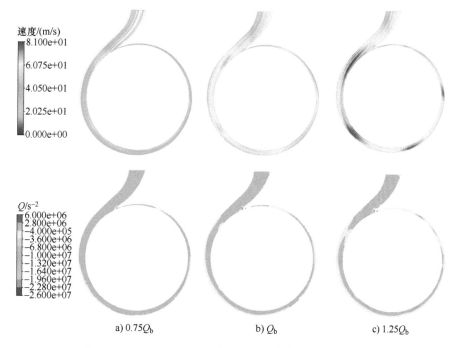

图 7.15　不同工况下蜗壳中间截面速度流线及 Q 准则分布

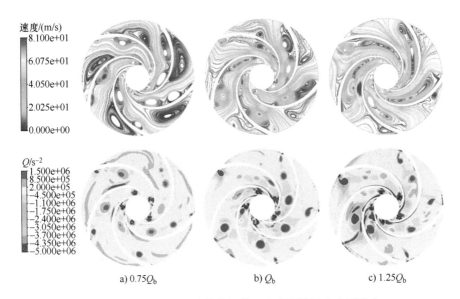

a) 0.75Q_b b) Q_b c) 1.25Q_b

图 7.16　不同工况下叶轮中间截面速度流线及 Q 准则分布

7.1.5　能量回收特性分析

1. 熵产定量分析

图 7.17a 所示为不同工况下液力透平各部件内熵产对比，可以看出，熵产主要集中在蜗壳、前腔和后腔内，随着流量的增大，液力透平的熵产也增加，当流量大于 0.825Q_b 后，蜗壳成为液力透平内熵产占比最大的部件。Q_b 工况下液力透平各部件内熵产从人到小依次为：蜗壳、前腔、后腔、叶轮、出口管、叶轮间隙、进口管。因此，对于采用悬臂式单级泵反转作工业液力透平，特别是低比转速离心泵反转作液力透平时，其非主流区域（前腔、后腔）内的流动耗散现象应在液力透平的工程设计中引起注意。

图 7.17b 所示为 Q_b 工况下液力透平各部件内的熵产成分占比情况，通过分析可以得出两个结论：一是壁面总熵产（SWEG）对于液力透平除出口管外其他部件内引起不可逆水力损失的贡献最大；二是直接熵产（SDEG）在各部件内引起的水力损失的占比非常小，可以忽略不计。此外，SWEG 在进口管、蜗壳、叶轮间隙、前腔和后腔内的占比均大于 80%，相比之下，SWEG 在叶轮、出口管内的占比随着脉动熵产（STEG）占比的提高而降低。因此，可以推断出局部熵产生成率成分占比与液力透平内局部流动特性直接相关，流道内流动越稳定，SWEG 占比越大而 STEG 占比越小。

图 7.17c 所示为不同工况下液力透平各部件内的熵产成分占比，可以看出，液力透平总熵产成分占比基本不随流量变化而变化，但 SWEG 在 Q_b 附近工况下的占比相对较小。与传统的水轮机或中高比转速离心泵反转作液力透平相比，SWEG 占比大是导致低比转速离心泵反转作液力透平效率低下的最主要原因。

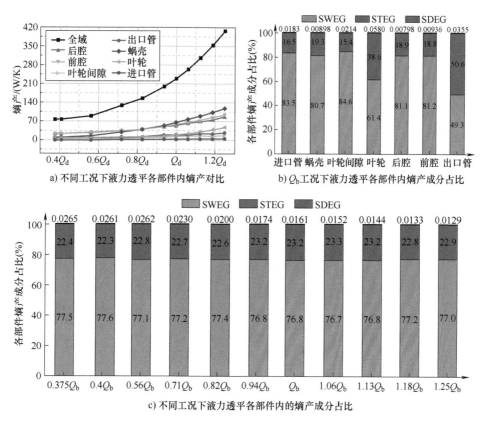

图 7.17 熵产定量分析结果

2. 液力透平内局部壁面熵产生成率分布

从上节分析结果可以看出，SWEG 占比大是导致低比转速离心泵作工业液力透平内部流动损失的主要原因。为揭示 SWEG 高占比原因以及探究其在各部件内的分布位置，不同工况下各部件内的壁面熵产生成率（WEGR）对比如图 7.18 所示。可以看出，不同部件的 WEGR 分布基本上不随流量的变化而变化。随着流量的增大，WEGR 也增加。在前、后腔的部分外径处，叶轮靠近蜗壳隔舌流道，蜗壳非对称位置的小过流截面，以及出口管进口处等表面存在明显的 WEGR 峰值区域。此外，通过前腔间隙的泄漏流也对出口管内的 WEGR 分布影响较大。

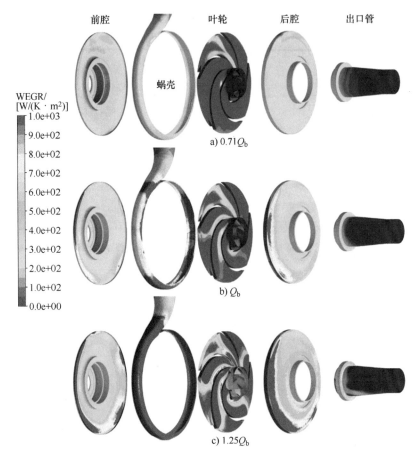

图 7.18 不同工况下各部件内的壁面熵产生成率（WEGR）对比

为进一步揭示 WEGR 的形成机理，由式（6.17）可知，WEGR 主要受相对速度和剪切应力影响，因此，本书对不同工况下液力透平内各部件交界面的平均速度分布情况进行对比，如图 7.19 所示。图中，横坐标中 0° 表示该位置与坐标轴的 x 轴重合，90° 表示与坐标轴的 y 轴重合。整体看来，各部件主要交界面内的平均速度分布规律基本不随流量发生改变。对于前后腔入口，平均速度在圆周方向存在一定波动性且波峰个数等于叶片数。对于蜗壳出口，随过流截面减小，其交界面内平均流速的波动幅度和峰值均减小。叶轮进口交界面处的平均速度如图 7.19d 所示，可以发现，蜗壳隔舌附近进口流道及其逆时针方向的相邻流道的平均流速相对较大。叶片前缘的厚度在圆周方向上约占 6°。由于叶片前缘的阻塞效应，叶轮进口交界面内的平均速度出现急剧下降现象。结合

图 7.19a、b 和 d，可以推断出：蜗壳隔舌的位置对于前腔、后腔的进口交界面内平均速度的影响较大，但对于叶轮的入口交界面内的影响较小。

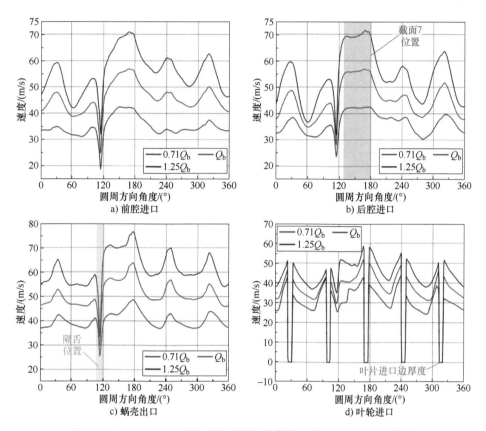

图 7.19　不同工况下液力透平内各部件交界面的平均速度分布情况

3. 液力透平内体积熵产生成率分布情况

相比于 STEG，SDEG 对于低比转速离心泵作工业液力透平的内部流动耗散的影响可以忽略不计。因此，本节通过对 STEG 的分布情况进行分析，揭示出不同部件内的熵产分布位置。图 7.20 所示为不同工况下蜗壳典型截面内的脉动熵产生成率（TEGR）及流线分布情况对比。可以发现，由于黏性效应，蜗壳近壁面处存在较大的速度梯度，导致 TEGR 峰值主要集中于蜗壳壁面处。随着流量的增大，近壁面附近速度梯度增加，从而使得蜗壳的 STEG 提高。值得注意的是，由于蜗壳进口部分在轴向存在不对称性，使得 TEGR 在截面 3~截面 7 内的分布呈现出非对称性，特别是在 Q_b 工况下尤为明显。结合图 7.18 和图 7.20 可以推断出：尽管 WEGR 的幅值相较于 TEGR 更低，但 WEGR 的峰值分布区域面积远大于 TEGR，从而使得 SWEG 在该液力透平内部流动耗散占比最大。

从蜗壳截面内流线的分布来看，截面 3~截面 7 中呈现了不同尺度的不对称旋涡。随着流量的增加，以截面 7 为例，旋涡的不对称性更为明显。截面 3~截面 6 内存在明显的出口回流现象，致使旋涡的形成。此外，蜗壳的不对称结构可能会加剧旋涡的不对称性。尽管回流发生在截面 1 的出口处，但受截面的空间限制，旋涡未能完全形成。

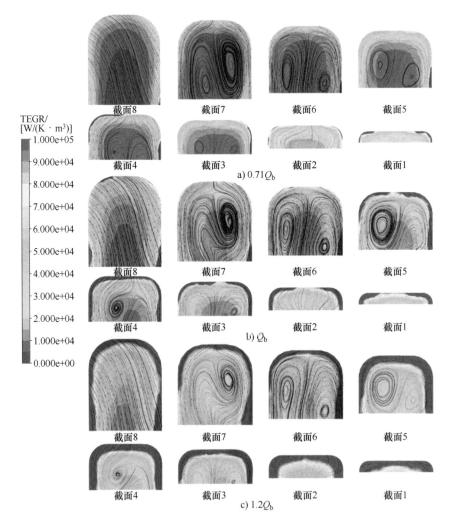

图 7.20　不同工况下蜗壳典型截面内的脉动熵产生成率（TEGR）及流线分布情况对比

为深入研究蜗壳内的旋涡类型及其旋转特性，采用正则化螺旋度法对蜗壳内涡核分布情况进行识别。该方法由 Levy 等人提出，能够较为准确地表述旋涡及二次流的运动和分布特性[151]。正则化螺旋度（Hn）的定义见式（7.1），该方法包括以下两个步骤：首先，设定流向为正方向；其次，计算 Hn 的值。如果 Hn 的值是负的，则涡旋方向为顺时针方向；如果 Hn 的值是正的，则涡旋方向为逆时针方向。

$$Hn = \frac{\boldsymbol{v} \cdot \boldsymbol{\omega}}{|\boldsymbol{v}||\boldsymbol{\omega}|} \tag{7.1}$$

式中，$\boldsymbol{v}$ 和 $\boldsymbol{\omega}$ 分别为速度和涡量矢量，在涡核区域速度与涡量方向平行，Hn 值为 ±1。

由图 7.20 可知，蜗壳内旋涡的类型基本不随流量发生改变，因此，本书选取 Q_b 工况对旋涡运动及分布特性进行研究。图 7.21 所示为 Q_b 工况下蜗壳截面内 Hn 分布情况，基于 Hn 分布情况刻画出蜗壳每个截面内的流线示意图。通过对比图 7.20b 及图 7.21 可以发现，由各截面涡核刻画出的流线示意图基本与 CFX-POST 结果一致。此外，蜗壳部分截面的出口回流特性也得到了更为直观的揭示。因此，采用正则化螺旋度法可以准确地描述蜗壳内旋涡运动及其主要流动特征。

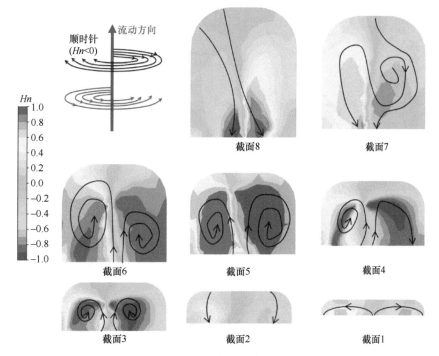

图 7.21　Q_b 工况下蜗壳截面内 Hn 的分布情况

　　为探究蜗壳内旋涡空间结构与熵产之间的关系，蜗壳 $z=0$ 平面内 TEGR 分布与其内部三维旋涡结构如图 7.22 所示。可以看出，$z=0$ 平面内 TEGR 峰值主要集中在隔舌及其下游处，随着流量的增大，蜗壳小过流截面内的 TEGR 明显提高。通过 Q 准则对大尺度旋涡进行识别可以发现，蜗壳内旋涡类型及分布位置基本不随流量增大而改变，主要集中在隔舌下游、过流截面 1~截面 7 的壁面处及过流截面Ⅸ-Ⅸ'到截面 8 的近壁面附近。从旋涡类型看，隔舌下游为马蹄涡，是由蜗壳内循环流与进口主流交汇而形成的。由于蜗壳喉部结构具有非对称性，因此附着涡在此处壁面附近形成。结合图 7.21 和图 7.22 可以推断出，蜗壳截面 1~截面 7 壁面处的剪切涡是在蜗壳出口回流、近壁面处的强速度梯度以及黏性效应综合作用下产生的。综上所述，蜗壳内由回流、流动冲击及近壁面处附近的强速度梯度导致的大尺度旋涡的分布位置基本与熵产峰值区域对应。

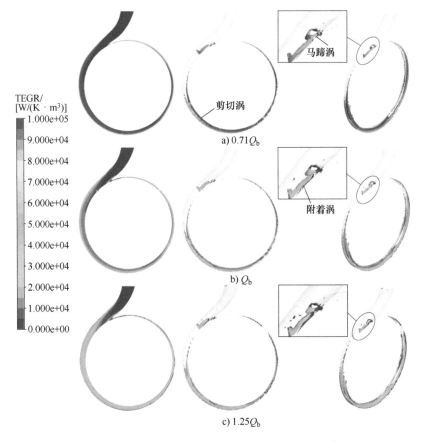

图 7.22　蜗壳 $z=0$ 平面内 TEGR 分布与其内部三维旋涡结构

叶轮作为悬臂式单级工业液力透平回收能量的核心部件，应深入研究其内部的熵产和流动特性。图 7.23 所示为不同工况下叶栅内的 TEGR 分布对比。可以看出，TEGR 峰值主要位于叶轮流道进口、叶片尾缘、压力面中后部以及叶片喉部位置。随着流量增大，叶栅内的 TEGR 分布位置未发生明显变化。来自平衡孔的泄漏流会冲击叶轮流道中的主流，进而使局部 TEGR 显著增加。随着叶栅位置远离叶轮轮毂，平衡孔中的泄漏流对其内部的 TEGR 分布情况影响减弱。尽管叶轮的结构是轴向对称的，但叶轮不同流道内 TEGR 的分布不完全一致。随着叶轮流道靠近舌片位置，TEGR 的强度逐渐增大。结合图 7.21 和图 7.22 可知，叶轮内各位置处的 TEGR 峰值产生原因如下：叶轮进口处形成 TEGR 峰值是由入口回流导致，叶片近壁面处大速度梯度增加了局部 TGER，而流动冲击和汇流是导致叶片后缘 TEGR 峰值的主要原因。

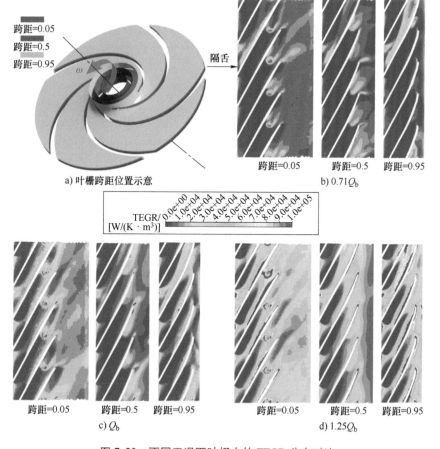

图 7.23　不同工况下叶栅内的 TEGR 分布对比

为揭示叶轮的能量转换机理，本书采用过流断面诊断法对叶轮流道内的能量变化过程进行分析。过流断面诊断法是从涡流动力学的角度来评估流动特性的好坏。过流断面诊断法具体如下[152]：

流体动量方程的积分形式为

$$\int_V \rho t \frac{\partial u}{\partial t} dV = \int_V \rho t f dV + \oint \tau dS \tag{7.2}$$

式中，V 是控制容积；$\partial / \partial t$ 是随体导数；u 是速度矢量；f 是体积力；S 是控制体的面积；τ 是空间变量 x、y、z，时间变量 t 和面元方向 n 的函数，$\tau = \tau(x, y, z)$。

对式（7.2）两端点乘速度矢量 $\boldsymbol{u}$，根据高斯定理，式（7.2）可写成如下形式

$$\rho \frac{\partial}{\partial t} \left(\frac{1}{2} \| u \|^2 \right) = \rho t f \cdot \boldsymbol{u} + p \nabla \cdot \boldsymbol{u} + \Delta \cdot (T \cdot \boldsymbol{u}) - \Phi \tag{7.3}$$

式中，T 是二阶张量；Φ 是熵产生成率；p 是压力。考虑 T 的对称性，并且在高雷诺数下，由于惯性力远大于黏性力，根据雷诺输运定理，式（7.3）可简化为

$$M_z = \frac{\partial K}{\partial t} + G + P + D \tag{7.4}$$

式中，M_z 是叶轮施加给流体的轴功率；K 是总动能之和；P 和 D 分别是整个控制容积所做的压缩功和耗散功；G 是流体经过流道后能量的增加过程，即

$$P = \int_V p \Delta u dV \tag{7.5}$$

$$D = \mu \int_V \Phi dV \tag{7.6}$$

$$G = \int_W p^* u_1 dS - p_\infty^* U S_{out} \tag{7.7}$$

式中，W 是流道的过流断面；u_1 是沿流线方向的速度；U 是轴向速度；S_{out} 是流道的进口断面；p^* 和 p_∞^* 分别表示为

$$p^* = p + \frac{1}{2} t \| u \|^2 \tag{7.8}$$

$$p_\infty^* = p_\infty + \frac{1}{2} t \| u \|^2 \tag{7.9}$$

式中，p_∞ 是静压力。

令式（7.7）中的 $\int_W p^* u_1 dS = p_u$。

采用式（7.4）计算叶轮流体施加给叶轮的轴功率时，p_u 是主要参数，称 p_u 为总压流，其能从客观上描述流道中流体能量的变化。图 7.24 所示为不同工况下 p_u 及 p^*u_1 在叶轮不同流线位置处的分布情况。图中过流截面位置 1～位置 4 分别为叶轮流道从进口到出口的流线位置的 0、0.25、0.5 及 0.82 处。可以看出，p^*u_1 峰值主要集中在叶片吸力面的进口处，随着过流截面远离叶轮进口，p^*u_1 峰值逐渐出现在压力面附近。随着流量变化，p^*u_1 在不同过流截面内的分布规律基本不发生变化。相比于偏设计工况，Q_b 工况下 p^*u_1 在各过流截面内的变化更为平缓。从 p^*u_1 分布情况可以推断出：叶轮进口到过流截面位置 2 的流道内能量回收的关键位置为吸力面，而从过流截面位置 2 到叶轮出口流道内能量回收关键区域为压力面。p_u 在叶轮流道内从进口到出口的变化情况如图 7.24d 所示。随着流量增大，p_u 值也增加。此外，随着叶轮的过流截面远离进口，流体的总能量也呈现出单调下降的变化规律，反映了液体水力能量转化为机械能和不可逆能量耗散的过程。

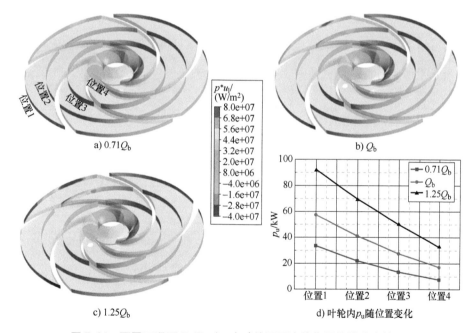

图 7.24　不同工况下 P_u 及 p^*u_1 在叶轮不同流线位置处的分布情况

与传统的水轮机尾水管渐扩的结构相比，渐变收缩结构的泵作液力透平出口管不具备能量回收能力。此外该液力透平出口管道中的破涡器在泵的工况下具有防止汽蚀的作用，但其在液力透平工况下对能量耗散和流动特性的影响也

值得研究。图 7.25 所示为出口管内不同过流截面内的 TEGR 分布，各截面位置
如图 7.1b 所示，其中截面 A 位于叶轮出口处，截面 B 和截面 C 分别位于破涡器
的上、下游。从图 7.25 中可以发现，Q_b 及小流量工况下，TEGR 的峰值主要集
中在叶轮 1 流道的出口处，而在大流量工况下，TEGR 主要分布在叶轮的前后盖
板处。在破涡器上游截面 B 内，TEGR 主要集中于出口管的壁面处，而在下游
截面 C 内，TEGR 主要位于破涡器的右侧壁面附近。结合出口管内不同截面内
TEGR 的分布情况可以看出，破涡器对于其上游截面内的熵产影响较小，但对
于其下游截面内的熵产的影响较大。随着出口管截面位置远离破涡器，破涡器
对于其内部熵产的影响减弱。

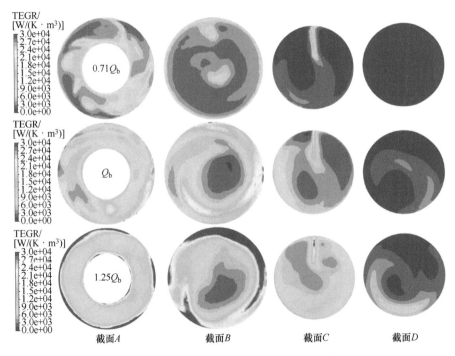

图 7.25 出口管内不同过流截面内的 TEGR 分布

为探究出口管内 TEGR 的分布情况与局部流动特性之间的联系，出口管内
不同过流截面内圆周速度分量及速度矢量分布情况如图 7.26 所示。在小流量工
况下，叶轮出口回流产生的逆时针涡流出现在截面 A 中，旋涡数与叶片数量相
等。随着流量的增加，平面 A 中的旋涡逐渐消失，圆周速度的方向变为与叶轮
转动方向相反。这种现象与文献 [21] 和 [140] 所述一致。受前腔间隙高速
泄漏流的影响，截面 B 及其下游的近壁处速度矢量方向一致。破涡器有效地限

制了出口管道中圆周速度的进一步发展，并在挡板壁面附近产生了大规模涡流。结合图 7.25 和图 7.26 可以看出，前腔间隙中的泄漏流会对出口管内的主流产生冲击，出口管内的局部 TEGR 峰值主要由近壁面处的大速度梯度、壁面附着涡以及破涡器的旋涡破碎效应引起。破涡器可以有效地减少其下游的 TEGR 分布，因此，破涡器的结构及具体布置位置应进一步研究，以降低出口管内的流动损失、提高运行稳定性，进而提高液力透平的效率。

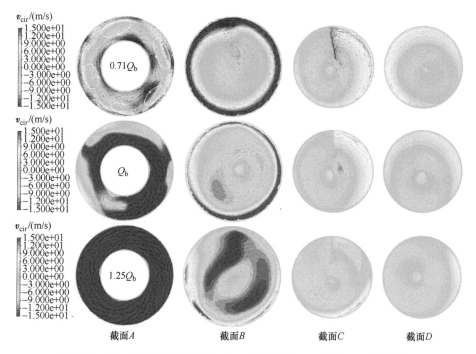

图 7.26　出口管内不同过流截面内圆周速度分量及速度矢量的分布情况

　　从上述分析可以看出，出口管道中的速度分布很不均匀，且具有高圆周方向速度分量，这是导致出口管产生大面积旋涡和水力损失的主要原因。为进一步揭示叶轮下游的流动特性，本书采用速度分布均匀度系数（$\overline{\eta}$）及速度加权平均旋转角（$\overline{\theta}$）对出口管不同截面内的速度特性进行定量分析。速度分布均匀度系数可以反映叶轮的出流状况，$\overline{\eta}$ 值更高表示截面中的速度分布更均匀，其定义如下[153]

$$\overline{\eta} = \left[1 - \frac{1}{\overline{v}_a} \sqrt{\sum_{i=1}^{n} (v_{ai} - \overline{v}_a)^2 / n} \right] \times 100 \qquad (7.10)$$

式中，$\overline{v}_a$、v_{ai}、n 分别表示截面内轴向速度的算术平均数、每个网格单元的轴向速度及截面内计算网格单元数。

图 7.27 所示为不同工况下出口管不同截面内速度分布均匀度系数及速度加权平均旋转角的变化对比,可以发现,截面位置越远离叶轮出口,$\bar{\eta}$ 值越接近 100%。从 $\bar{\eta}$ 的定义来看,截面 A 内 $\bar{\eta}$ 存在负值表明在叶轮出口处存在回流现象,特别是 $0.71Q_b$ 工况下回流现象最为明显,$\bar{\eta}$ 值为 -148.16%。出口管内存在破涡器能够较为有效提高液力透平在全工况下出口管内轴向速度的均匀性,破涡器下游截面内的轴向速度均匀性随着流量增大而明显提高。截面 D 内 $\bar{\eta}$ 在 $0.71Q_b$、Q_b 和 $1.25\ Q_b$ 工况下的值分别为 79.79%、73.41% 和 64.64%。

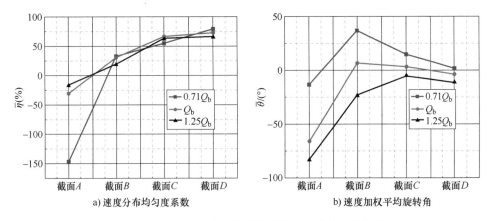

a) 速度分布均匀度系数　　　　　b) 速度加权平均旋转角

图 7.27　不同工况下出口管不同截面内速度分布均匀度
系数及速度加权平均旋转角的变化对比

流动偏离角 θ 的定义为轴向速度与实际速度之间的角度,表示为横向速度对叶轮流出条件的影响[154]。θ 值越小表示叶轮出口的流动特性越好。速度加权平均旋转角 ($\bar{\theta}$) 定义如下

$$\bar{\theta} = \left(\sum_{i=1}^{n} v_{ai} \arctan \frac{v_{ti}}{v_{ai}} \right) \Big/ \sum_{i=1}^{n} v_{ai} \tag{7.11}$$

式中,v_{ti} 为计算单元的横向速度。

不同工况下出口管不同截面内的速度加权平均旋转角如图 7.27b 所示。可以看出,截面 A 在液力透平所有工况下均为负值,表明顺时针速度旋转分量占据了截面的大多数区域。随着截面位置远离叶轮出口,不同工况下 $\bar{\theta}$ 值的变化趋势一致,均表现为先增加后降低。在 $1.25Q_b$ 工况下,$\bar{\theta}$ 值在所有截面内均为负值,且在截面 C 处取得最小值。相似的结果如图 7.26 所示,顺时针旋转速度

矢量在不同截面内占主导地位。在 Q_b 工况下，$\bar{\theta}$ 值在出口管不同截面内均较小，即在截面 B、C、D 内的值分别为 6.84°、3.49°、−4.39°。从 $\bar{\theta}$ 值在不同截面内的变化情况可以推断出，出口管内存在破涡器能够降低截面内的速度加权平均旋转角，进而提高液力透平出口管内的流动稳定性。

7.2 轴向中开双吸式工业液力透平的能量回收特性分析

工业应用中，把轴向剖分、两端支承的蜗壳式卧式泵统称为 BB1 型离心泵。轴向中开双吸式离心泵主要应用于各种工业流程、污水处理、电站、热电厂、管网加压、原油或成品油的输送、天然气的输送、水力灌溉、供水与水处理、船用泵、海水淡化等场合。典型工况用于大型合成氨装置中的贫液泵、富液泵、液力透平，以及原油或成品油输送项目中的管线输送主泵等。本节针对一台比转速为 76.77 的轴向中开双吸式单级离心泵反转作工业液力透平的能量回收特性进行分析，该液力透平已成功应用在中国石油某石化公司。液力透平在实际运行过程中的常态参数如下：压力介质为甲基二乙醇胺（MDEA）半贫液，介质温度为 84℃，介质密度为 1094kg/m³，可用流量 Q 为 1937m³/h，可用扬程 H 为 235m，运行转速 n 为 1485r/min，回收效率 η 为 77%，回收功率 P 为 1044.2kW。安装成功后，该液力透平实际运行中每小时能回收功率约 1044.2kW，液力透平一年运行时间约为 8400h，计算可得共能节约的电约为 8771.3MW·h，按工业电费每度 1 元估算，一年可节省电费 877.1 万元。

7.2.1 物理模型

轴向中开双吸式工业液力透平的全流场水力模型如图 7.28 所示，由进口管、蜗壳、叶轮、隔舌、导出室、出口管组成。

7.2.2 网格划分及无关性分析

液力透平主要部件的模型网格如图 7.29 所示，由于本节研究的液力透平叶轮流道扭曲及蜗壳具有特殊的非对称结构，因此，采用具有良好的网格适应性的非结构网格对叶轮和蜗壳进行网格划分。近壁面区域由于流体的黏性会存在较大的速度梯度，为了更加精确地捕捉壁面处的流动现象，对叶片前缘与后缘，蜗壳的隔舌区域等壁面区进行网格加密，使其 $y+$ 值满足湍流模型要求。采用相

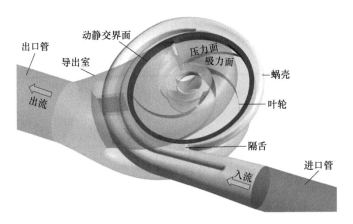

图 7.28　轴向中开双吸式工业液力透平的全流场水力模型

同网格划分方法建立 7 套不同数量的网格，网格总数为 $3.87 \times 10^6 \sim 1.16 \times 10^7$ 个。选取 Q_b 工况下扬程作为评估指标，研究网格数对液力透平性能的影响，如图 7.30 所示。可以看出，随着网格数的增加，扬程也下降，当网格数大于 7.12×10^6 个后，液力透平扬程变化的波动范围不超过 0.5%。结合数值预测精度和实际计算能力综合考虑，初步选取第 6 套网格作为后续计算网格，其网格数为 9.51×10^6 个，液力透平各部件的网格信息见表 7.4。

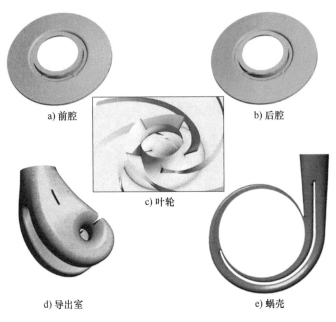

a) 前腔　　　　　　　　　　　　　　　　b) 后腔

c) 叶轮

d) 导出室　　　　　　　　　　　　　　　e) 蜗壳

图 7.29　液力透平主要部件的模型网格

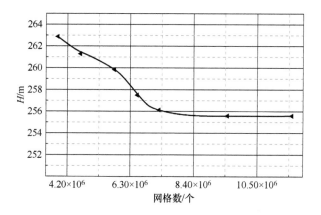

图 7.30 网格数对液力透平性能的影响

表 7.4 液力透平各部件的网格信息

部件	进口管	蜗壳	叶轮	口环间隙	前腔	后腔	导出室	出口管
网格数/个	0.37×10^6	2.81×10^6	1.56×10^6	0.23×10^6	0.87×10^6	0.92×10^6	2.19×10^6	0.54×10^6
$y+$值	10.34	27.88	29.12	6.97	18.21	19.13	27.13	9.63
最差网格质量	0.93	0.34	0.26	0.85	0.68	0.69	0.54	0.92

7.2.3 数值计算结果验证

为验证数值计算结果的准确性,在该公司搭建轴向双吸式工业液力透平水力性能测试试验台,如图 7.31 所示。图 7.31a 所示为液力透平试验台布置示意图,试验台为闭式试验台,由储水罐、控制阀、增压泵、信号采集装置、计算机、压力表、电磁流量计、电涡流测功机、液力透平和连接管路等组成。图 7.31b 所示为液力透平实物图。测试系统中的增压泵为液力透平运转提供动力,电涡流测功机吸收液力透平回收的能量。电涡流测功机与液力透平通过弹性联轴器直联且两者的同轴度小于 0.1mm,电涡流测功机的实时转速、转矩等数据会同步存储在其配套的软件中。通过协同调节电涡流测功机、主管路和旁路的控制阀可以完成不同工况下液力透平的水力性能试验。压力表、流量计和扭矩仪的测量精度分别为±0.2%、±0.1% 和±0.05%。

图 7.32 所示为液力透平扬程和效率随流量变化的数值模拟与试验结果对比曲线。可以看出,数值模拟预测得到的液力透平水力性能随流量的变化趋势基

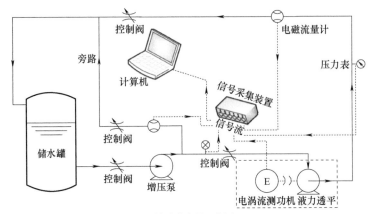

a) 试验台布置示意图

b) 液力透平实物图

图 7.31　轴向双吸式工业液力透平水力性能测试试验台

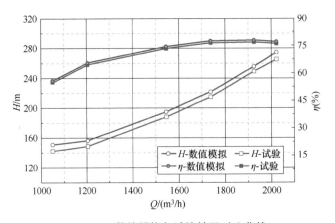

图 7.32　数值模拟与试验结果对比曲线

本与试验结果一致，随着流量增大，液力透平的扬程也增加，而效率呈现出先增加后下降的趋势。该液力透平的最高效率点处的流量、扬程和效率分别是 $1927\text{m}^3/\text{h}$、255.57m、77.95%。数值模拟预测的扬程最大、最小误差分别为 5.56%、2.68%，效率最大、最小误差分别为 6.55%，3.84%。总体看来，采用数值模拟方法对轴向中开双吸式工业液力透平在全工况下水力性能的预测精度基本符合工程应用要求。

7.2.4 压力脉动特性分析

为了得到轴向中开双吸式工业液力透平内的压力脉动特性，在叶片表面 （$BP_1 \sim BP_3$、$BS_1 \sim BS_3$）、叶轮流道内 （$B_1 \sim B_3$） 和蜗壳外壁面 （$V_1 \sim V_{11}$） 分别设置了压力脉动监测点，其布置如图 7.33 所示。

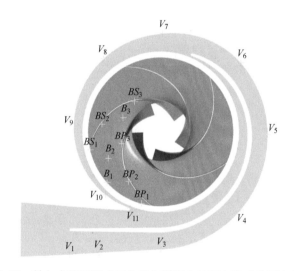

图 7.33 轴向中开双吸式工业液力透平内的压力脉动监测点布置

图 7.34 所示为一个周期内 Q_b 流量下叶轮各监测点压力脉动特性。从图 7.34a、c 中可以看出在 Q_b 流量下叶轮进口靠近压力面、吸力面侧的监测点存在较高的振幅，通过观察图 7.34b、d 所示的 BP_1 和 BS_1 的压力脉动主频均为 f_n，其次按照振幅从大到小频率依次为 $2f_n$、$4f_n$，均为叶频的整数倍。压力面和吸力面的其他两个监测点 BP_2 和 BP_3、BS_2 和 BS_3 的频域特性在整体上频率成分均为轴频 f_n 的整数倍，且都集中在低频 $10f_n$ 以内。对于叶轮中间流道监测点 $B_1 \sim B_3$，从图 7.34e、f 可以发现压力脉动波形并不稳定，且周期性相对不明显，频率成分较为复杂，均为整数倍轴频，这是由于高压流体冲击叶轮，使叶轮区

域受到了轴转动。压力脉动主要集中在低频处。B_1、B_2 的主频为 $2f_n$，B_3 的主频为 f_n，振幅大小沿流线方向增大。因此，叶轮中间流道的压力脉动主要受低频率波的影响，叶轮为液力透平的关键部件，故充分考虑叶轮内低频率波的分布情况对减小轴向中开双吸式工业液力透平的压力脉动至关重要。

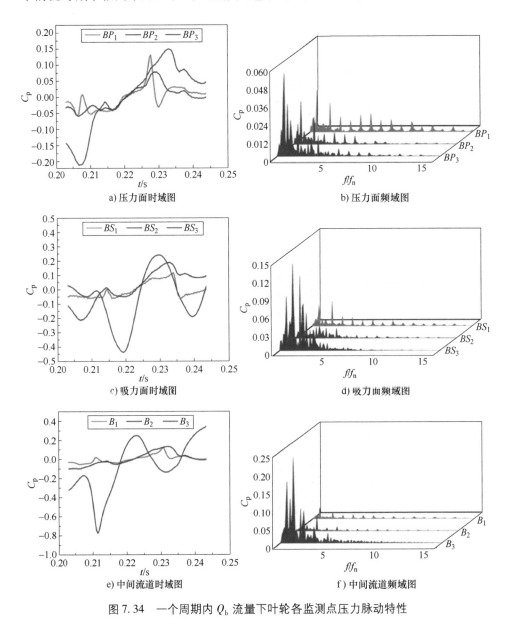

图 7.34　一个周期内 Q_b 流量下叶轮各监测点压力脉动特性

图 7.35 所示为 Q_b 流量下蜗壳各监测点的压力脉动特性。从时域图 7.35a、

c 和 e 中可以看出，蜗壳靠近外壁面的监测点的压力值在一个旋转周期内都呈现周期性变化，压力脉动波形较为稳定，都呈 5 个波峰和 5 个波谷，等于叶片数目。说明叶片的旋转对蜗壳流道内的压力有着周期性影响。图 7.35b、d 和 f 所示为 Q_b 流量下蜗壳各监测点压力脉动的频域图，可以看出，在蜗壳流道内靠近隔舌处的各监测点的主频均为 $5f_n$ 叶频，周向各监测点主频均为 f_n，证明在液力透平工况下蜗壳处的压力脉动主要受叶轮与蜗壳动静干涉的影响。监测点 $V_1 \sim V_5$ 位于

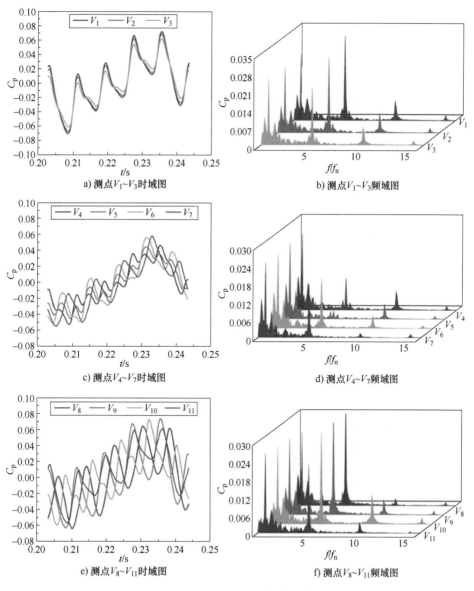

a) 测点 $V_1 \sim V_3$ 时域图

b) 测点 $V_1 \sim V_3$ 频域图

c) 测点 $V_4 \sim V_7$ 时域图

d) 测点 $V_4 \sim V_7$ 频域图

e) 测点 $V_8 \sim V_{11}$ 时域图

f) 测点 $V_8 \sim V_{11}$ 频域图

图 7.35 Q_h 流量下蜗壳各监测点的压力脉动特性

蜗壳导流板后的位置，受叶轮转动的影响较小，沿着流线方向，监测点压力脉动主频幅值逐渐降低。V_4 和 V_5 处于低压力脉动强度区域，因此压力脉动主频幅值较低。随着蜗壳内过流截面面积的逐渐减小，断面上的监测点压力脉动幅值又逐渐增大。

图 7.36 所示为不同工况下蜗壳隔舌监测点 V_{11} 的压力脉动特性。从时域图中可以看出，相比于最佳流量工况，偏设计工况下的压力脉动系数波动幅度最大。从图 7.36b 所示频域图中可以看出，不同工况下隔舌监测点 V_{11} 的压力脉动频率均以叶频为主。

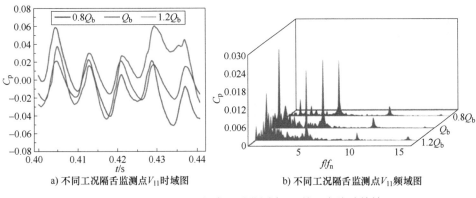

a) 不同工况隔舌监测点 V_{11} 时域图   b) 不同工况隔舌监测点 V_{11} 频域图

图 7.36　不同工况下蜗壳隔舌监测点 V_{11} 的压力脉动特性

图 7.37 所示为液力透平 $z=0$ 平面在有效运行范围内两个极限流量不同工况下蜗壳 $z=0$ 平面的压力脉动强度。蜗壳隔舌及附近小面积过流断面的局部压力较高，说明这些位置受动静干涉影响严重。不同工况下压力变化趋势基本一致，随着蜗壳过流断面减小，压力也逐渐降低从而转化流体的动能。压力脉动强度随着流量增大而增强。

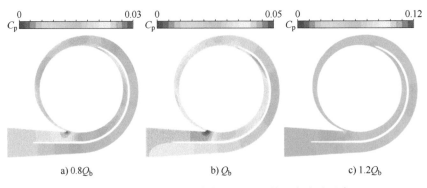

a) 0.8Q_b b) Q_b c) 1.2Q_b

图 7.37　不同工况下蜗壳在 $z=0$ 平面的压力脉动强度

　　然而，从图 7.38 可以看出在不同工况下叶轮中间叶栅压力脉动强度变化趋势相差较大，小流量工况下叶片吸力面的前缘小范围内局部压力较高。叶轮中间流道也分布着高压力脉动区域，这可能与局部存在低速旋涡有关。在 Q_b 工况和大流量工况下，叶片吸力面前缘高压力区域较小，从叶轮进口到出口，叶轮流道内压力沿流动方向递减变化较为平缓，这可能是动静干涉作用减弱的结果。

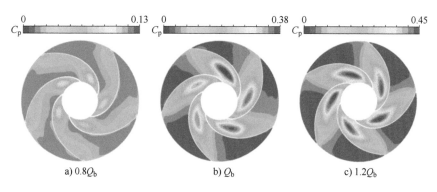

图 7.38　不同工况下叶轮中间叶栅压力脉动强度

　　图 7.39 中可以看到，导出室进口处的压力脉动强度最高，主要是由于该区域受动静干涉的影响较大，尤其是壁面附近，分布了较大区域的压力脉动强度峰值。随着流量的增加，高压力脉动强度区域增大。

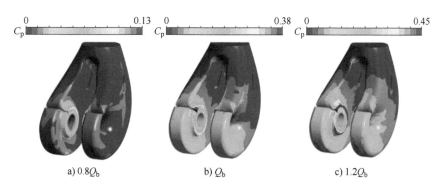

图 7.39　不同工况下导出室压力脉动强度

　　图 7.40 所示为不同工况下蜗壳中间截面流线及 Q 准则分布，由于蜗壳为静部件，显然流线的分布状况较好，速度随蜗壳过流面积收缩而逐渐增大。旋涡集中在隔舌位置和过流截面收缩段，相应的监测点的主频也表现出较高的幅值。随着流量的增大，旋涡朝着过流截面面积增大的方向发展。图 7.41 所示为不同工况下叶轮中间截面流线及 Q 准则分布。由图可知，随着流量的增加，叶轮吸

力面上旋涡增多，且压力面上发展出新的旋涡。叶片前缘处出现小范围的局部高强度旋涡，对应的压力面、吸力面前缘的监测点处的主频也表现出较高幅值，且频率成分基本都在叶频上，说明叶轮受高压流体的驱动下，叶片前缘位置主要受蜗壳-叶轮之间的动静干涉作用。随着流量的增加，叶轮出口存在更大的相对速度，流线与 Q 准则旋涡位置相对应。

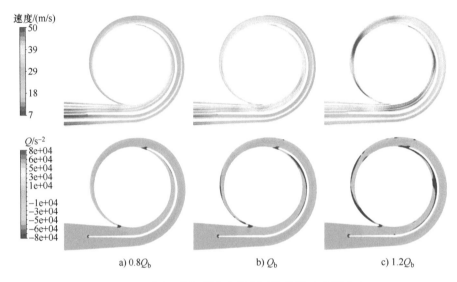

a) $0.8Q_b$　　　　　　b) Q_b　　　　　　c) $1.2Q_b$

图 7.40　不同工况下蜗壳中间截面流线及 Q 准则分布

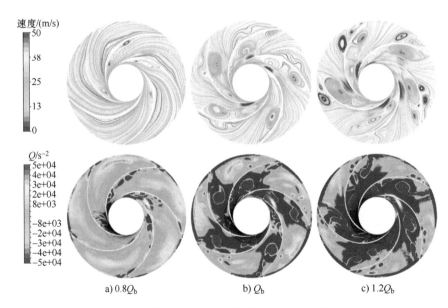

a) $0.8Q_b$　　　　　　b) Q_b　　　　　　c) $1.2Q_b$

图 7.41　不同工况下叶轮中间截面流线及 Q 准则分布

7.2.5　能量回收特性分析

图 7.42a 所示为不同工况下各部件内的熵产对比，可以看出，熵产主要集中在叶轮、蜗壳、前腔、后腔及导出室内。随着流量增大，各过流部件的熵产也显现出增大的趋势。当流量低于 $1.05Q_b$ 时，蜗壳中的熵产较大，当流量超过 $1.05Q_b$ 时，叶轮成为液力透平内熵产占比最大的部件。其中，由于前、后腔内流速小，其总熵产主要与腔体体积相关，且两者随流量的变化规律较为一致。进口管与出口管均为规则圆柱流道，其内部流动相对稳定，所以其熵产较小且随流量增大没有明显变化。Q_b 工况下液力透平内各部件熵产占比从大到小依次为：蜗壳、后腔、前腔、叶轮、导出室、进口管和出口管。

图 7.42b 所示为不同工况下液力透平内总熵产成分占比，可以看出，液力透平中 SWEG 在能量损失中占主导地位，其占比均在 70% 左右，STEG 的占比排在其次，而 SDEG 在液力透平中的占比很小，可以忽略不计。随着流量的增

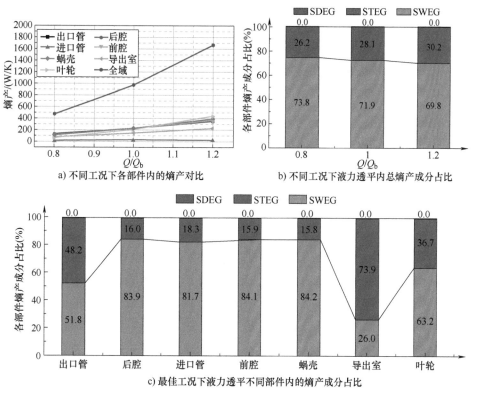

a) 不同工况下各部件内的熵产对比　　b) 不同工况下液力透平内总熵产成分占比

c) 最佳工况下液力透平不同部件内的熵产成分占比

图 7.42　熵产定量分析结果

加，SWEG 占比略微减小，STEG 占比略微增大。虽然 SWEG 占比减小，但是其总熵产是呈增加的趋势，内部流动更加不稳定。图 7.42c 所示为最佳工况下液力透平不同部件内的熵产成分占比，除导出室外，其余过流部件主要是 SWEG 占主导地位，STEG 也能明显反映液力透平中能量损失的情况，总的来看各过流部件熵产分布结果与图 7.42b 吻合。叶轮作为液力透平能量回收的主要过流部件，其内部存在许多涡流，所以叶轮区域的 STEG 占比相比于其他部件要高。导出室的结构相对复杂，内部流动空间大，水力损失主要集中在内部流动的不稳定上，因此导出室的熵产主要为 STEG，而 SWEG 占比相对较小。值得注意的是，在图 7.42a 中观察到进口管与出口管的熵产随流量变化一致，但是在图 7.42c 中可以看到这两部分内的熵产成分占比情况有明显不同。这是由于出口管处的流体在经过叶轮做功后存在更多的动能，这会引起 STEG 的增加，导致出口管处的 STEG 占比较大。

从上文分析结果可以看出，SWEG 在轴向中开双吸式工业液力透平中的占比最高，因此液力透平的效率低主要是由于壁面区域的水力损失较大。为进一步揭示 SWEG 高占比的原因，需要分析 SWEG 在各部件内的分布情况。不同工况下各部件内的 WEGR 对比如图 7.43 所示。随着流量的增加，各过流部件的 WEGR 分布区域逐渐增大，大流量会有更多液体在壁面上产生水力损失。WEGR 的峰值主要分布在前、后腔的部分外径处，叶片出口流道处，蜗壳隔舌处，以及导出室进口处等表面。由于液力透平叶轮出口处易发生空化与回流现象，叶片背面上的局部低压处也会产生旋涡导致脱流，因此叶轮区域的 WEGR 主要集中在液力透平叶轮出口与叶片背面流动不稳定的区域。

图 7.44 所示为蜗壳主要截面位置，沿中轴线依次间隔45°选取 8 个典型截面，图 7.45 所示为不同工况下蜗壳截面内的 TEGR 及流线分布情况。可以发现，液体存在黏性效应使蜗壳近壁面产生较大的速度梯度，这是 TEGR 峰值主要集中在蜗壳壁面处的原因。随着流量增大，近壁面附近的速度梯度增加，从而使得蜗壳的 STEG 提高。额定工况下，截面 1 的流动情况较好，截面 2 受空间限制未能形成旋涡；截面 5 和截面 6 中逐渐形成不对称的回流涡，由此可见蜗壳的下半段出现了回流以及二次流现象，这会增加旋涡的强度与能量的耗散。因此，截面 5 和截面 6 的 TEGR 相对较大。结合图 7.42 和图 7.43 可以推断出，尽管 WEGR 的幅值相较于 TEGR 更低，但 WEGR 峰值的分布区域面积远大于 TEGR，从而使得 SWEG 成为该液力透平内部流动耗散的最大占比。

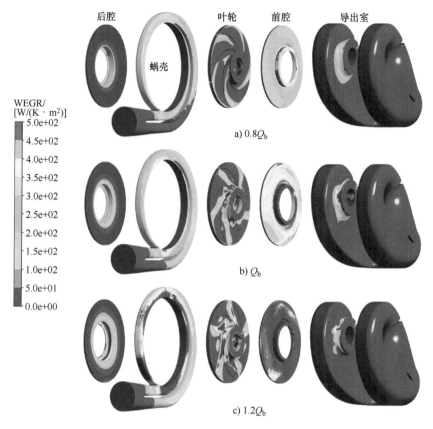

图 7.43 不同工况下各部件内的 WEGR 对比

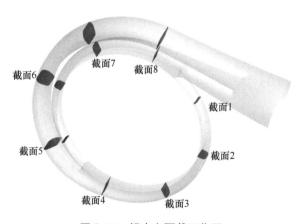

图 7.44 蜗壳主要截面位置

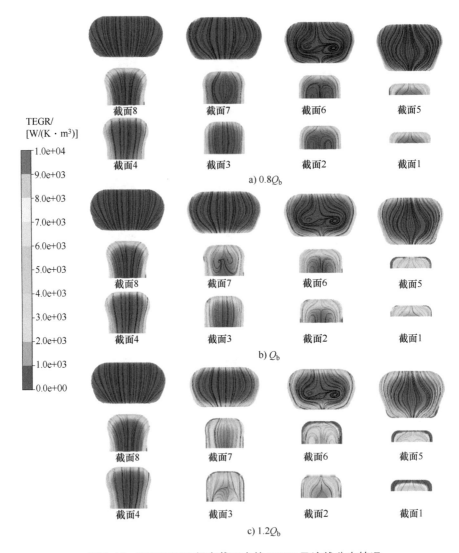

图 7.45　不同工况下蜗壳截面内的 TEGR 及流线分布情况

　　为探究蜗壳内旋涡空间结构与熵产之间的关系，蜗壳 $z=0$ 平面内 TEGR 分布与其内部三维旋涡结构如图 7.46 所示。可以看出，$z=0$ 平面内 TEGR 峰值主要集中在隔舌及其下游处，随着流量增大，蜗壳小过流截面内的 TEGR 明显提高。隔舌处的部分流体会在此处回流到收缩段，造成与壁面的摩擦，这种回流现象是引起隔舌处的 TEGR 较高的原因。Q 准则可以清晰捕捉流道中的涡结构，通过对蜗壳中大尺度旋涡进行识别可以发现，蜗壳内旋涡类型及分布位置基本不随流量增大而改变，主要集中在隔舌下游、截面 1～截面 7 的壁面处。从旋涡类型看来,隔舌下游为马蹄涡,这是由蜗壳内循环流与进口主流交汇而形成。由于蜗壳喉部结构具有非对称性,因此附着涡在此处壁面附近形成。这部分涡虽然没有在隔舌附近形成阻塞,但是一小部分附着涡可能会随着流动的发展而脱落,这时这些脱落涡便有机会形成通道涡,影响隔舌下游内部流动的稳定。

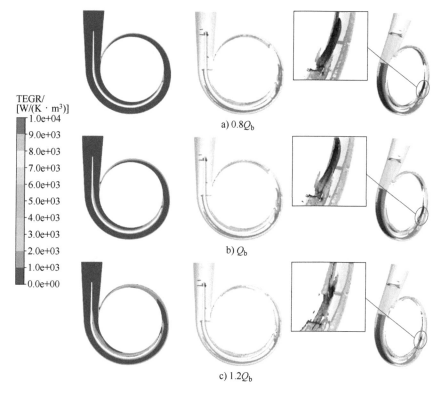

TEGR/
[W/(K·m³)]
1.0e+04
9.0e+03
8.0e+03
7.0e+03
6.0e+03
5.0e+03
4.0e+03
3.0e+03
2.0e+03
1.0e+03
0.0e+00

a) $0.8Q_b$

b) Q_b

c) $1.2Q_b$

图 7.46　蜗壳 $z=0$ 平面内 TEGR 分布与其内部三维旋涡结构

图 7.47 所示为不同工况下叶栅内的 TEGR 分布对比,取叶轮流道跨距为 0.05、0.5、0.95 的 3 个叶栅面进一步分析内部熵产分布情况。可以看出,TEGR 峰值主要集中在叶片吸力面与叶片尾缘上,此处的水力损失较大。随着流量的增加,叶轮流道内吸力面的旋涡也逐渐增大,叶片上的局部低压区会引起局部混乱的回流,导致产生大面积的涡核,从而加剧了叶轮区域的能量损耗,同时叶片尾缘处的熵产也会增大。叶片近壁面处的大速度梯度增加了局部 TEGR,而流动冲击和回流是导致叶片后缘 TEGR 峰值的主要原因。不同截面下,由于流体的黏性,跨距为 0.05 与跨距为 0.95 接近前、后盖板壁面区域的

叶轮面摩擦水力损失更大，因此对比跨距=0.5，这两个叶栅内的熵产更大，在大流量工况下现象更加明显。

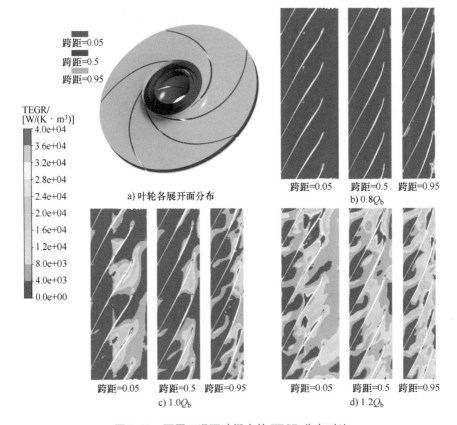

图 7.47　不同工况下叶栅内的 TEGR 分布对比

由于导出室的形状为半螺旋形，因此有必要分析其内部流动情况。图 7.48 所示为导出室径向截面位置，在导出室一侧依次选取 3 个截面。图 7.49 所示为不同工况下导出室不同截面上的 TEGR 分布情况。截面 1 的导出室进口处熵产区域分布最大，由于液力透平叶轮出口处的流体在此汇聚，流体中动能较高，易产生较大的水力损失。而且该区域是回流和涡流严重发生的区域，因此熵产较大。截面 2、截面 3 与截面 1 相比，流动逐渐平缓。截面 2 虽然还有大面积的熵产区域，但是峰值分布区域相较于截面 1 小很多。随着流量的增加，熵产分布区域变大，$1.2Q_b$ 工况下，截面 1 入口处熵产最大，表明此时水力损失最多。因此，提高大流量工况下液力透平效率很有必要。

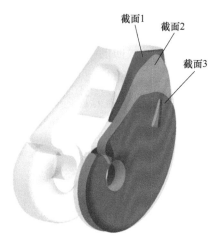

图 7.48 导出室径向截面位置

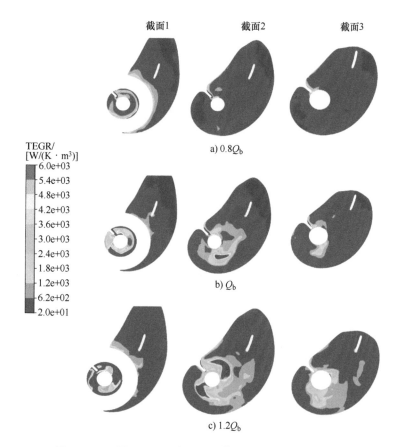

图 7.49 不同工况下导出室不同截面上的 TEGR 分布情况

该液力透平的出口管不具备能量回收的能力，但其在液力透平工况下的内部流动情况及能量耗散的影响也值得研究。图 7.50 所示为出口管的截面位置。图 7.51 所示为出口管内不同截面的 TEGR 分布，可以观察到，TEGR 的峰值主要分布在截面 A 处，位于下游的截面 B 和截面 C 的熵产逐渐减小。前面导出室的半螺旋结构可以很好地平缓流体流动的不稳定性，减少了下游出口管的能量耗散。流体的黏性使得该处位置的熵产值增加，导致流体的能量损耗增加。

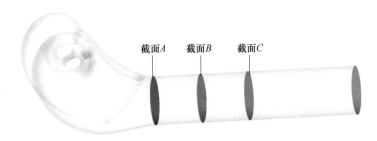

图 7.50　出口管的截面位置

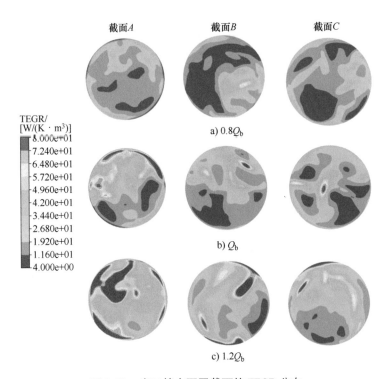

a) $0.8Q_b$

b) Q_b

c) $1.2Q_b$

图 7.51　出口管内不同截面的 TEGR 分布

进一步分析出口管内的流动现象，图 7.52 所示为出口管内不同过流截面内圆周速度分量及速度矢量的分布。小流量工况下，截面 A 圆周方向出现了与叶片数数目相同的逆时针涡流，这种回流现象会增加流动损失。随着流动向下游发展，截面 B 与截面 C 涡流的数目减小且涡流向中心汇聚。由于受导出室高速流动的影响，且近壁面处有大速度梯度与壁面附着涡，导致截面出现涡流现象。将出水管适当延伸，可以使流动更加稳定。

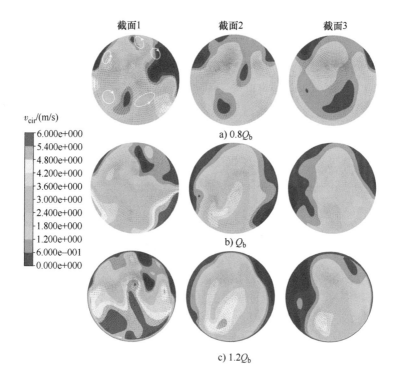

图 7.52　出口管内不同过流截面内圆周速度分量及速度矢量的分布

7.3　径向剖分双吸式工业液力透平能量回收特性分析

工业应用中，把径向剖分、两端支承的蜗壳式卧式泵统称为 BB2 型离心泵。该泵型主要针对各类装置中高温、低温、高压等重要工位开发的离心泵，可根据装置管路需求任意选择泵的进、出口方向。径向剖分双吸式离心泵广泛应用于炼油、石油化工、煤制油、煤化工、天然气加工、海水淡化、海上钻井设备，以及其他行业的高温、低温或高压工况，可输送带固体颗粒的腐蚀性或强腐蚀性介质、液化石油气，以及其他易燃、易爆或有毒的介质。典型应用于炼油装置中的闪底油、常底油等高温塔底泵，以及煤化工装置中的半贫液泵和富甲醇泵等。本节针对一台比转速为 82.37 的径向剖分双吸式单级离心泵反转作工业液力透平的能量回收特性进行分析，该液力透平已成功应用在山西某肥料公司。液力透平在实际运行过程中的常态参数如下：压力介质为 MDEA 半贫液，介质温度为 90℃，介质密度为 1094kg/m³，可用流量 Q 为 710m³/h，可用扬程 H 为 250m，运行转速 n 为 2980r/min，回收效率 η 为 70.3%，回收功率 P 为 372kW。安装成功后，该液力透平实际运行中每小时能回收的功率约为 372kW，一年液力透平运行时间约为 8400h，计算可得共能节约的电约为 3124.8MW·h，按工业电费每度 1 元估算，一年可节省电费 312.5 万元。

7.3.1　物理模型

径向剖分双吸式工业液力透平的全流场水力模型如图 7.53 所示，由隔舌、蜗壳、叶片、叶轮间隙、前腔、后腔、导出室等组成。

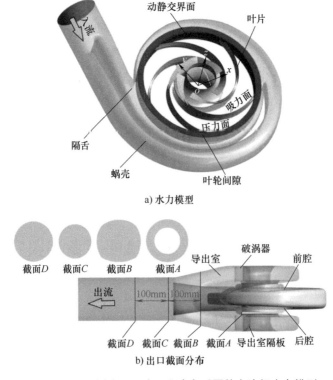

a) 水力模型

b) 出口截面分布

图 7.53　径向剖分双吸式工业液力透平的全流场水力模型

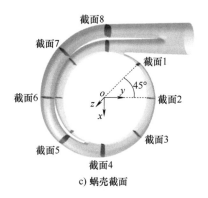

c) 蜗壳截面

图 7.53　径向剖分双吸式工业液力透平的全流场水力模型（续）

7.3.2　网格划分及无关性分析

液力透平主要部件网格如图 7.54 所示，采用相同网格划分方法建立 8 套不同数量的网格，网格数为 $2.91 \times 10^6 \sim 9.04 \times 10^6$ 个。选取液力透平在泵设计工况下的扬程作为评估指标，研究网格数对于扬程的影响，如图 7.55 所示。可以看出，随着网格数的增加，扬程下降，当网格数大于 6.14×10^6 个后，泵的扬程变化的波动范围不超过 0.5%。综合考虑数值预测精度和实际计算能力，初步选取第 7 套网格作为后续计算网格，其网格数为 7.87×10^6 个，液力透平各部件的网格信息如表 7.5 所示。

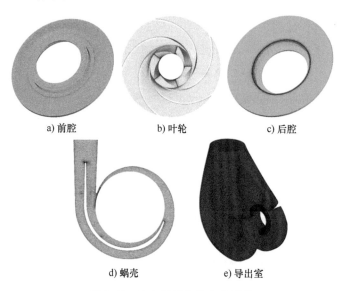

a) 前腔　　　　　　b) 叶轮　　　　　　c) 后腔

d) 蜗壳　　　　　　e) 导出室

图 7.54　液力透平主要部件网格

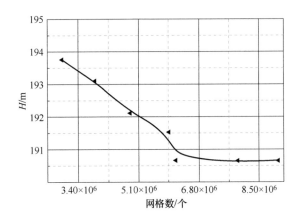

图 7.55　网格数对扬程的影响

表 7.5　液力透平各部件的网格信息

部件	进口管	蜗壳	叶轮	叶轮间隙	前腔	后腔	导出室	出口管
网格数/个	0.08×10^6	1.18×10^6	1.66×10^6	0.06×10^6	0.95×10^6	0.95×10^6	2.83×10^6	0.13×10^6
$y+$值	9.14	25.18	27.82	11.23	17.38	16.71	21.62	8.12
最差网格质量	0.89	0.31	0.34	0.86	0.65	0.66	0.47	0.88

7.3.3　数值计算结果验证

　　为验证数值计算结果的准确性，在某公司搭建液力透平在泵工况下的水力性能测试试验台，如图 7.56 所示。图 7.56a 所示为试验台示意简图，试验台为闭式试验台，由循环水罐、控制阀、信号采集器、计算机、压力表、电磁流量计、测试泵、变频电动机和连接管路等组成。图 7.56b 所示为测试泵实物图。通过泵出口管的控制阀可以完成不同工况下液力透平在泵工况下的水力性能试验。压力表、电磁流量计和转速扭矩仪的测量精度分别为 ±0.2%、±0.1% 和 ±0.1%。

　　图 7.57 所示为液力透平在泵工况下的数值模拟与试验结果对比及在液力透平工况下的数值模拟结果。可以看出，数值模拟预测得到的泵水力性能随流量的变化趋势基本与试验结果一致，随着流量增大，液力透平的扬程降低，而效率呈现出先增加后下降的趋势。该液力透平在泵工况最高效率点处的流量、扬程和效率分别是 482.24m³/h、190.65m、80.53%。泵工况下数值模拟预测的扬程最大、最小误差分别为 -3.04%、0.36%，效率最大、最小误差分别为 -6.17%，

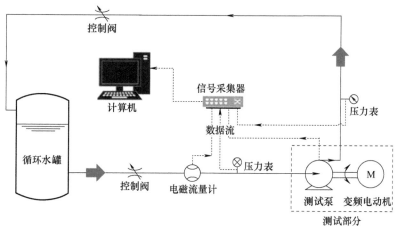

a) 试验台示意简图

b) 测试泵实物图

图 7.56 泵工况的水力性能测试试验台

-1.54%。总体看来，采用数值模拟方法对径向剖分双吸式工业液力透平在泵工况下水力性能的预测精度基本符合工程应用要求。从液力透平工况可以看出，随着流量的增加，液力透平的扬程增大，而且相比于泵工况，液力透平工况的高效运行区间明显较窄，在流量为 710m³/h 时液力透平效率达到最高值，此时的效率和扬程分别为 77.54% 和 211.174m。

7.3.4 压力脉动特性分析

在本书中，为了得到径向剖分双吸式工业液力透平内的压力脉动特性，在叶片表面（$BP_1 \sim BP_3$、$BS_1 \sim BS_3$）、叶轮流道内（$B_1 \sim B_3$），蜗壳外壁面（$IV_1 \sim IV_{11}$）分别设置了压力脉动监测点，如图 7.58 所示。

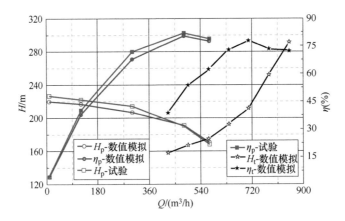

图 7.57　液力透平在泵工况下的数值模拟与试验结果对比
及在液力透平工况下的数值模拟结果

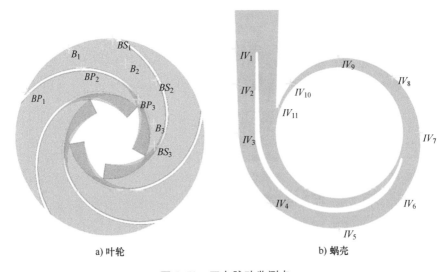

a) 叶轮　　　　　　　　　　　　b) 蜗壳

图 7.58　压力脉动监测点

图 7.59 所示为 Q_b 流量下叶轮各监测点的压力脉动特性。从图 7.59a、c 中可以看出，在 Q_b 流量下叶轮进口靠近压力面、吸力面侧的监测点的压力脉动强度在一个周期内呈周期性变化，压力脉动强度随时间呈现出非常规律的 5 个波峰和 5 个波谷，刚好等于叶片数。表明液力透平状态下叶片的旋转对叶片两侧进口流道内的压力有着明显的周期性影响。图 7.59b、d 所示的 BP_1 和 BS_1 的压力脉动主频均为 $15f_n$，其次按照振幅从大到小频率依次为 $5f_n$、$10f_n$，均为叶频的整数倍。压力侧和吸力侧的其他两个监测点 $BP_2 \sim BP_3$ 和 $BS_2 \sim BS_3$ 的频域特

性在整体上频率成分均为轴频 f_n 的整数倍，且都集中在低频 $10f_n$ 以内。对于叶轮中间流道监测点 $B_1 \sim B_3$，从图 7.59e、f 可以发现压力脉动波形并不稳定，且周期性相对不明显，频率成分较为复杂，均为整数倍轴频。这是由于高压流体冲击叶轮，使叶轮区域受到轴转动的影响。压力脉动主要集中在低频处，主频均为 $2f_n$，其余振幅从大到小依次为 $4f_n$、$6f_n$、$1f_n$，振幅大小沿流线方向减小。从整体上看，叶轮与蜗壳干涉后诱发水力激励更加复杂，所以除了叶轮前缘进口附近的监测点，其余监测点均在低频内发现幅值较高的信号，无法捕捉到叶

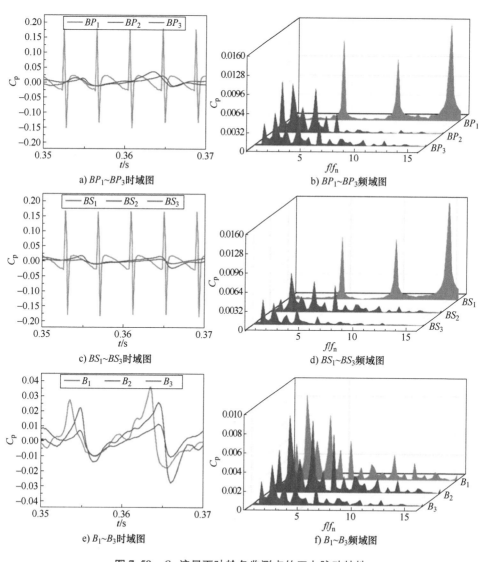

a) $BP_1 \sim BP_3$ 时域图   b) $BP_1 \sim BP_3$ 频域图

c) $BS_1 \sim BS_3$ 时域图   d) $BS_1 \sim BS_3$ 频域图

e) $B_1 \sim B_3$ 时域图   f) $B_1 \sim B_3$ 频域图

图 7.59　Q_b 流量下叶轮各监测点的压力脉动特性

频信号。因此，叶轮中间流道的压力脉动主要受低频率波的影响，叶轮为液力透平的关键部件，故充分考虑叶轮内低频率波的分布情况对减小径向剖分双吸式工业液力透平的压力脉动至关重要。

图 7.60 所示为 Q_b 流量下蜗壳各监测点的压力脉动特性。从时域图 7.60a、c 和 e 中可以看出，蜗壳靠近外壁面的监测点的压力值在一个旋转周期内都呈现周期性变化，压力脉动波形较为稳定，都呈 5 个波峰和 5 个波谷，等于叶片数目。说明叶片的旋转对蜗壳流道内的压力有着周期性影响。图 7.60b、d 和 f 所

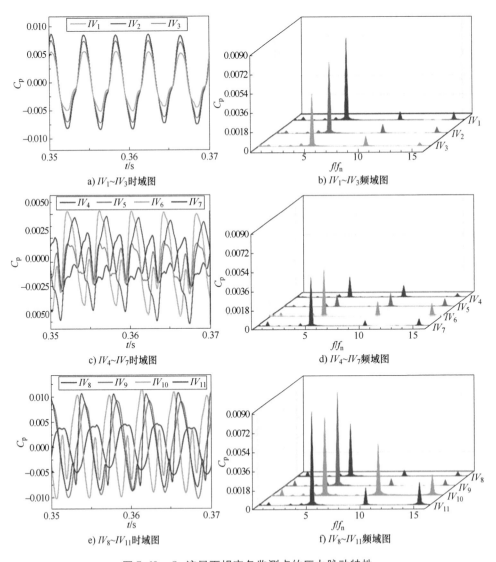

图 7.60 Q_b 流量下蜗壳各监测点的压力脉动特性

示为 Q_b 流量下蜗壳各监测点压力脉动的频域特性，可以看出，蜗壳流道内各监测点的主频均为 $5f_n$ 叶频，证明在液力透平工况下蜗壳处的压力脉动主要受叶轮与蜗壳动静干涉的影响。监测点 $IV_1 \sim IV_5$ 位于蜗壳导流板后的位置，受叶轮转动的影响较小，沿着流线方向，监测点压力脉动的主频幅值逐渐降低。IV_4 和 IV_5 处于低压力脉动强度区域，因此压力脉动主频幅值较低。随着蜗壳内过流断面面积的逐渐减小，断面上的监测点压力脉动幅值又逐渐增大，在蜗壳隔舌监测点 IV_{11} 处达到最大的压力脉动主频幅值。

图 7.61 所示为不同工况下蜗壳隔舌监测点 IV_{11} 的压力脉动特性。从时域图中可以看出，相比于最佳流量工况，偏设计工况下的压力脉动强度波动幅度最大。从频域图中可以看出，不同工况下隔舌监测点 IV_{11} 的压力脉动频率均以叶频为主，偏设计工况下的压力脉动幅值约为最佳流量工况下的 2 倍。

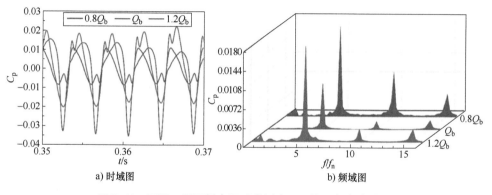

a) 时域图 b) 频域图

图 7.61 不同工况下蜗壳隔舌监测点 IV_{11} 的压力脉动特性

图 7.62 所示为不同工况下蜗壳中间截面流线及 Q 准则分布。蜗壳为静止部件，显然流线的分布状况较好，速度随蜗壳过流面积收缩而逐渐增大。旋涡集中在隔舌位置和过流断面收缩段，相应监测点的主频也表现出较高的幅值。随着流量的增大，旋涡朝着过流断面面积增大的方向发展。图 7.63 所示为不同工况下叶轮中间截面流线及 Q 准则分布，由图可知，液力透平的压力面上都有较大的轴向旋涡，该旋涡的旋转方向与叶轮的旋转方向相反，且出现流动脱离现象。叶片前缘处出现小范围的局部高强度旋涡，对应的压力面、吸力面前缘监测点处的主频也表现出较高幅值，且频率成分基本都为叶频，说明叶轮在高压流体的驱动下，叶片前缘位置主要受蜗壳-叶轮之间的动静干涉作用。小流量工况下，叶轮进口流速较高，在叶片压力面 1/2 处产生失速团，延伸至叶片 1/3 处失速团消失。压力面上聚集高能旋涡结构，旋涡会脱落并随主流一起传递到

下游，涡旋强度较大发生流道堵塞，一定程度上恶化了叶轮流场结构，产生了较大的能量损失。大流量工况下，在叶轮流道内聚集形成带状旋涡结构，沿流线方向延伸到叶轮流道喉部位置旋涡继续发展。设计流量工况下流线更为顺畅，流体在叶轮流道内的流动更为均匀，叶片压力面旋涡结构能量低且面积小。结合旋涡及压力脉动频域图可以发现，叶轮内大尺度旋涡会主导局部的压力波动，影响其压力脉动特性。

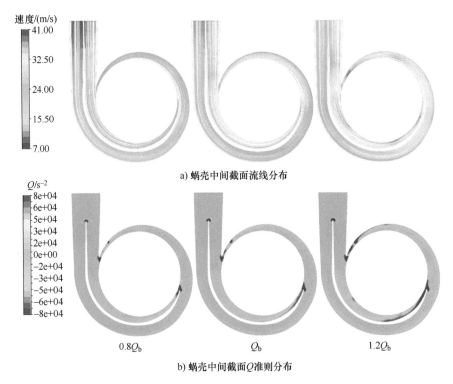

a) 蜗壳中间截面流线分布

b) 蜗壳中间截面Q准则分布

图 7.62　不同工况下蜗壳中间截面流线及 Q 准则分布

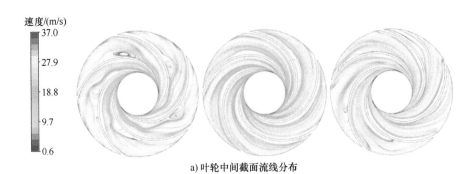

a) 叶轮中间截面流线分布

图 7.63　不同工况下叶轮中间截面流线及 Q 准则分布

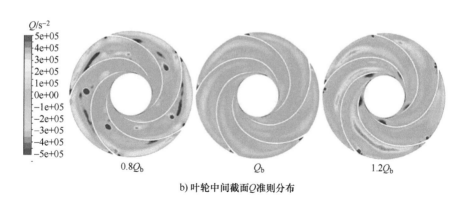

b) 叶轮中间截面 Q 准则分布

图 7.63 不同工况下叶轮中间截面流线及 Q 准则分布（续）

7.3.5 能量回收特性分析

熵产代表了液力透平内不可逆的能量损失，通过对熵产的计算分析，定量化过流部件的能量损失，显示出具体耗能位置。图 7.64 所示为熵产定量分析结果。图 7.64a 所示为不同工况下液力透平各部件的熵产对比，可以看出，导出室的熵产最大，其他过流部件的熵产都与流量呈正相关关系。图 7.64b 所示为不同工况下液力透平内总熵产成分占比，STEG 在最佳工况下的占比最小，这可能是因为在最佳工况下液力透平的内部流动情况较好。综上所述，双吸式工业液力透平系统的能量损失主要是由壁面熵产和主流区的湍流耗散组成，而由时均速度造成的直接熵产可以忽视。图 7.64c 所示为最佳工况下液力透平不同部件内的熵产成分占比，显然，SDEG 在各部件内引起的水力损失相比于其他成分的占比非常小，可以忽略不计。SWEG 对于液力透平内除导出室和出口管外其他部件内引起不可逆水力损失的贡献最大，占比几乎都超过了 80%。STEG 在导出室和出口管中占主导地位，这是由于流体在叶轮出口的旋转中出现大量的回流和涡流，腔体内流动复杂，增加了湍流耗散。

从上节可知 SWEG 占比大是导致此液力透平内部流动损失的主要原因，为揭示 SWEG 高占比原因以及探究其在各部件内的分布位置，不同工况下各部件内的 WEGR 对比如图 7.65 所示。可以看出，随着流量的增加，WEGR 也增加。在前、后腔靠近叶轮出口处，叶轮靠近吸力面流道，蜗壳非对称位置的小过流截面，以及导出室进口处等表面存在明显的 WEGR 峰值区域。

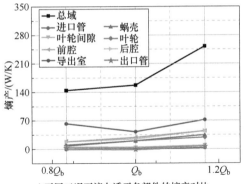

a) 不同工况下液力透平各部件的熵产对比

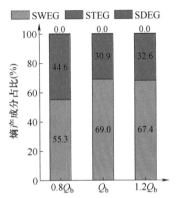

b) 不同工况下液力透平内熵产成分占比

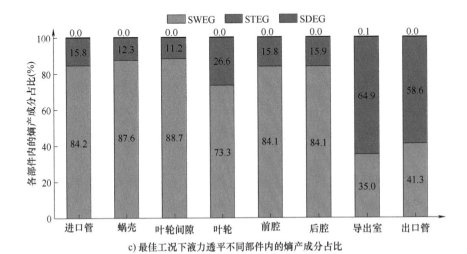

c) 最佳工况下液力透平不同部件内的熵产成分占比

图 7.64　熵产定量分析结果

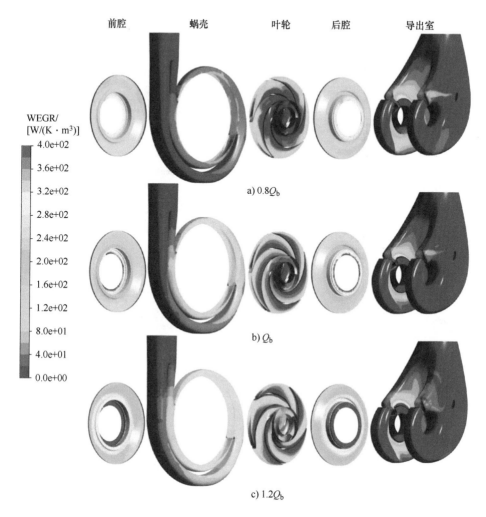

图 7.65　不同工况下各部件内的 WEGR 对比

通过内部流动损失的定量分析结果可以看出，蜗壳、导出室是该液力透平的主要能量损失区域。图 7.66 所示为不同工况下蜗壳各截面内的 TEGR 及流线分布情况。可以发现，由于黏性效应，蜗壳近壁面处存在较大的速度梯度，其随着流量的增加而增加。TEGR 峰值存在于近壁面，随着流量的增加，峰值分布的面积也在增加。截面 5～截面 8 被蜗壳的导流板隔开分离成两个区域，靠近叶轮侧平面的 TEGR 要明显强于另一侧，这是由于蜗壳与叶轮的交界面存在复杂的流动循环。从整体上看，因蜗壳具有对称性，TEGR 和流线的分布都几乎呈现对称趋势。截面 6 远离叶轮一侧的流道中形成了一对稳定的回流涡，流道被堵塞，回流涡的大小并没有随流量的变化而发生明显改变，旋涡的产生进一步加剧了该区域的能量耗散。

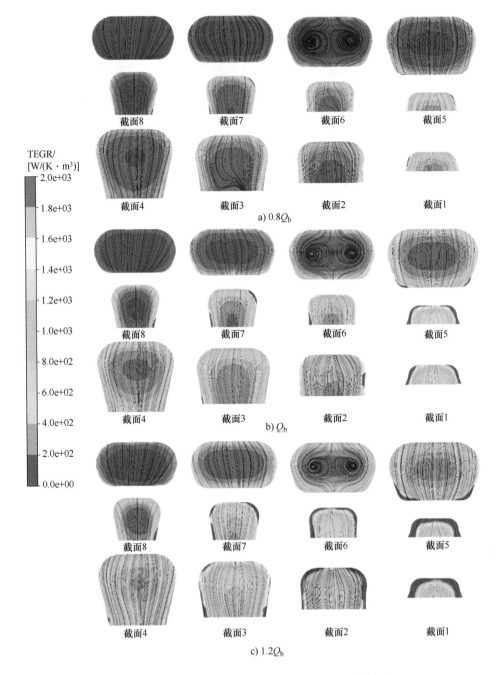

图 7.66　不同工况下蜗壳各截面内的 TEGR 及流线分布情况

图 7.67 所示为蜗壳 $z=0$ 平面内 TEGR 分布与其内部的三维旋涡结构，三维旋涡通过 Q 准则方法进行识别。可以看出，$z=0$ 平面内 TEGR 峰值主要集中在两处隔舌位置，随着流量增大，蜗壳小过流截面内，特别是靠近导流板壁面的 TEGR 明显提高。各工况下的 TEGR 和旋涡分布位置都一致，且随流量的增加，其强度和分布范围都在增加。蜗壳导流板外侧的流道出现了剪切涡流，从蜗壳底部一直延伸到了隔舌位置，可能是受到流道内一对较大的方向相反的旋涡的影响，造成了该流道内的回流。由于隔舌的结构，导致隔舌附近有附着涡产生。

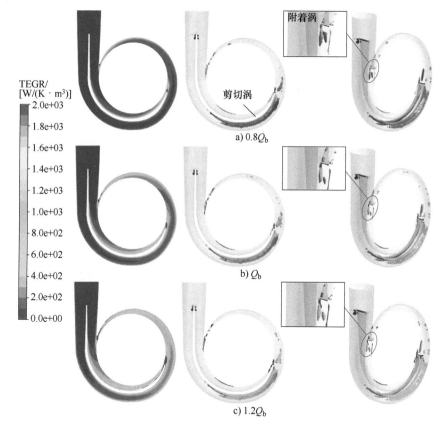

图 7.67 蜗壳 $z=0$ 平面内 TEGR 分布与其内部的三维旋涡结构

为了分析流动对熵产的影响，图 7.68 所示为导出室的径向截面和轴向截面位置，图 7.69 所示为不同工况下导出室径向截面的 TEGR 分布。导出室不同截面上的 TEGR 分布有很大差异，径向截面 2 的熵产比径向截面 3 的熵产大。当截面靠近导出室进口时，TEGR 逐渐聚集到导出室的进口外边界，形成圆形损

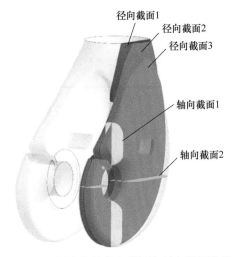

图 7.68　导出室的径向截面和轴向截面位置

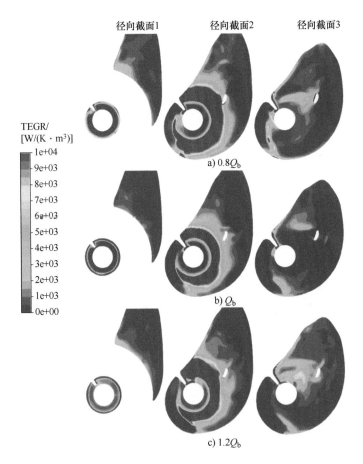

a) $0.8Q_b$

b) Q_b

c) $1.2Q_b$

图 7.69　不同工况下导出室径向截面的 TEGR 分布

失区。导出室径向截面 3 上不同工况下的速度分布如图 7.70 所示。$0.8Q_b$ 时径向截面 3 的 TEGR 主要发生在 A_1 和 A_2 区域，这可能是受导出室进口处低速区的影响，导致附近速度梯度较大，A_1 和 A_2 位置都受到了较大的冲击损失，周围大的动量交换增加了熵的产生。同时 A_3 周围流体的相互冲击，增加了流体的能量耗散，产生了较大的熵产率。同时，Q_b 和 $1.2Q_b$ 工况下径向截面 3 上的 A_4、A_5、A_6 区域也存在由流体冲击引起的能量耗散，从而产生较大的湍流耗散。径向截面 1 和径向截面 2 的熵产主要是受到回流的影响，导致熵产分布与径向截面 3 不同。

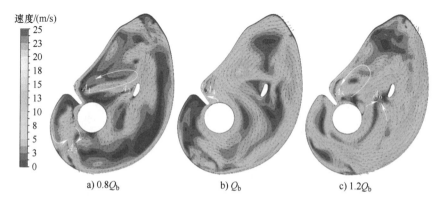

a) $0.8Q_b$ b) Q_b c) $1.2Q_b$

图 7.70　导出室径向截面 3 上不同工况下的速度分布

图 7.71 所示为 $0.8Q_b$ 工况下导出室轴向截面上的 TEGR 分布，导出室进口外边界附近存在大的熵产，这是由严重的回流和涡流引起的。因此如图 7.69 的径向截面 1 和径向截面 2 所示，在导出室进口附近产生了一个圆形熵产生区。在不同平面上熵产会发生变化，径向截面 2 的熵产并没有形成一个完整的圆形

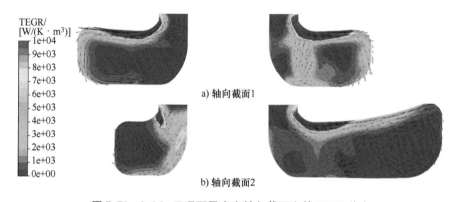

a) 轴向截面1

b) 轴向截面2

图 7.71　$0.8Q_b$ 工况下导出室轴向截面上的 TEGR 分布

熵产区。另外，由于导出室的速度场较好，所以在设计工况下的总体熵产较小。如图 7.70 所示，径向截面 3 的速度梯度较小，流体冲击带来的能量损失也相对较小。

由于双吸叶轮的结构是轴向对称的，选取叶轮的一半进行分析。图 7.72 所示为不同工况下叶栅内的 TEGR 分布，$1.2Q_d$ 时的 TEGR 明显大于其他工况。在不同工况下，TEGR 主要集中在叶片压力侧前缘和尾缘附近。$1.2Q_d$ 时叶轮的 TEGR 主要存在于叶片压力侧前缘、叶轮吸力侧中间段和叶片尾缘。对于整个叶轮而言，涡的产生基本伴随着熵的产生，跨距 = 0.05 不同于其他截面，受盖板影响叶片吸力侧产生的分离涡阻塞了部分流道，对周围流体产生较大扰动，

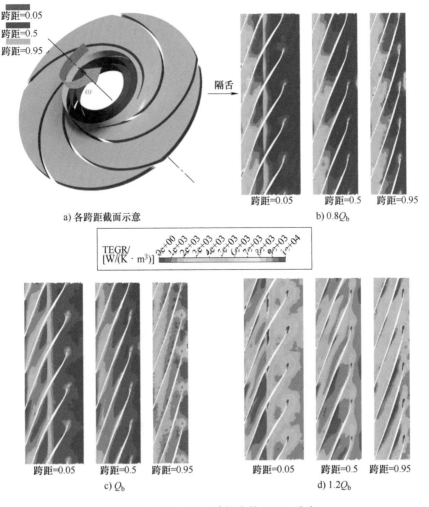

图 7.72　不同工况下叶栅内的 TEGR 分布

造成较大的能量耗散，产生了带状损失区。同时，在叶片前缘出现了熵产。原因是在偏设计工况下，叶片的进口相对液流角小于叶片的进口角，导致叶片前缘冲击损失较大。此外，Q_d 工况下叶片前缘的熵产小于偏设计工况，这是由于进口相对液流角与叶片进口角基本相同，叶轮进口损失也较小，叶轮内部流场得到改善，能量损失减小。

图 7.73 所示了导出室隔舌附近及出口段各截面的 TEGR 分布，平面 A 位于叶轮的出口面，平面 B 位于导出室的下游截面，平面 C 和平面 D 位于出口管的上游位置。从图 7.73 中可以发现，受导出室隔舌的影响，叶轮出口截面的 TEGR 峰值主要存在于隔舌附近。设计工况下的 TEGR 值相对于偏设计工况下的较小，随着流体流动状态发展，平面 A 到平面 D 的流动会趋于稳定，TEGR 值较低。

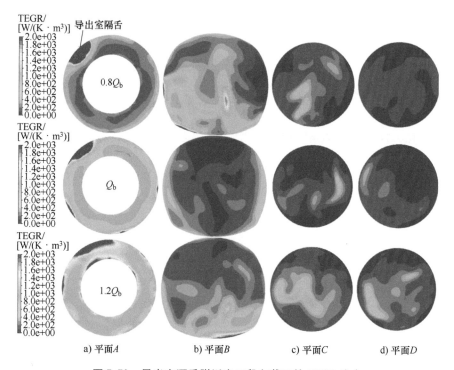

图 7.73　导出室隔舌附近出口段各截面的 TEGR 分布

为探究出口段流道内的 TEGR 分布情况与局部流动特性之间的联系，不同过流截面内圆周速度分量及速度矢量分布情况如图 7.74 所示。可以看出，圆周速度大小与流量大小呈正相关趋势，受出口隔舌的影响，隔舌附近的圆周速度基本为 0，叶轮出口面的速度矢量较为均匀，流动较好。从平面 B 到平面 D，旋涡的大小和数量都在减少，圆周速度与叶轮出口圆周速度相反。

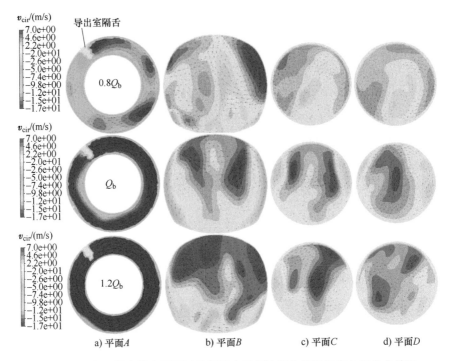

图 7.74　出口段流道内不同过流截面内圆周速度分量及速度矢量分布情况

参 考 文 献

［1］国家能源局. 2021 年全社会用电量同比增长 10.3% ［EB/OL］. （2022-01-18）［2023-02-01］. http://www.gov.cn/xinwen/2022-01/18/content_5669017.htm.

［2］郑仲金，郑俊义. 船舶应对"限硫新规"的措施分析 ［J］. 福建交通科技，2019，3： 137-139.

［3］ASOMANI S N, YUAN J, WANG L, et al. Geometrical effects on performance and inner flow characteristics of a pump-as-turbine：a review ［J］. Advances in Mechanical Engineering, 2020, 12 （4）：168781402091214.

［4］AMELIO M, BARBARELLI S, SCHINELLO D. Review of methods used for selecting pumps as turbines （PATs） and predicting their characteristic curves ［J］. Energies, 2020, 13 （23）：6341.

［5］PATIL, ABHAY, et al. Characterization of steam impulse turbine for two-phase flow ［J］. International Journal of Heat and Fluid Flow, 2019, 79：108439.

［6］De MARCHIS M, FONTANAZZA C M, FRENI G, et al. Energy recovery in water distribution networks. Implementation of pumps as turbine in a dynamic numerical model ［J］. Procedia Engineering, 2014, 70：439-448.

［7］SU X H, HUANG S, Li Y, et al. Numerical and experimental research on multi-stage pump as turbine system ［J］. International Journal of Green Energy, 2017, 14 （12）：996-1004.

［8］BARRIO R, FERNANDEZ J, BLANCO E, et al. Performance characteristics and internal flow patterns in a reverse-running pump-turbine ［J］. Proceedings of the Institution of Mechanical Engineers, Part C：Journal of Mechanical Engineering Science, 2011, 226 （3）：695-708.

［9］LU G, LI D, ZUO Z, et al. A boundary vorticity diagnosis of the flows in a model pump-turbine in turbine mode ［J］. Renewable Energy, 2020, 153：1465-1478.

［10］YANG S, WANG C, CHEN K, et al. Research on blade thickness influencing pump as turbine ［J］. Advances in Mechanical Engineering, 2014, 190530.

［11］YANG S, LIU H, KONG F, et al. Effects of the radial gap between impeller tips and volute tongue influencing the performance and pressure pulsations of pump as turbine ［J］. Journal of Fluids Engineering, 2014, 136 （5）：054501.

［12］YANG S, LIU H, KONG F, et al. Experimental, numerical, and theoretical research on impeller diameter influencing centrifugal pump-as-turbine ［J］. Journal of Energy Engineering, 2013, 139 （4）：299-307.

［13］YANG S, KONG F, JIANG W, et al. Effects of impeller trimming influencing pump as turbine

[J]. Computers & Fluids, 2012, 67: 72-78.

[14] YANG S, KONG F, QU X, et al. Influence of blade number on the performance and pressure pulsations in a pump used as a turbine [J]. Journal of Fluids Engineering, 2012, 134 (12): 124503.

[15] SU X, HUANG S, ZHANG X, et al. Numerical research on unsteady flow rate characteristics of pump as turbine [J]. Renewable Energy, 2016, 94: 488-495.

[16] ARANI H A, FATHI M, RAIS Ee M, et al. The effect of tongue geometry on pump performance in reverse mode: an experimental study [J]. Renewable Energy, 2019, 141: 717-727.

[17] PÁSCOA J C, SILVA F J, PINHEIRO J S, et al. Accuracy details in realistic CFD modeling of an industrial centrifugal pump in direct and reverse modes [J]. Journal of Thermal Science, 2010, 19 (6): 491-499.

[18] FERNÁNDEZ J, BARRIO R, BLANCO E, et al. Numerical investigation of a centrifugal pump running in reverse mode [J]. Proceedings of the Institution of Mechanical Engineers, Part A: Journal of Power and Energy, 2010, 224 (3): 373-381.

[19] ASHISH D, SALIM C, PUNIT S. Influence of nonflow zone (back cavity) geometry on the performance of pumps as turbines [J]. Journal of Fluids Engineering, 2018, 140 (12): 121107-.

[20] GHORANI M M, HAGHIGHI M, MALEKI A, et al. A numerical study on mechanisms of energy dissipation in a pump as turbine (PAT) using entropy generation theory [J]. Renewable Energy, 2020, 162: 1036-1053.

[21] ŠTEFAN D, ROSSI M, HUDEC M, et al. Study of the internal flow field in a pump-as-turbine (PaT): numerical investigation, overall performance prediction model and velocity vector analysis [J]. Renewable Energy, 2020, 156: 158-172.

[22] DELGADO J, FERREIRA J P, COVAS D, et al. Variable speed operation of centrifugal pumps running as turbines. Experimental investigation [J]. Renewable Energy, 2019, 142: 437-450.

[23] 杨孙圣. 离心泵作透平的理论分析数值计算与实验研究 [D]. 镇江: 江苏大学, 2012.

[24] 赵万勇, 马得东, 史凤霞, 等. 蜗壳形状对液力透平压力脉动影响的研究 [J]. 流体机械, 2020, 48 (11): 25-31.

[25] 柴立平, 张舜鑫, 陈亮, 等. 导叶时序效应对液力透平性能影响的研究 [J]. 中国农村水利水电, 2019, 1: 169-175.

[26] DONG L, DAI C, LIN H, et al. Noise comparison of centrifugal pump operating in pump and turbine mode [J]. Journal of Central South University, 2018, 25: 2733-2753.

[27] SHI F, YANG J, MIAO S, et al. Investigation on the power loss and radial force characteristics of pump as turbine under gas-liquid two-phase condition [J]. Advances in Mechanical Engi-

neering, 2019, 11 (4).

［28］ BINAMA M, SU W, CAI W, et al. Blade trailing edge position influencing pump as turbine (PAT) pressure field under part-load conditions ［J］. Renewable Energy, 2019, 136: 33-47.

［29］ 吴晓晶. 混流式水轮机非定常流动计算和旋涡流动诊断 ［D］. 北京: 清华大学, 2009.

［30］ 代翠, 孔繁余, 董亮, 等. 泵作透平尾水管压力脉动特性分析与试验 ［J］. 中南大学学报（自然科学版）, 2015, 46 (8): 3131-3137.

［31］ SHI F X, YANG J H, WANG X H. Analysis on the effect of variable guide vane numbers on the performance of pump as turbine ［J］. Advances in Mechanical Engineering, 2018, 10 (6): 1687814018780796.

［32］ MIAO S C, YANG J H, SHI F H, et al. Research on energy conversion characteristic of pump as turbine ［J］. Advances in Mechanical Engineering, 2018, 10 (4): 1687814018770836.

［33］ DU J, YANG H, SHEN Z. Study on the impact of blades wrap angle on the performance of pumps as turbines used in water supply system of high-rise buildings ［J］. International Journal of Low-Carbon Technologies, 2018, 13 (1): 102-108.

［34］ LIU Z, YUKAWA T, MIYAGAWA K, et al. Characteristics and internal flow of a low specific speed pump used as a turbine ［J］. IOP Conference Series Earth and Environmental Science, 2019, 240 (4): 042007.

［35］ LI W. Optimising prediction model of centrifugal pump as turbine with viscosity effects ［J］. Applied Mathematical Modelling, 2017, 41: 375-398.

［36］ LI W. Effects of viscosity on turbine mode performance and flow of a low specific speed centrifugal pump ［J］. Applied Mathematical Modelling, 2016, 40 (2): 904-926.

［37］ QI B, ZHANG D, GENG L, et al. Numerical and experimental investigations on inflow loss in the energy recovery turbines with back-curved and front-curved impeller based on the entropy generation theory ［J］. Energy, 2022, 239: 122426.

［38］ GUAN H, JIANG W, WANG Y, et al. Numerical simulation and experimental investigation on the influence of the clocking effect on the hydraulic performance of the centrifugal pump as turbine ［J］. Renewable Energy, 2021, 168: 21-30.

［39］ WILLIAMS A A. The turbine performance of centrifugal pumps: a comparison of prediction methods ［J］. Proceedings of the Institution of Mechanical Engineers, Part A: Journal of Power and Energy, 1994, 208 (1): 59-66.

［40］ JAIN S V, PATEL R N. Investigations on pump running in turbine mode: a review of the state-of-the-art ［J］. Renewable and Sustainable Energy Reviews, 2014, 30: 841-868.

［41］ NAEIMI H, SHAHABI M N, MOHAMMADI S. A comparison of prediction methods for design of pump as turbine for small hydro plant: implemented plant ［J］. IOP Conference Series Earth and Environmental Science, 2017, 83: 012006.

[42] EMMA F, DARIO B, ADOLFO S. A Performance prediction method for pumps as turbines (PAT) using a computational fluid dynamics (CFD) modeling approach [J]. Energies, 2017, 10 (1): 103.

[43] STEFANIZZI M, TORRESI M, FORTUNATO B, et al. Experimental investigation and performance prediction modeling of a single stage centrifugal pump operating as turbine [J]. Energy Procedia, 2017, 126: 589-596.

[44] NOVARA D, McNABOLA A. A model for the extrapolation of the characteristic curves of pumps as turbines from a datum best efficiency point [J]. Energy Conversion and Management, 2018, 174: 1-7.

[45] DERAKHSHAN S, NOURBAKHSH A. Experimental study of characteristic curves of centrifugal pumps working as turbines in different specific speeds [J]. Experimental Thermal and Fluid Science, 2008, 32 (3): 800-807.

[46] YANG S, DERAKHSHAN S, KONG F. Theoretical, numerical and experimental prediction of pump as turbine performance [J]. Renewable Energy, 2012, 48: 507-513.

[47] HUANG S, QIU G, SU X, et al. Performance prediction of a centrifugal pump as turbine using rotor-volute matching principle [J]. Renewable Energy, 2017, 108: 64-71.

[48] MDEE O J, KIMAMBO C Z, NIELSEN T K, et al. Analytical evaluation of head and flow rate off-design characteristics for pump as turbine application [J]. Journal of Fluids Engineering, 2018, 141 (5): 051203.

[49] AMELIO M, BARBARELLI S. A one-dimensional numerical model for calculating the efficiency of pumps as turbines for implementation in micro-hydro power plants [C]. Manchester: 7th Biennial Conference on Engineering Systems Design and Analysis, 2004.

[50] LIU M, TAN L, CAO S. Theoretical model of energy performance prediction and BEP determination for centrifugal pump as turbine [J]. Energy, 2019, 172: 712-732.

[51] SHI G, LIU X, WANG Z, et al. Conversion relation of centrifugal pumps as hydraulic turbines based on the amplification coefficient [J]. Advances in Mechanical Engineering, 2017, 9 (3): 1687814017696209.

[52] TORRESI M. Slip factor correction in 1-D performance prediction model for PaTs [J]. Water, 2019, 11 (3): 565-583.

[53] BARBARELLI S, AURELIO M, FLORIO G. Experimental activity at test rig validating correlations to select pumps running as turbines in microhydro plants [J]. Energy Conversion and Management, 2017, 149: 781-797.

[54] WANG X, YANG J, XIA Z, et al. Effect of velocity slip on head prediction for centrifugal pumps as turbines [J]. Mathematical Problems in Engineering, 2019, 2019: 1-10.

[55] 杨军虎, 夏书强. 液力透平介质含气工况的数值分析 [J]. 兰州理工大学学报, 2013,

39（6）：49-54.

［56］ BALACCO G. Performance prediction of a pump as turbine：sensitivity analysis based on artificial neural networks and evolutionary polynomial regression ［J］. Energies，2018，11（12）：3497.

［57］ ROSSI M，RENZI M. A general methodology for performance prediction of pumps-as-turbines using artificial neural networks ［J］. Renewable Energy，2018，128：265-274.

［58］ 杨军虎，许亭，王晓晖. 基于神经网络预测液力透平压头和效率 ［J］. 兰州理工大学学报，2015，41（3）：49-54.

［59］ PUGLIESE F，PAOLA F D，FONTANA N，et al. Performance of vertical-axis pumps as turbines ［J］. Journal of Hydraulic Research，2018，56（4）：482-493.

［60］ PUGLIESE F，PAOLA F D，FONTANA N，et al. Experimental characterization of two pumps as turbines for hydropower generation ［J］. Renewable Energy，2016，99（12）：180-187.

［61］ FONTANELLA S，FECAROTTA O，MOLINO B，et al. A performance prediction model for pumps as turbines（PATs）［J］. Water，2020，12（4）：1175.

［62］ DELGADO J，ANDOLFATTO L，COVAS D，et al. Hill chart modelling using the hermite polynomial chaos expansion for the performance prediction of pumps running as turbines ［J］. Energy Conversion and Management，2019，187：578-592.

［63］ PEREZ-SANCHEZ M，SÁNCHEZ-ROMERO F J，RAMOS H M，et al. Improved planning of energy recovery in water systems using a new analytic approach to PAT performance curves ［J］. Water，2020，12（2）：468.

［64］ VENTURINI M，ALVISI S，SIMANI S，et al. Comparison of different approaches to predict the performance of pumps as turbines（PATs）［J］. Energies，2018，11（4）：1016.

［65］ VENTURINI M，MANSERVIGI L，ALVISI S，et al. Development of a physics-based model to predict the performance of pumps as turbines ［J］. Applied Energy，2018，231：343-354.

［66］ HUANG W，YANG K，GUO X，et al. Prediction method for the complete characteristic curves of a francis pump-turbine ［J］. Water，2018，10（2）：205-225.

［67］ FECAROTTA O，CARRAVETTA A，RAMOS H M，et al. An improved affinity model to enhance variable operating strategy for pumps used as turbines ［J］. Journal of Hydraulic Research，2016，54（3）：332-341.

［68］ CARRAVETTA A，CONTE M C，FECAROTTA O，et al. Evaluation of PAT performances by modified affinity law ［J］. Procedia Engineering，2014，89：581-587.

［69］ DERAKHSHAN S，NOURBAKHSH A. Theoretical，numerical and experimental investigation of centrifugal pumps in reverse operation ［J］. Experimental Thermal & Fluid Science，2008，32（8）：1620-1627.

［70］ PASCOA J C，SILVA F J，PINHEIRO J S，et al. A new approach for predicting PAT-pumps operating point from direct pumping mode characteristics [J]. Journal of Scientific and Industrial Research, 2012, 71 (2): 144-148.

[71] MALEKI A, GHORANI M M, HAGHIGHI M, et al. Numerical study on the effect of viscosity on a multistage pump running in reverse mode [J]. Renewable Energy, 2020, 150: 234-254.

[72] GAO Y, FAN X, DANG R. Numerical characterization of the effects of flow rate on pressure and velocity distribution of pump as turbine [J]. Current Science, 2019, 117 (1): 57-63.

[73] LI W, ZHANG Y. Numerical simulation of cavitating flow in a centrifugal pump as turbine [J]. Proceedings of the Institution of Mechanical Engineers, Part E: Journal of Process Mechanical Engineering, 2016, 232 (2): 135-154.

[74] KAN K, ZHAO F, XU H, et al. Energy performance evaluation of an axial-flow pump as turbine [J]. Proceeding of the Institution of Mechanical Engineers, Part E: Journal of Proess Mechanical Engineering, 2016, 232 (2): 135-154.

[75] SANTOLARIA M C, FERNÁNDEZ O J M, ARGÜELLES D K M. Numerical modelling and flow analysis of a centrifugal pump running as a turbine: unsteady flow structures and its effects on the global performance [J]. International Journal for Numerical Methods in Fluids, 2011, 65 (5): 542-562.

[76] XU J, WANG L, NTIRI A S, et al. Improvement of internal flow performance of a centrifugal pump-as-turbine (PAT) by impeller geometric optimization [J]. Mathematics, 2020, 8 (10): 1714.

[77] DERAKHSHAN S, MOHAMMADI B, NOURBAKHSH A. The comparison of incomplete sensitivities and genetic algorithms applications in 3D radial turbomachinery blade optimization [J]. Computers & Fluids, 2010, 39 (10): 2022-2029.

[78] DERAKHSHAN S, MOHAMMADI B, NOURBAKHSH A. Efficiency improvement of centrifugal reverse pumps [J]. Journal of Fluids Engineering, 2009, 131 (2): 021103.

[79] SINGH P, NESTMANN F. Internal hydraulic analysis of impeller rounding in centrifugal pumps as turbines [J]. Experimental Thermal and Fluid Science, 2011, 35 (1): 121-134.

[80] WANG T, WANG C, KONG F, et al. Theoretical, experimental and numerical study of special impeller used in turbine mode of centrifugal pump as turbine [J]. Energy, 2017, 130: 473-485.

[81] WANG T, KONG F, XIA B, et al. The method for determining blade inlet angle of special impeller using in turbine mode of centrifugal pump as turbine [J]. Renewable Energy, 2017, 109: 518-528.

[82] WANG X, KUANG K, WU Z, et al. Numerical simulation of axial vortex in a centrifugal pump as turbine with S-blade impeller [J]. Processes, 2020, 8 (9): 1192-1207.

[83] HIMAWANTO D A, TJAHJANA D, HANTARUM. Experimental study on optimization of cur-

vature blade impeller pump as turbine which functioned as power plant picohydro [J]. AIP Conference Proceedings, 2017, 1788 (1): 030008.

[84] TIAN P, HUANG J, SHI W, et al. Optimization of a centrifugal pump used as a turbine impeller by means of an orthogonal test approach [J]. Fluid Dynamics & Materials Processing, 2019, 15 (2): 139-151.

[85] MIAO S, SHI Z, WANG X, et al. Impeller meridional plame optimization of pump as turbine [J]. Science Progress, 2020, 103 (1): 1-17.

[86] DAI C, DONG L, LIN H, et al. Hydraulic performance comparison of centrifugal pump operating in pump and turbine modes [J]. Journal of Thermal Science, 2020, 29 (6): 1594-1605.

[87] WANG L, ASOMANI S N, YUAN J, et al. Geometrical optimization of pump-as-turbine (PAT) impellers for enhancing energy efficiency with 1-D theory [J]. Energies, 2020, 13 (16): 4120.

[88] SENGPANICH K, BOHEZ E L J, THONGKRUER P, et al. New mode to operate centrifugal pump as impulse turbine [J]. Renewable Energy, 2019, 140: 983-993.

[89] GIOSIO D R, HENDERSON A D, WALKER J M, et al. Design and performance evaluation of a pump-as-turbine micro-hydro test facility with incorporated inlet flow control [J]. Renewable Energy, 2015, 78: 1-6.

[90] GHORANI M M, SOTOUDE H, RIASI A. Entropy generation minimization of a pump running in reverse mode based on surrogate models and NSGA-Ⅱ [J]. International Communications in Heat and Mass Transfer, 2020, 118: 104898.

[91] ASOMANI S N, YUAN J, WANG L, et al. The impact of surrogate models on the multi-objective optimization of pump-as-turbine (PAT) [J]. Energies, 2020, 13 (9): 2271.

[92] JAIN S V, SWARNKAR A, MOTWANI K H, et al. Effects of impeller diameter and rotational speed on performance of pump running in turbine mode [J]. Energy Conversion and Management, 2015, 89: 808-824.

[93] VERSTEEG H K, MALALASEKERA W. An Introduction to computational fluid dynamics [M]. 2nd ed. 北京: 世界图书出版公司北京公司, 2010.

[94] DOU H. Singularity of navier-stokes equations leading to turbulence [J]. Advances in Applied Mathematics and Mechanics, 2021, 13: 527-553.

[95] MENTER F R. Two-equation eddy-viscosity turbulence models for engineering applications [J]. AIAA Journal, 1994, 32 (8): 1598-1605.

[96] FRÖHLICH J, VON TERZI D. Hybrid LES/RANS methods for the simulation of turbulent flows [J]. Progress in Aerospace Sciences, 2008, 44 (5): 349-377.

[97] 朱兵. 缝隙引流叶片提高低比转速离心泵性能的机理研究 [D]. 上海: 上海大学, 2014.

[98] SPALART P R, JOU W H, STRELETS M. Comments on the feasibility of LES for wings and on a Hybrid RANS/LES approach [J]. Advances in DNS/LES, 1997 (1): 4-8.

[99] SPALART P R, DECK S, SHUR M, et al. A new version of detached eddy simulation, resist-ant to ambiguous grid densities [J]. Theoretical and Computational Fluid Dynamics, 2006, 20: 181-195.

[100] XIAO Z X, LIU J, LUO K Y, et al. Investigation of flows around a rudimentary landing gear with advanced detached-eddy-simulation approaches [J]. AIAA Journal, 2013, 51 (1): 107-125.

[101] SPALART P R, SHUR M L. On the sensitization of turbulence models to rotation and curva-ture [J]. Aerospace Science and Technology, 1997, 5: 297-302.

[102] SMIRNOV P E, MENTER F R. Sensitization of the SST turbulence model to rotation and cur-vature by applying the spalart-shur correction term [J]. Journal of Turbomachinery-Transac-tions of the ASME, 2009, 131 (4).

[103] 韩宝玉, 熊鹰, 叶金铭. 湍流模型对三维翼梢涡流场数值模拟的影响 [J]. 航空学报, 2010, 31 (12): 2342-2347.

[104] SPEZIALE C G. Turbulence modeling in noninertial frames of reference [J]. Theoretical and Computational Fluid Dynamics, 1989, 1: 3-19.

[105] GATSKI T, SPEZIALE C. On explicit algebraic stress models for complex turbulent flows [J]. Journal of Fluid Mechanics, 1993, 254: 59-78.

[106] 黄于宁, 马晖扬. 应用于非惯性系湍流模拟的扩展内禀旋转张量 [J]. 应用数学和力学, 2008, 29 (11): 1325-1336.

[107] 黄于宁, 马晖扬, 徐晶磊. 扩展内禀旋转张量在非惯性系湍流模拟中的应用 [I] 中国科学: G 辑, 2009, 39 (1): 131-141.

[108] 沈天耀. 离心叶轮的内流理论基础 [M]. 杭州: 浙江大学出版社, 1986.

[109] 王桃, 孔繁余, 杨孙圣, 等. 叶片安放角变化规律对液力透平性能的影响 [J]. 农业机械学报, 2015, 46 (10): 75-80.

[110] 王桃, 孔繁余, 杨孙圣, 等. 梯形断面蜗壳式离心泵作透平叶轮的设计与试验 [J]. 机械工程学报, 2018, 54 (10): 202-210.

[111] CASIMIR N, ZHU X, HUNDSHAGEN M, et al. Numerical study of rotor-stator interaction of a centrifugal pump at part load with special emphasis on unsteady blade load [J]. Journal of Fluids Engineering: Transactions of the ASME, 2020, 142 (8): 081203.

[112] 张涵信, 陆林生, 余泽楚. 分离点附近流线的性状及分离判据 [J]. 力学学报, 1983, 3: 227-232.

[113] 张涵信. 二维黏性不可压缩流动的通用分离判据 [J]. 力学学报, 1983, 6: 559-570.

[114] LIGHTHILL M J. Attachment and separation in three dimensional flow [J]. Laminar Bound-

ary Layers, 1963.

[115] 李意民. 离心叶轮内三维分离流态的拓扑分析 [J]. 工程热物理学报, 2000, 3: 321-323.

[116] GOLTZ I, KOSYNA G, STARK U, et al. Stall inception phenomena in a single-stage axial-flow pump [J]. Proceedings of the Institution of Mechanical Engineers, Part A: Journal of Power and Energy, 2003, 217 (4): 471-479.

[117] LI Q, LI S, WU P, et al. Investigation on reduction of pressure fluctuation for a double-suction centrifugal pump [J]. Chinese Journal of Mechanical Engineering, 2021, 34 (1): 12-30.

[118] 吴介之. 旋涡——流体运动的肌腱 [J]. 自然杂志, 1985, 7: 490-494.

[119] WORSTER R C. The flow in volutes and its effect on centrifugal pump performance [J]. Proceedings of the Institution of Mechanical Engineers, 1963, 177 (1): 843-875.

[120] ROSSI M, RENZI M. Analytical prediction models for evaluating pumps-as-turbines (PaTs) performance [J]. Energy Procedia, 2017: 238-242.

[121] 吴介之. 运动物体与涡量场相互作用的不可压理论——涡量场对运动物体的作用力 [J]. 空气动力学学报, 1987, 1: 22-30.

[122] 吴介之. 运动物体与涡量场相互作用的不可压理论——涡量场在物面的产生及其耗散 [J]. 空气动力学学报, 1986, 2: 168-176.

[123] KOCK F, HERWIG H. Local entropy production in turbulent shear flows: a high-reynolds number model with wall functions [J]. International Journal of Heat & Mass Transfer, 2004, 47 (10/11): 2205-2215.

[124] HOU H, ZHANG Y, LI Z, et al. Numerical analysis of entropy production on a LNG cryogenic submerged pump [J]. Journal of Natural Gas Science and Engineering, 2016, 36: 87-96.

[125] LI D, YANG Q, YANG W, et al. Bionic leading-edge protuberances and hydrofoil cavitation [J]. Physics of Fluids, 2021, 33 (9): 093317.

[126] LI D, CHANG H, Zuo Z, et al. Aerodynamic characteristics and mechanisms for bionic airfoils with different spacings [J]. Physics of Fluids, 2021, 33 (6): 064101.

[127] CAI C, ZUO Z, MORIMOTO M, et al. Two-step stall characteristic of an airfoil with a single leading-edge protuberance [J]. AIAA Journal, 2018, 56 (1): 64-77.

[128] LIN Y, LI X, LI B, et al. Influence of impeller sinusoidal tubercle trailing-edge on pressure pulsation in a centrifugal pump at nominal flow rate [J]. Journal of Fluids Engineering: Transactions of the ASME, 2021, 143 (9): 091205.

[129] KEERTHI M C, RAJESHWARAN M S, KUSHARI A, et al. Effect of leading-edge tubercles on compressor cascade performance [J]. AIAA Journal, 2016, 54 (3): 912-923.

[130] WANG Z, ZHUANG M. Leading-edge serrations for performance improvement on a vertical-axis wind turbine at low tip-speed-ratios [J]. Applied Energy, 2017, 208: 1184-1197.

[131] 张照煌，李魏魏. 座头鲸胸鳍前缘仿生叶片空气动力学特性研究 [J]. 工程力学, 2020, 37 (1): 376-379.

[132] DOSHI A, CHANNIWALA S, SINGH P. Inlet impeller rounding in pumps as turbines: an experimental study to investigate the relative effects of blade and shroud rounding [J]. Experimental Thermal & Fluid Science, 2017, 82: 333-348.

[133] CAI C, ZUO Z, LIU S, et al. Effect of a single leading-edge protuberance on NACA 634-021 airfoil performance [J]. Journal of Fluids Engineering, 2018, 140 (2): 021108.

[134] CAI C, ZUO Z, MAEDA T, et al. Periodic and aperiodic flow patterns around an airfoil with leading-edge protuberances [J]. Physics of Fluids, 2017, 29 (11): 115110.

[135] ORO J M F, GONZALEZ J, DIAZ K M A, et al. Decomposition of deterministic unsteadiness in a centrifugal turbomachine: nonlinear interactions between the impeller flow and volute for a double suction pump [J]. Journal of Fluids Engineering, 2011, 133 (1): 011103.

[136] ORO J, PEREZ J G, BARRIO R, et al. Numerical analysis of the deterministic stresses associated to impeller-tongue interactions in a single volute centrifugal pump [J]. Journal of Fluids Engineering, 2019, 141 (9): 091104.

[137] LYMAN, F A. On the conservation of rothalpy in turbomachines [J]. Journal of Turbomachinery, 1993, 115 (3): 520-525.

[138] LEBOEUF F. Unsteady flow analysis in transonic turbine and compressor stages [J]. VKI Lecture series, 2002, 1.

[139] STEL H, SIRINO T, PONCE F J, et al. Numerical investigation of the flow in a multistage electric submersible pump [J]. Journal of Petroleum Science and Engineering, 2015, 136: 41-54.

[140] LIN T, LI X, ZHU Z, et al. Investigation of flow separation characteristics in a pump as turbines impeller under the best efficiency point condition [J]. Journal of Fluids Engineering, 2021, 143 (6).

[141] ZHANG L, LI Y, ZHANG Z, et al. Influence of blade number on performance of multistage hydraulic turbine in turbine mode [J]. Energy Science & Engineering, 2022, 10 (3): 903-917.

[142] YANG S S, KONG F Y, CHEN H, et al. Effects of blade wrap angle influencing a pump as turbine [J]. Journal of Fluids Engineering, 2012, 134 (6): 061102.

[143] ZHANG F, APPIAH D, HONG F, et al. Energy loss evaluation in a side channel pump under different wrapping angles using entropy production method [J]. International Communications in Heat and Mass Transfer, 2020, 113: 104526.

［144］ JI L, LI W, SHI W, et al. Diagnosis of internal energy characteristics of mixed-flow pump within stall region based on entropy production analysis model ［J］. International Communications in Heat and Mass Transfer, 2020, 117: 104784.

［145］ JI L, LI W, SHI W, et al. Effect of blade thickness on rotating stall of mixed-flow pump using entropy generation analysis ［J］. Energy, 2021, 236: 121381.

［146］ GONG R Z, WANG H J, CHEN L X, et al. Application of entropy production theory to hydro-turbine hydraulic analysis ［J］. Science China Technological Sciences, 2013, 56: 1636-1643.

［147］ HERWIG H, KOCK F. Direct and indirect methods of calculating entropy generation rates in turbulent convective heat transfer problems ［J］. Heat and Mass Transfer, 2007, 43 （3）: 207-215.

［148］ FABIAN K, HEINZ H. Entropy production calculation for turbulent shear flows and their implementation in CFD codes ［J］. International Journal of Heat and Fluid Flow, 2005, 26 （4）: 672-680.

［149］ ROACHE P J. Quantification of uncertainty in computational fluid dynamics ［J］. Annual Review of Fluid Mechanics, 1997, 29 （1）: 123-160.

［150］ CELIK I B, GHIA U, ROACHE P J, et al. Procedure for estimation and reporting of uncertainty due to discretization in CFD applications ［J］. Journal of Fluids Engineering-Transactions of the ASME, 2008, 130 （7）: 078001.

［151］ LEVY Y, DEGANI D, SEGINER A. Graphical visualization of vortical flows by means of helicity ［J］. AIAA Journal, 1990, 28 （8）: 1347-1352.

［152］ LI, W, JI, L, ZHANG, Y, et al. Vortex dynamics analysis of transient flow field at starting process of mixed-flow pump ［J］. Zhongnan Daxue Xuebao, 2018, 49 （10）, 2480-2489.

［153］ KAN K, ZHANG Q, ZHENG Y, et al. Investigation into influence of wall roughness on the hydraulic characteristics of an axial flow pump as turbine ［J］. Sustainability, 2022, 14 （14）: 8459.

［154］ SHAO C, ZHOU J, GU B, et al. Experimental investigation of the full flow field in a molten salt pump by particle image velocimetry ［J］. Journal of Fluids Engineering, 2015, 137 （10）: 104501.